Книгоиздательство «Гилея»

Нина Гурьянова

Ольга Розанова
и ранний русский авангард

Москва • Гилея • 2002

ISBN 5-87987-021-9

В оформлении переплета использована
работа О.В.Розановой *Эскиз ткани*. 1917–1918 (кат. 204)

Гурьянова Н.А.
Ольга Розанова и ранний русский авангард. — М.: Гилея, 2002. — 319 с.

Первое монографическое исследование о жизни и творчестве оригинального живописца, поэта и теоретика русского авангарда О.В.Розановой (1886–1918). Ее искусство рассматривается в неразрывной связи с литературно-художественной средой, куда входили М.Матюшин и Е.Гуро, К.Малевич и А.Кручёных, Н.Кульбин, П.Филонов, Н.Гончарова и А.Экстер, И.Пуни и А.Родченко.

Книга дополнена впервые публикуемыми текстами самой художницы, включает обширный каталог ее произведений, содержит множество иллюстраций.

Содержание

Введение 7

Ранние годы. Москва. Неопримитивизм. 1906–1911 годы 11

Петербург. «Союз молодежи». 1911–1914 годы 27

«Взлетели новые книги»: печатная графика 1912–1914 годов 60

«Заумная» поэзия 93

«Игра в аду и труд в раю». Серия «Игральные карты» 101

Война 115

1915 год. Алогизм. Коллаж 131

«Супремус» 149

Цветопись 167

Последний год. 1918 179

О.В.Розанова.
Статьи, стихи, письма

Манифест «Союза молодежи» 186

Основы Нового Творчества и причины его непонимания 189

Кубизм. Футуризм. Супрематизм 196

Супрематизм и критика 204

Искусство — только в независимости и безграничной свободе! . . . 206

Стихи 208

Из писем сестре, Анне Владимировне Розановой. 1911–1917 219

Письма О.В.Розановой А.Е.Кручёных. 1914–1917 224

Письма О.В.Розановой А.А.Шемшурину. 1915–1917 244

Письма О.В.Розановой М.В.Матюшину. 1917 258

Из письма О.В.Розановой Н.А.Удальцовой. 1917 262

Каталог произведений О.В.Розановой 264

Список выставок О.В.Розановой 312

Избранная библиография 315

Введение

Жизнь и творчество Ольги Владимировны Розановой (1886–1918) до последнего времени оставались «белым пятном» в истории русского искусства XX века. Творческий путь Розановой был предопределен незаурядным характером ее личности и исключительностью живописного дара. Ее эволюция в той же мере уникальна, в какой и неразрывно связана с плодотворной художественной средой, ее окружавшей, куда в разное время входили Матюшин и Гуро, Малевич и Кручёных, Кульбин, Филонов, Гончарова и Экстер, Пуни и Родченко. В своем искусстве Розанова соединила лучшие достижения московской и петроградской художественных традиций, бесспорно являясь одним из самых оригинальных живописцев русского авангарда.

Постоянный поиск новой выразительности, путь последовательного новаторства — естественный и закономерный процесс для Розановой. В ее живописи сконцентрированы все этапы, которые прошла в своем становлении новая русская живопись: от позднего импрессионизма и кубизма к супрематизму и «цветописи» (это название Розанова дала выработанному ею собственному варианту супрематизма). Основные принципы ее теории цвета нашли свое продолжение в последующие годы в творчестве А.Родченко и И.Клюна, а также в разработке программ по цвету для Вхутемаса в начале 1920-х годов. Может быть, поэтому все попытки ограничить ее творчество пределами какого-нибудь одного художественного объединения или направления оказываются несостоятельными — искусство Розановой нельзя «приписать» только кругу петербургского общества художников «Союз молодежи» (в который она входила в 1911–1914 годах) или, например, группе Малевича «Супремус» (1916–1918), оно не вмещается в эти рамки, разрывает их границы, будучи слишком цельным, индивидуальным. Оно не просто складывается из последовательных взаимосвязанных этапов, оно в первую очередь является неким неизменным единством, существующим как бы в «сжатом», «спрессованном» времени. Такие же истовость и стремительность были в искусстве Гончаровой, Ларионова, Малевича, Татлина, Поповой.

Несмотря на то что творчество Розановой не привлекало до сих пор пристального внимания искусствоведов, тем не менее, почти в каждой монографии, затрагивающей проблемы, так или иначе связанные с историей авангарда 1910-х годов, имя художницы упоминается. Порой ее творчеству посвящается несколько строк, порой — несколько страниц.

Поскольку публикации, посвященные непосредственно творчеству Розановой, крайне немногочисленны, одной из первых задач, возникших в процессе работы над книгой, стала реконструкция точной фактической, хронологической канвы, публикация неизвестных архивных материалов, связанных с ее именем, выявление, атрибуция и датировка работ художницы и — как следствие этого — создание наиболее полного на сегодня каталога ее живописных и графических произведений.

Эта книга выросла из диссертационного проекта, защищенного в 1992 году под руководством профессора Дмитрия Сарабьянова, чьи советы и содействие вдохновляли меня на протяжении многих лет и внесли неоценимый вклад в подготовку монографии.

Я также хочу выразить свою глубочайшую и искреннюю признательность за поддержку в моей работе и любезное предоставление материалов господину Джону Боулту (университет Южной Калифорнии, Лос-Анджелес), сотрудникам Государственного Русского музея (Санкт-Петербург) госпоже Евгении Петровой, госпоже Елене Баснер, госпоже Ирине Карасик, госпоже Наталии Козыревой, госпоже Ольге Шихиревой; господам Герту Имансе, главному хранителю, и Руди Фуксу, директору Стеделийк музея (Амстердам); Культурному фонду «Центр Харджиева–Чаги» (Амстердам) в лице господ Йопа де Ройтера, Роберта де Хааса и Тео Бремера; госпоже Елене Гаспаровой, хранителю Российского государственного архива литературы и искусства (Москва); госпоже Кристине Гмуржинской (галерея Гмуржинской, Кёльн); госпоже Шарлотте Дуглас (Нью-Йорк); господину Нику Ильину (музей Соломона Гуггенхайма, Нью-Йорк); господину Александру Лаврентьеву (Москва); господину Глену Лоури, директору Музея современного искусства (Нью-Йорк); госпоже Виттории Маринетти (Милан), господину Харви Шипли Миллеру (фонд Юдит Ротшильд, Нью-Йорк), господину Мак Мурру (Гарвардский университет, Кембридж), отцу Муциусу (Кембридж), господину Александру Парнису (Москва), госпоже Ирине Пуниной (Санкт-Петербург), фонду Тиссен-Борнемиса (Мадрид), господину Александру Федоровскому (Берлин), Art Co. Ltd. (собрание Георгия

Костаки), а также Азербайджанскому государственному музею искусств им. Р.Мустафаева (Баку), Художественному музею университета штата Айова (Айова-Сити, США), Астраханской картинной галерее им. Б.М.Кустодиева, Государственному музею Маяковского (Москва), Государственному музею театрального и музыкального искусства (Санкт-Петербург), Государственной Третьяковской галерее (Москва), Российской государственной библиотеке (Москва), Екатеринбургскому музею изобразительных искусств, Ивановскому областному художественному музею, Краснодарскому краевому художественному музею им. Ф.А.Коваленко, Костромскому государственному объединенному художественному музею, Нижегородскому государственному художественному музею, Самарскому художественному музею, Саратовскому государственному художественному музею им. А.Н.Радищева, Слободскому музейно-выставочному центру (Слободское), Ульяновскому областному художественному музею, Государственному музею искусства Казахстана (Алма-Ата) и Ярославскому художественному музею.

В течение пяти лет эта рукопись готовилась к печати в издательстве «Ра», но «в связи с финансовой ситуацией» издание так и не было осуществлено.

Осуществлением этого издания я обязана моим друзьям и коллегам Екатерине Бобринской, Вальтеру и Селии Гильберт, Джону Мальмстаду, Диане Морзе, Владимиру Полякову, Алле Розенфельд, Вильяму Тодду, Джареду Ашу, Джастину Виру, издателю этой книги Сергею Кудрявцеву и моей матери, Алевтине Гурьяновой-Шехтер, которым я и посвящаю свою книгу.

Этот многолетний проект не мог бы быть завершен без щедрой профессиональной поддержки Исследовательского общества Гарвардского университета и фонда Мильтона.

Ранние годы. Москва. Неопримитивизм. 1906–1911 годы

Ольга Владимировна Розанова родилась 22 июня (по старому стилю) 1886 года в городке Меленки, Владимирской губернии, в семье уездного исправника, коллежского асессора Владимира Яковлевича Розанова. В «формулярном списке Владимирского уездного исправника В.Я.Розанова», составленном 21 января 1899 года, было указано, что он еще в 1880 году был переведен на службу в Меленки из Владимира (куда вновь вернулся через несколько лет). Жена его, Елизавета Васильевна, в девичестве Орлова, была дочерью священника, а сам Владимир Яковлевич учился во Владимирской духовной семинарии[1]. Благоговейное и по-детски простодушное восхищение красотой православного обряда, неразрывно связанного с народной, национальной культурой, сквозит в строках одного из поздних писем Ольги Розановой: «... в Светлую заутреню была дома. С поезда в церковь. Наслаждалась видом куличей, украшенных сахарными голубями и золотыми листьями, барашками и розами»[2].

О.Розанова (сидит в центре) с сестрами Анной (слева) и Алевтиной (стоит в центре) и матерью. 1890-е. Частный архив

В семье, помимо младшей Ольги, было еще трое детей: Алевтина, Анатолий и Анна. В Меленках Розановы жили в собственном деревянном доме на Казанской улице, недалеко от которого находился Покровский собор. В этом соборе 26 июня и была крещена Ольга Розанова.

Вскоре семья переезжает во Владимир и поселяется в собственном доме матери на Борисоглебской (ныне Музейной) улице, в старом центре города. Здесь в 1896 году Ольга Розанова

[1] Сведения о семье Розановых содержатся в фондах ГАВО: Ф. 14. Оп. 7. Д. 524; Ф. 459. Оп. 2. Д. 132; Ф. 433. Оп. 1. Д. 169, а также во Владимирском областном архиве ЗАГСа (запись под № 101 в метрической книге Покровского собора г. Меленки от 26 июня 1886 г.).

[2] Письмо О.Розановой А.Шемшурину от 4 апреля 1917 г. (ОР РГБ. Ф. 339. Оп. 5. Ед. хр. 14. Л. 34).

поступает в женскую гимназию. Впоследствии в одном из писем она с добродушной иронией пишет: «Владимир — “уголок Москвы”, как говорят. Скорее, “медвежий уголок”»[3]. Тем не менее, она любила этот город и в своих ранних пейзажах передала детские впечатления от той красочности, радости, гармоничного сосуществования с природой, которыми в полной мере одарена была старинная русская провинция: «Во Владимире больше на весну похоже, чем в Москве, и как будто даже жарче и воздух весенний и домов совсем почти не замечаешь как-то, а небо замечаешь — провинциально сверкающее и наивное. Вообще чисто сердечные пейзажи»[4]. На протяжении всей жизни художница поддерживала тесную связь со своей семьей (от которой часто зависела материально) и каждый год несколько месяцев обязательно проводила в родном владимирском доме[5].

О.Розанова. Казанская улица. Меленки. 1900-е (кат. 113)

О.Розанова. Пейзаж с домом и свиньями. 1900-е (кат. 115)

Завершив учебу в 1904 году, восемнадцатилетняя Ольга окончательно избрала для себя путь художницы: она решила ехать в Москву, чтобы серьезно учиться живописи. Ее первый московский адрес — 3-я Тверская-Ямская, дом Тихонова, кв. 2, где она снимает комнату. Так в жизнь Розановой вошел еще один город, определивший всю ее дальнейшую судьбу.

Занятия живописью начались в художественной школе А.П.Большакова, где она пробыла до 1907 года. Частное Художественное училище живописи и скульптуры Анатолия Петровича Большакова располагалось в Мясницком проезде у Красных ворот, на пятом этаже дома № 4. Среди преподавателей этой школы,

[3] Письмо О.Розановой А.Шемшурину. <Июль 1915 г.> (ОР РГБ. Ф. 339. Оп. 5. Ед. хр. 14. Л. 4).

[4] Письмо О.Розановой А.Шемшурину от 4 апреля 1917 г. (ОР РГБ. Ф. 339. Оп. 5. Ед. хр. 14. Л. 34).

[5] Осень и зиму в период с 1911 по 1916 г. Розанова проводила в Петербурге, лето — во Владимире. Она писала Шемшурину летом 1915 г.: «Я сейчас во Владимире и, вероятно, буду здесь до конца лета <…> Ответ от Вас буду ждать по адресу: Владимир <…> Вообще это постоянный мой адрес» (ОР РГБ. Ф. 339. Оп. 5. Ед. хр. 14. Л. 4).

существовавшей с 1900 года, были В.И.Комаров, Н.С.Ульянов, скульптор Матвеев, П.Петричев, С.И.Фролов. Как вспоминала жена Большакова, художница Е.С.Авдеева, классы — «головной, натурный, портретный и цветов (последние два не всегда)» — проходили в утренние часы — с девяти до трех — и вечерние — с пяти до восьми. «Большакова, самого редко работавшего, очень ценили за широту кругозора, за подход к учащимся, за указания и метод»[6]. Розанова посещала эти уроки, желая получить необходимую подготовку для поступления в Строгановское училище.

О.Розанова. Натурщица (Зина). 1906. Лист из блокнота № 2. Собрание А.Федоровского, Берлин

Вероятно, именно к этому периоду относятся самые ранние из известных произведений Ольги Розановой — ученические этюды натурщиков (1905–1906, кат. 1–4). В них еще чувствуется некоторая скованность, неуверенность руки, отсутствует академическая точность рисунка. Но даже в этих штудиях в первую очередь заявляет о себе природное колористическое дарование художницы. Мягкие светотеневые моделировки обнаженного тела отвечают не столько учебной задаче передачи объема, сколько созданию общей декоративной живописной поверхности. Перетекающие лессировки сиренево-розовых, лимонных, голубых оттенков создают иллюзию сглаженной светоносной фактуры, напоминающей перламутровую поверхность раковины. К сожалению, таких работ художницы сохранилось очень мало, хотя на ее посмертной выставке в 1919 году они были представлены довольно полно.

Карандашные зарисовки обнаженных натурщиков отличает от множества других работ подобного рода, выполненных другими студийцами, пожалуй, лишь необычность подхода к модели. В каждом наброске есть что-то портретное, индивидуальное, личностное, и на каждой странице указана не только точная дата, но и имя натурщика, часто в дружеском ключе, например «Зиночка», «Шура», «Саня» (блокноты № 2 и 3 из собрания А.Федоровского, Берлин).

В феврале 1916 г. А.Кручёных сообщает тому же адресату: «...исключительно скверное финансовое положение О.В.Розановой. Ей бы надо поскорее домой ехать, где она может почти задаром у матери жить, – а у нее нет денег даже на краски и холст...» (ОР РГБ. Ф. 339. Оп. 4. Ед. хр. 2. Л. 2).

[6] Биография А.П.Большакова, сообщенная его вдовой художницей Е.С.Авдеевой. Запись 30 августа 1940 г. (ОР ГЦТМ им. А.А.Бахрушина. Ф. 34. Ед. хр. 19. Л. 1).

В августе 1907 года Ольга Розанова подает прошение о принятии ее «в число любителей рисования Императорского Строгановского Центрального художественно-промышленного училища»[7]. Однако она не поступает туда и продолжает занятия в частных студиях. В некрологе, помещенном в газете «Искусство» 5 января 1919 года, который долгое время являлся единственным документальным источником биографии художницы, говорится, что «пребывание в Строгановском училище было, однако, очень кратковременно, так как царившая там система преподавания совершенно не удовлетворяла ее. В эти годы О.Розанова интересовалась поэзией, литературой, музыкой и скульптурой». Можно предположить, что художница тем не менее посещала Строгановское училище в качестве вольнослушательницы. Ясно одно – эта страница ее творческой биографии была лишь эпизодом, в той же степени незначительным, как и ее недолгое пребывание в школе-студии Званцевой в Петербурге в 1911 году.

В конце 1907 года Розанова поступает в Художественную школу К.Ф.Юона, основавшего ее в содружестве с И.О.Дудиным в 1900 году.

«Моя школа просуществовала восемнадцать лет, и за этот срок в ней обучалось более трех тысяч человек... – писал Юон. – В числе учившихся в ней могу назвать всем известные имена: скульпторов В.И.Мухину и В.А.Ватагина, живописцев и графиков А.В.Куприна, С.Ю.Судейкина, В.А.Фаворского, Г.Б.Якулова; архитекторов братьев Весниных...»[8] Мастерские Юона и Дудина, где обстановка была довольно демократичной, а в обучении отсутствовали застывшие догмы, стали первой серьезной школой для многих молодых людей, приехавших из провинции держать экзамен в художественные училища. Можно сказать, что на творческое становление Розановой эти уроки оказали наибольшее влияние. «Чему по преимуществу я учил и как учил?.. – вспоминал К. Юон о своих уроках. – Я меньше всего верил в такую учебу, которая сводится к просмотру текущей работы и указанию ученикам, что прибавить, что убавить, где именно изменить, сделать покраснее, пожелтее и так далее. Мне всегда казалось, что прежде всего нужно учить умению видеть и изучению законов зрительского мира»[9].

В конце 1900-х годов в мастерской Юона учились рисунку и живописи будущие авангардисты Любовь Попова, с которой Розанова сдружилась уже в 1907 году, Надежда Удальцова, Алексей Кручёных и Сергей Шаршун, а в 1914–1915 годах – Варвара Степанова. В частной школе Юона вступительных экзаменов не было, но требования к ученикам во время занятий предъявлялись до-

[7] Этот документ с резолюцией красным карандашом «Не поступила» находится в РГАЛИ (Ф. 667. Оп. 1. Ед. хр. 7490).

[8] *Юон К.Ф.* Об искусстве: В 2 т. М., 1959. Т. 2. С. 211–212.

[9] Там же.

статочно строгие: свобода самовыражения, которую здесь старались не ограничивать, предоставлялась в обмен на самодисциплину и серьезное, профессиональное отношение к искусству. В основном в классах велась работа с натуры под руководством талантливого педагога И.О.Дудина, иногда писали по памяти; здесь также преподавал Н.Ульянов[10], которого Розанова знала по училищу

Открытое письмо Л.Поповой О.Розановой.
19 июня 1909. Частный архив

Большакова и ценила его уроки; читались лекции по истории искусств. Помимо этого, Юон часто «задавал» композиции на определенную тему: по словам В.Мухиной, рациональное, «чуть ли не арифметическое исчисление элементов рисунка и живописи» соединялось с требованием «постоянной работы воображения»[11]. Мухина вспоминает одну из характерных тем — «Сон». Подобной «темой» мог стать и костюмированный портрет. В этом отношении любопытно свидетельство другого ученика мастерской — С.Шаршуна, в будущем примкнувшего к кругу парижских дадаистов, — в его письме А.Кручёных: «Мы рисовали оба у Юона весной 1910 года <...> Вы сделали с меня этюд “под Мефистофеля”, в черном плаще и черной шляпе, обводя контуры кобальтом»[12].

В этом контексте можно рассматривать один из самых ранних розановских портретов, на котором изображена женская модель в шляпе со страусовым пером (1906–1907, кат. 5, работа ошибочно считается автопор-

[10] О пребывании Н.П.Ульянова в этой школе пишет Н.А.Удальцова: «Вот в красках Юон мне дает больше, чем в рисунке. В рисунке мне ближе Ульянов, как-то лучше с ним было мне и как-то он больше понимает меня, да вообще он больше знает меня, чем К.Ф.<Юон>» (из дневника Удальцовой от 19 марта 1908 г. Архив семьи Древиных). Фактическое подтверждение тому, что Розанова училась у Юона и Ульянова, содержится в одном из ее писем Кручёных: «Сегодня получила письмо от своей хорошей подруги, училась с ней вместе в Московских художественных школах Юона и Ульянова» (письмо не датировано. Частное собрание, Москва).

[11] *Воронова О.П.* Вера Игнатьевна Мухина. М., 1976. С. 12.

[12] *Харджиев Н.И.* Поэзия и живопись // *Харджиев Н., Малевич К., Матюшин М.* К истории русского авангарда. Стокгольм, 1976. С. 72.

третом художницы). Погрудный портрет выполнен в манере, имитирующей «старых мастеров». Глубокий темный фон подчеркивает некоторую нарочитость позы, условность «роли», разыгранной моделью. Аналогичной учебной композицией на заданную тему является и эскиз «Женский портрет. (Монахиня)» (около 1907, кат. 9), очевидно также написанный Розановой в мастерской Юона. Этот мотив не имеет аналогий в зрелом творчестве

О.Розанова. Пейзаж. Около 1909 (кат. 12)

художницы — модная тема русской старины трактована описательно, даже наивно: изображена сидящая на сундуке девушка, со свечой в левой руке и в русском сарафане. Черный плат спущен на лоб, черты лица едва намечены, и весь живописный эффект заключается в отблеске оранжевого пламени свечи на белых рукавах — изобразительные средства еще скудны, несмелы. Вся композиция вполне вписывается в традицию В.Васнецова или М.Нестерова, чья выставка с большим успехом прошла в Москве в 1907 году.

В ряд немногих дошедших до нас ранних работ художницы, относящихся к периоду, который условно можно назвать ученическим, входят и два пейзажных этюда: «Кладбище» (1906–1907, кат. 6) и «Угол дома и снегири на дереве. Зима» (1906–1907, кат. 7). В последнем этюде мазок становится плотнее, пастознее чувствуется характерная для мастерской Юона позднеимпрессионистическая трактовка света и пространства, в частности излюбленный «эффект» изображения снега с цветными рефлексами на нем от солнечного света. Здесь еще совершенно отсутствуют качества, присущие «поздней» Розановой, за исключением, пожалуй, цветовой гаммы, построенной на доминанте теплых и светлых тонов в колорите.

Юон – приверженец принципов московской художественной школы, гармонично соединившей в себе национальную традицию и новейшие достижения французских течений, – вел по этому пути и своих учеников. Придерживавшийся в живописи «умеренного» импрессионизма, столь характерного для мастеров, принадлежавших к Союзу русских художников, Юон тем не менее выгодно выделялся на их фоне своим умением перенести на полотно цветовое богатство природы и колорит древнерусской архитектуры, воплотить самый дух «своеобразной поэзии, красочности и настроения провинциального городка»[13]. Первые сильные художественные впечатления Розановой, ярко отразившиеся в ее работах раннего и кубофутуристического периодов, были, несомненно, связаны с московской школой живописи, с ее особой, легкоузнаваемой стилистикой, повышенным интересом к колориту, к декоративности, стремлением к трансформированным в соответствии с национальной традицией восприятия импрессионизму, сезаннизму и фовизму.

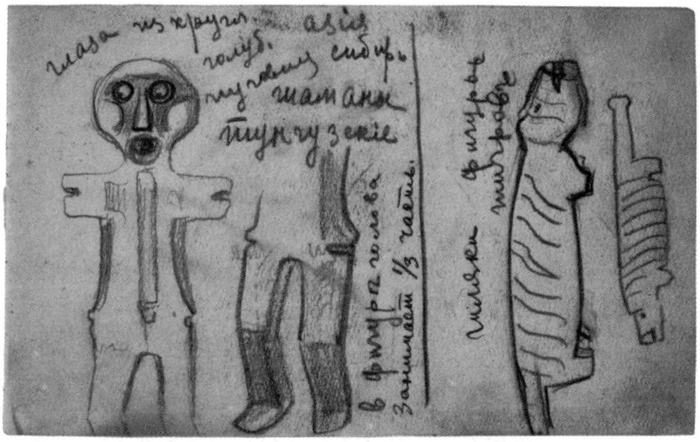

О.Розанова. Шаманы тунгусские. Около 1913 (кат. 139)

«Московская живопись новой формации гораздо решительнее, чем петербургская, противопоставляла себя предшествующим фазам искусства», – замечает Г.Поспелов в своем исследовании, посвященном «Бубновому валету». По его меткому выражению, «глазами “европеян”-петербуржцев “старушка Москва” неизменно воспринималась олицетворением колоритной и свежей провинциальности: она как бы вбирала идущий от этих провинций заряд “кипучего темперамента” <...> Сюда “вливались” и цветовая смелость провинциалов Ларионова и Лентулова, и живописная одухотворенность провинциалов иного рода – “саратовцев” Борисова-Мусатова, Павла Кузнецова, Петрова-Водкина, или, наконец, декоративизм Сарьяна с его очевидным восточным элементом»[14].

Заметим, что и Розанова – младшая современница выше-

[13] *Эттингер П.Д.* Первая выставка «Союза русских художников» // *Эттингер П.Д.* Статьи. Из переписки. Воспоминания. М., 1989. С. 32.

[14] *Поспелов Г.Г.* Бубновый валет. М., 1990. С. 6.

упомянутых мастеров, также связанная с русской провинцией, хранившая живую память о простонародной эстетике и канонах народного творчества, — не была исключением из этого ряда.

Живя во Владимире, она часто зарисовывала в своих блокнотах рублевские фрески и украшения Успенского собора (кат. 103–106). Позднее она разделила уже установившийся интерес многих европейских и русских авангардистов, отрицавших европоцентризм и искавших новые ориентиры в искусстве и эстетике, к примитивному и традиционному искусству разных исторических периодов и разных культур.

В 1913 году Владимир Марков (псевдоним Вольдемара Матвейса) задумал книгу об искусстве народов Северной Азии (проект, так и не осуществленный). Сохранились негативы, отснятые им в этнографических музеях для этой книги. Многие из объектов, заинтересовавших Маркова, впрямую перекликаются с зарисовками Розановой. В ее зарисовках 1913 года (блокноты из собрания А.Федоровского, Берлин), наскоро сделанных с натуры в художественных и этнографических музеях Москвы и Петербурга, можно найти наброски статуэток скифских каменных баб (Наталья Гончарова создала целую группу живописных полотен с изображением этого мотива), тунгусских шаманов, деревянных енисейских и североамериканских идолов (кат. 138, 139), фрагменты буддийской иконописи и египетских мотивов (встречающихся также в зарисовках Михаила Ле Дантю), снабженные тщательными пояснительными надписями с указанием материала, техники, цвета.

В этой связи стоит упомянуть находящийся в частной коллекции эскиз гуашью, изображающий сидящего ангела, который был выполнен, вероятно, около 1913–1914 годов (кат. 144). (Недатированное живописное полотно «Ангел» экспонировалось на посмертной выставке работ Розановой в конце 1918 года, местонахождение его неизвестно.) В фигуре ангела Розанова использует те же формообразующие приемы, что и в примитивной скульптуре, которую она когда-то копировала. Экспрессивный лаконизм, угловатость линий и форм, как бы вырубленных из дерева, не свойственны другим работам Розановой, но чрезвычайно близки неопримитивистской стилистике русского авангарда в целом.

Как известно, наиболее полное воплощение национальные особенности русской школы нашли в неопримитивизме Михаила Ларионова и Натальи Гончаровой, развившемся с конца 1900-х годов. В то же время неопримитивизм явился своеобразным русским вариантом экспрессионистического течения, родственного фовизму во Франции и немецкому экспрессионизму

О.Розанова. В лодке. Эскиз заставки. 1907–1909 (кат. 108)

О.Розанова. Пейзаж. 1907–1909 (кат. 111)

«Моста» и «Синего всадника». Именно через призму неопримитивизма и экспрессионизма следует рассматривать работы Розановой, созданные в конце 1900-х – начале 1910-х годов. Уроки Юона уже пройдены, к 1909–1910 годам Розанова, как и Попова и Удальцова, «вырастает» из ставшей ей уже тесной системы и ищет новые, собственные пути.

Несмотря на то что импрессионизм оказал несомненное влияние на раннюю Розанову, символизм и модерн были не менее важными источниками поэтики начального этапа ее творчества (включая и юношеские стихи в духе наивного подражания символизму). Ряд графических набросков карандашом, тушью и акварелью в ее блокнотах 1907–1909 годов свидетельствует об интересе к декоративным мотивам в духе модерна и тенденции к стилизации, в частности, в ее эскизах пером для журнальной графики раннего периода. Отдельные листы (1907–1909, кат. 108–112) являются проработками заставок и концовок с фигуративными мотивами, вписанными в овал или круг; наброски орнаментальных мотивов почти дословно повторяют приемы Обри Бердслея.

Стилистически к этим эскизам примыкает другая группа рисунков – зарисовки пером цветов и листьев (Розанова посещала так называемый «класс цветов» у Большакова), выполненные как бы единой, непрерывной линией, в манере, трансформирующей предмет в чисто декоративный мотив (кат. 102).

Конец 1900-х годов – период формирования течений и группировок нового искусства. Трудно переоценить значение проходивших в это время выставок для обращения многих молодых

О.Розанова. Красный дом. 1910 (кат. 14)

художников в новую художественную веру: в Московском товариществе художников начинают выставлять работы В.Кандинский, М.Ларионов, Н.Гончарова, К.Малевич. В самом начале 1907 года в Москве проходит выставка «Голубой розы», а в декабре – «Стефанос» с участием Бурлюков, Ларионова, А.Лентулова и других. В апреле 1908 года впервые открывается «Салон Золотого руна» с французским отделом, где представлены полотна Ж.Брака, П.Гогена, А.Матисса, Ж.Метценже, Ж.Руо. Наконец, формируется уникальное собрание новой западной живописи С.И.Щукина, на котором буквально воспитываются молодые художники. В журнале «Золотое руно» печатается программная статья Матисса «Заметки живописца», в которой он декларативно излагает позицию художника-новатора: «Мне невозможно рабски копировать природу, которую я принужден выяснить и подчинить сущности картины <...> Выбор моих красок не покоится ни на какой научной теории, он основан на наблюдении чувства, на опыте моей чувствительности»[15]. Многие положения этой статьи оказали несомненное влияние на русских авангардистов, в частности на Розанову, которая, возможно, в чем-то отталкивалась от них и спорила с ними, когда в 1913 году писала манифест общества «Союз молодежи».

Пейзаж «Красный дом» (1910, кат. 14)[16] заставляет вспом-

[15] *Матисс А.* Заметки живописца // Золотое руно. 1909. № 6. С. IV–X.

[16] Как правило, Розанова не датировала ни одну из своих картин. Поэтому предлагаемые датировки и вариант реконструкции периодов ее творчества основываются, во-первых, на характерных стилистических особенностях того или иного произведения, технике его исполнения. В некоторых случаях решающую роль при атрибуции и датировке сыграли старые наклейки и надписи, сохранившиеся на подрамниках и

нить ранние работы Л.Поповой «Прачка» и «Ивановское». В этом пейзаже Розановой есть определенные стилистические черты неопримитивизма, сближающие его с провинциальными пейзажами Ларионова, Гончаровой и художников круга будущих «бубнововалетцев». Яркие, «фовистские» тона голубого неба и плывущих по нему белых облаков, красные стены домов, зелень деревьев, «весомый» мазок и матовая, «шершавая» фактура поверхности создают ощущение земной осязаемой материальности. Здесь почти отсутствует юоновская «ссылка» на сюжетность, жанровость, звучит лишь чисто живописное воплощение настроения.

Декоративные колористические задачи впервые открыто соединяются с попыткой разрешить общие проблемы фактуры, живописной поверхности в натюрмортах, написанных около 1910–1911 годов, например в «Натюрморте с помидорами» (кат. 15). Их объединяет одинаковая постановка живописной темы – стремление отразить характерное и самоценное, неповторимое в каждом изображенном предмете, соединить конкретную «особость» и одновременно общую «родовую» сущность той или иной вещи, «обозначить» ее. Предметы в этих натюрмортах вытесняют пространство, пастозный мазок делает их почти тактильно осязаемыми, весомыми.

Пожалуй, все ранние работы Розановой отличает одно качество – чуткое, благоговейное отношение к натуре и живейший интерес к ней. Механизм ее интуитивного, эмоционального восприятия мира построен на отрицании отстраненного аналитического познания, на созерцательном проникновении в суть вещей: «Обаяние зрелища, очарование видимого приковывает взгляд и из этого первого столкновения художника с природой возникает у него стремление к творчеству. Желание проникнуть в мир и, отражая его, отразить себя, – импульс интуитивный, намечающий тему, понимая это слово в чисто живописном его значении»[17]. Мгновенному зрительному впечатлению, «очарованию видимого», давшему необходимый импульс исключительному лирическому дару, Розанова не изменяла даже в последний, «беспредметный», период творчества – одновременно с супрематическими она писала и «реальные» (как она сама их называла) картины с натуры.

1908–1910 годы можно выделить как самостоятельный, первый, «московский», период в творчестве Розановой. В это время определяются жанровые пристрастия: натюрморт, городской пейзаж, портрет, – и во всех этих жанрах доминирует ярко выраженное «натюрмортное» ви́дение, обостренное чувство предмета, приближенное к «ортодоксальному» варианту «Бубнового ва-

оборотах холстов. Другим важным моментом была идентификация произведений по каталогам выставок, проходивших при жизни художницы, и их описаниям в прессе того времени. Подробно эти данные см. в наст. изд., в разделе «Каталог произведений О.В.Розановой» (С. 264).

[17] *Розанова О.* Основы Нового Творчества и причины его непонимания // Союз молодежи. СПб., 1913. № 3. С. 14 (см. наст. изд. С. 189).

О.Розанова. На бульваре. 1911–1912 (кат. 19)

лета», первая выставка которого состоялась в Москве в конце 1910 года.

Такие полотна, как «Городской пейзаж» (1910, кат. 13), «Кузница» (1911–1912, кат. 20), «На бульваре» (1911–1912, кат. 19), должно быть, довольно неожиданно выглядели на ранних выставках «Союза молодежи». Они были гораздо созвучнее произведениям московских экспонентов этих выставок – членов «Ослиного хвоста» М.Ларионова, Н.Гончаровой, А.Моргунова и других. В «Кузнице», в сценке «На бульваре» – в их радостном, «лубочном», добродушно-ироничном духе – угадывается та же природа, что и в «Мясной лавке» Моргунова, «Провинции» К.Малевича или в известной «провинциальной» серии Ларионова с ее характерными персонажами. Тот же прием «примитивистского гротеска» положен в основу «Портрета Анны Владимировны Розановой» (1911–1912, кат. 22). Модель как будто разыгрывает перед нами некую пародийную роль «пожирательницы сердец», по «законам жанра» небрежно расположившейся на кушетке, подобно новой мадам Рекамье или Олимпии. Эта озорная театрализация невольно заставляет вспомнить ранние «бубнововалетские» работы: «Портрет Г.Якулова» (1910), работы П.Кончаловского, или «Автопортрет» (1911) И.Машкова.

Тема города прочно утверждается в живописи и графике

О.Розанова. Портрет Анны Владимировны Розановой. 1911–1912 (кат. 22)

Розановой и в ряде сюжетов этих лет приобретает социальную окраску как чудовищная и пошлая повседневность, увиденная «изнутри». Картина «Ресторан. (Кафе)» (1911 г., кат. 17, в книге Кручёных «Возропщем!» она была репродуцирована под названием «Приют») экспонировалась на второй выставке «Союза молодежи» в 1911 году, где состоялся художественный дебют Розановой. Мотив, излюбленный французскими импрессионистами, А.Тулуз-Лотреком, П.Гогеном, Э.Дега и воплотившийся в бесконечных вариациях в европейской живописи XX века, по-своему отозвался в городской поэтике Розановой. Настроение безысходного одиночества в этой картине созвучно извечной петербургской «повести» о человеке, которому «уже некуда пойти» — теме Гоголя, Достоевского, Белого, раннего Маяковского. Колористический строй всей композиции «замешан» на мастерски сымитированном эффекте холодного электрического света ламп и его тусклого отблеска на пустых скатертях. Эта эмоциональная напряженность колорита и физически ощутимый, режущий глаз цветовой диссонанс создают ощущение беспокойства и тоскливой безысходности в неуютной безликости интерьера, серых силуэтов за столом, серых картин, как будто парящих на фоне ядовито-лимон-

О.Розанова. Ресторан. (Кафе). 1911 (кат. 17)

ных стен, малиновой обивки и зеленых занавесей. В одном из писем Розанова как-то призналась, что в ее петербургской жизни той поры бывали часы, когда «сомнения разрастаются в чудовищных размеров клубок, отчаяние меня буквально душит и я готова бежать не знаю куда, смотреть одни и те же вещи в кинематографе, только бы не оставаться наедине с собой»[18].

Другая сцена – «В кафе» (около 1912, кат. 30) – содержит весь набор атрибутов «роскошной» жизни, отраженной в бульварном романсе: синие плюшевые шторы с помпончиками, ваза с фруктами, незнакомка в шляпе с перьями, крепко зажавшая в руке стакан. Все это написано нарочито грубо, аляповато. Художница, возможно, как и поэты-будетляне, иронизирует над образным строем символизма и жестко пародирует ситуацию блоковской «Незнакомки», доводя ее до гротеска.

В пейзажах этих лет еще нет ничего футуристического, за исключением, может быть, самого предмета изображения, – как правило, это лирические, далекие от урбанизма «сердечные» (по определению самой художницы), гармонически уравновешенные композиции. В них обязательно присутствует почти импрес-

[18] Письмо О.Розановой А.Кручёных. <1913 г.> (РГАЛИ. Ф. 1334. Оп. 1. Ед. хр. 90. Л. 2).

О.Розанова. В кафе. Около 1912 (кат. 30)

сионистически точное ощущение пространства, атмосферы любимого ею «провинциально сверкающего и наивного неба» (по ее собственному выражению). В подобных композициях Розанова избегает многофигурных сцен, как правило не встречающихся в ее живописи, и стремится уйти от неопримитивистской «жанровости» – той угадываемой сюжетности и повествовательности, которая играла немаловажную роль в произведениях Гончаровой и других художников круга Ларионова, определяя все предметное своеобразие их полотен 1908–1911 годов.

Несомненно, что основы живописной концепции Розановой, логическим завершением которой стало открытие «цветописи», были заложены еще в начальный период ее творчества. Ее редкая способность решительно отказываться от достигнутого, уже утвержденного в искусстве, рискующего превратиться в «прием», штамп, в пользу нового – экспериментального – стимулировала постоянный и напряженный творческий поиск. Художница тут же реагировала на все последние достижения в живописи, но никогда не шла по бесплодному пути заимствования и подражания; напротив – постижение чужого опыта было импульсом к выявлению своего – индивидуального и характерного. Плодотворное воздействие идей русского неопримитивизма Ларионова и Гончаровой, французского фовизма (прежде всего Матисса), а затем и итальянского футуризма У.Боччони, Д.Северини, Д.Балла совпало с творческими устремлениями самой Розановой.

Такое «всечество», по сути, было не чем иным, как свободным выбором традиции: «Все стили признаем годными для выражения нашего творчества, прежде и сейчас существующие»[19]. Понятие «всечества», то есть «все-чувствия», «всеохватности», введенное теоретиком ларионовской группы И.Зданевичем и принятое в кругу неопримитивистов, было характерно для всего нового русского искусства. Творческое восприятие чужестранных влияний и часто неожиданная, оригинальная их интерпретация – одна из черт национального своеобразия русского искусства – редко выливалась в прямую стилизацию, внешнее заимствование форм. По словам художника А. Грищенко, «русские, взяв чужие западные формы, внесли в них свой национальный и своеобразный дух»[20]. Интерес к древним культурам заново открывал для нового искусства Египет, Ассирию, Китай. Ближайший сподвижник Ларионова, Михаил Ле Дантю анализировал законы композиции, делая прориси с древнеегипетских рельефов. Ларионов устроил нашумевшую в то время выставку старинных лубков – среди экспонатов были не только русские, но и персидские, индийские, китайские и прочие лубки. Лидер «Союза молодежи» В.Марков (Матвейс) был захвачен интересом к китайской живописи и каллиграфии и издал чуть ли не первый в России сборник китайских поэтов «Свирель Китая». Можно сказать, что в своих лучших графических заставках к футуристическим книгам 1913–1914 годов Розанова добивалась каллиграфической точности и универсальной выразительности древних иероглифов.

Следующие четыре года – с 1911-го, времени вступления в «Союз молодежи», по 1914-й, год его распада, – были насыщенными и плодотворными для Розановой. Это был новый, зрелый период в ее творчестве, по справедливости вошедший в историю русского кубофутуризма.

[19] Слова из манифеста «Лучисты и будущники», подписанного М.Ларионовым, Н.Гончаровой и другими членами его группы. См.: Ослиный хвост и Мишень. М., 1913. С. 7.

[20] *Грищенко А.* О связях русской живописи с Византией и Западом XIII–XX веков. М., 1913. С. 7.

Петербург. «Союз молодежи». 1911–1914 годы

В истории русского авангарда начало 1910-х годов связано в первую очередь с развитием кубофутуристического, или будетлянского, направления, ассоциировавшегося с поэтической группой «Гилея» и обществом художников «Союз молодежи».

Вопрос о происхождении слова «кубофутуризм» остается достаточно запутанным. Говоря о событиях 1912 года, Кручёных отмечает: «Насколько помню, футуристами мы тогда себя не называли, будетляне – слово Хлебникова, и не знаю, когда оно впервые родилось, Гилея – скорее название издательства, и во всяком случае появилось уже после Пощечины»[1]. Вспоминая о том же периоде, Б.Лившиц заявляет: «Самый термин “футуризм” нам в то время был еще одиозен»[2].

В.Ф.Марков считает, что одно из первых упоминаний в печати слова «кубофутуризм» связано со статьей К.Чуковского «Эгофутуристы и кубофутуристы». Одним из первых употребил этот термин Казимир Малевич, назвав в каталоге последней выставки «Союза молодежи» (ноябрь 1913 – декабрь 1914 года) серию своих работ 1913 года «кубофутуристическим реализмом»; в 1915–1916 годах он использует термин «кубофутуризм» в своих брошюрах. Д.В.Сарабьянов, говоря о происхождении кубофутуризма, подчеркивает, что само наименование свидетельствует о «причудливых смешениях», указывая на известный факт оппозиционности французского кубизма и итальянского футуризма по отношению друг к другу, и добавляет, что в России «название “кубофутуризм” покрывало обширный круг явлений» в живописи[3].

Следует отметить, что члены группы «Гилея» не придавали теоретического значения термину «кубофутуризм». Они не только «отбросили» его в январе 1914 года в манифесте «Идите к черту», но в названиях некоторых своих сборников опирались лишь на слово «футуристы»

В кубофутуризме нашло отражение стремление века к синтезу, к некоему универсальному артистическому жесту, подчинявшему единой эстетической идеологии все виды искусств. Эта идея воплотилась в создании таких уникальных «жанров», как футуристическая книга, футуристический театр, в которых должны были выковаться структурные законы, объединяющие живопись,

[1] Из литературного наследия Кручёных / Ред. Н.А.Гурьянова. Berkeley, 1999. С. 356.

[2] См.: *Лившиц Б.* Полутораглазый стрелец. М., 1930. С. 367.

[3] *Сарабьянов Д.В.* Новейшие течения в русской живописи предреволюционного десятилетия России и Запада // Советское искусствознание. М., 1981. Вып. 80/1. С. 150.

архитектуру, поэзию, театр. «Едва ли в истории искусства можно найти моменты, когда поэзия и живопись настолько соприкасались между собой, как это было в период возникновения так называемого кубофутуризма в России», – пишет Н.Харджиев, который на страницах критических статей того времени объясняет появление самого термина «кубофутуризм» тем, что «поэты-футуристы выступали в тесном контакте с художниками-кубистами»[4].

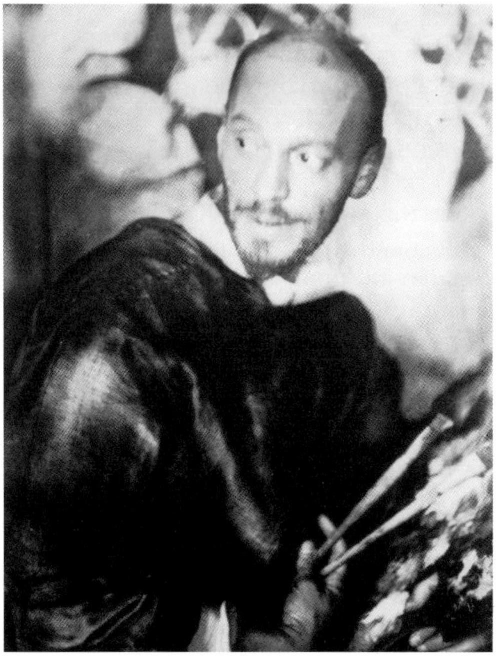

Николай Кульбин. 1910-е

В России футуризм привился и обрел неповторимое своеобразие. Ретроспективно в истории русского кубофутуристического движения, охватившего поэзию и живопись, можно выделить 1910-й и 1913-й годы. Первый принято называть датой его рождения, а второй – рубежом расцвета. 1910-й год можно было бы считать «двойной» датой[5]. В апреле в Петербурге увидел свет первый сборник новой поэзии – «Садок судей», в котором впервые собрались вместе будущие гилейцы – Е.Гуро, В.Хлебников, В.Каменский, Д. и Н.Бурлюки. А еще раньше, 16 февраля, было официально зарегистрировано общество художников «Союз молодежи», ставшее одной из основных новаторских группировок художественного авангарда.

У истоков этого принципиально нового объединения художников, с которым будет тесно связана творческая судьба Розановой, стояли Е.Гуро и М.Матюшин. В чем-то предшествовали деятельности объединения Н.Кульбин и Бурлюки.

Новые устремления в русской живописи, связанные с именами Д. и Н.Бурлюков, Н.Гончаровой, М.Ларионова, проявляются в декабре 1907 года на организованной Бурлюками московской выставке «Венок–Стефанос». Уже в самом начале своей творческой карьеры Давид Бурлюк проявил себя как художник, необыкновенно чуткий к новым веяниям в западном и русском искусстве, готовый к экспериментам, хотя и склонный к эклектизму. В историю раннего авангарда Бурлюк входит не только как худож-

[4] *Харджиев Н.И.* Поэзия и живопись // *Харджиев Н., Малевич К., Матюшин М.* К истории русского авангарда. Стокгольм, 1976. С. 9, 25.

[5] Эти даты выдвигают в своих воспоминаниях сами деятели кубофутуристического движения Матюшин, Кручёных, Д.Бурлюк. Нельзя не заметить, что «1910» как дата отсчета кубофутуризма в России — условная; скорее, она относится к поэзии этого периода. Такой же точки зрения придерживаются Н.Харджиев (его позиция отражена в вышеуказанной книге), а также Р.Циглер в статье «Алексей Е.Кручёных» (Russian Literature. 1986. XIX) и Дж.Янечек в кн.: *Janecek G.* The Look of Russian Literature. Princeton, 1984.

ник и поэт, но и как блестящий организатор, который, по словам М.Матюшина, «с поразительным, безошибочным чутьем сплотил вокруг себя те силы, которые могли способствовать развитию движения в искусстве»[6].

За этой выставкой, с которой можно условно начать историю деятельности ряда новаторских выставочных объединений, последовали организованные Николаем Кульбиным – врачом-психиатром, художником, теоретиком искусства – выставки «Современные течения в искусстве» (апрель 1908 г.) и «Импрессионисты» (март–апрель 1909 г.). Эти выставки, в которых участвовали молодые художники, трудно назвать авангардными – скорее, они только предвещали будущий расцвет нового искусства. «Кульбин был прежде всего декадент 90-х годов, затем дилетант-импрессионист, и дальше этого он и его группа не пошли. Но ему, безусловно, принадлежит честь первого в Петербурге выступления с молодыми художниками, которым он проложил дорогу, – считал Матюшин. – Кульбин был очень отзывчив и, как мог, боролся за новое. Пытаясь определить роль различных направлений, он неутомимо выступал с докладами и демонстрировал все наиболее значительные достижения искусства на Западе и у нас»[7]. Как художник он, может быть, и не создал значительных произведений, но – умел создавать в культурной среде особую творческую атмосферу, «генерирующую» идеи. Его организаторская деятельность и его статьи о «свободном искусстве», о «новом цикле слова» сыграли значительную роль в развитии теории авангардного движения. В 1910 году, после выставки «Импрессионисты», Н.И.Кульбин подготовил сборник «Студия импрессионистов»[8], в который привлек Давида и Николая Бурлюков и Велимира Хлебникова. После «Садка судей», изданного в том же году, это был первый сборник, в котором речь шла о новом искусстве. В нем была помещена программная статья Кульбина «Свободное искусство как основа жизни», где подчеркивалось значение теории искусства.

В контексте раннего футуризма деятельность Кульбина имела важное значение. Разносторонне образованный человек, лично знакомый с лидерами новаторских литературных и художественных направлений Европы, Кульбин в то же время интересовался традициями восточной философии и культуры, без устали популяризируя свои знания в авангардной среде.

«Эта личность была видною и ценною потому в истории русского футуризма, что это был один из немногих образованных людей», – писал о Кульбине в своих неопубликованных воспоминаниях А.А.Шемшурин. «Кульбин был особенно ценен в публич-

[6] *Матюшин М.* Русские кубофутуристы // *Харджиев Н., Малевич К., Матюшин М.* Указ. соч. С. 50.

[7] Там же. С. 140.

[8] Студия импрессионистов / Ред. Н.И.Кульбин. СПб., 1910.

ных выступлениях: образованный, острый, находчивый, он был грозою противников футуризма»[9]. В 1913 году Кручёных в сотрудничестве с Кульбиным издал листовку «Декларация слова как такового» (короткий текст Кульбина, напечатанный в ней, в литературе о футуризме часто называют «новый цикл слова»).

В выставке «Импрессионисты», помимо группы Кульбина (в частности А.Бальера, Э.Спандикова, И.Школьника, Е.Сагайдачного, вошедших впоследствии в «Союз молодежи»), участвовали Е.Гуро и М.Матюшин. Однако, как вспоминает Матюшин, уже в конце 1909 года «произошла дифференцировка, отделившая от группы Н.Кульбина наиболее активных участников <...> Мы сделали попытку организовать кружок с целью устройства выставок. У нас на Лицейской состоялось общее собрание, на котором было решено организовать общество художников “Союз молодежи”»[10].

Елена Гуро, поэтесса и художница, и Михаил Матюшин, художник и музыкант, стремились создать не только выставочное объединение, а крепкий союз единомышленников, приверженцев поиска и эксперимента в искусстве, связанных не столько возрастом, сколько чувством современности, восприимчивости к новому. В основу объединения изначально была положена идея о единстве новой культуры, ее синтетическом начале. Не случайно в числе инициаторов двух первых (поэтического и художественного) новаторских союзов оказалась Гуро. Ее влияние, ее идеи и личность определяли во многом взгляды членов «Союза молодежи» и оказывали почти «магнетическое» воздействие на Хлебникова и Кручёных. Гуро не случайно стала в их глазах «проповедником нового»: в ее таланте как нельзя более важно внутреннее развитие, духовный опыт, интуитивное сознание, созерцание. Четвертая единица психической жизни — «высшая интуиция» (как определил ее Петр Успенский в важнейшей для всего нового искусства книге «Tertium Organum») сыграла чуть ли не главную роль в последовавших декларациях и теоретических разработках деятелей русского авангарда.

В самом начале 1910 года, еще до первой выставки «Союза молодежи» (открывшейся в феврале), Гуро и Матюшин неожиданно на первый взгляд выходят из объединения. Дело в том, что их мечта тогда, в 1910 году, еще не могла реализоваться на деле — «Союз», не успев возникнуть, быстро превращался в довольно эклектичное и непомерно разросшееся общество (со своим председателем, правлением и т.д.), оправданное, казалось бы, лишь с социальной точки зрения.

[9] *Шемшурин А.А.* Биографические заметки о моих корреспондентах: 1920-е гг. (ОР РГБ. Ф. 339. Оп. 6. Ед. хр. 11. Л. 7).

[10] *Матюшин М.В.* Русские кубофутуристы. С. 141.

«На Карповке была найдена мастерская, и дело как будто бы наладилось, но когда мы стали просматривать поступавший материал, то оказалось, что он чрезвычайно слаб. Выступать с такими произведениями было невозможно. Некоторые из "союзников" только формально, а не по существу, разделяли наши замыслы и убеждения <...> Гуро и я отказались в письменной форме и передали все дело пожелавшему помочь оставшимся — меценату Л.Жевержееву (он был приглашен художниками И.Школьником и С.Шлейфером)», — объяснял свой уход Матюшин[11].

Левкий Жевержеев. 1910-е. Частный архив

Но, как в каждом обществе, здесь скоро выделилось свое ядро (в него вошла Розанова), трудами которого и составлялись сборники, устраивались диспуты и лекции. Эту деятельность возглавлял молодой и блестяще образованный В.Марков (Матвейс)[12], плодотворное влияние оказывали и приглашенные им к участию в выставках москвичи, в частности группа Ларионова.

По инициативе В.Маркова были сформированы первые два номера сборника «Союз молодежи», изданные в 1912 году. В них была опубликована важнейшая для всего периода его статья «Принципы нового искусства», оказавшая сильное влияние на многих художников.

Летом 1912 года по поручению общества он посетил Францию и Германию с целью закупки экспонатов для организации при «Союзе молодежи» музея и библиотеки и осуществления постоянных связей с западноевропейскими художниками. «Кандинский, чтобы устроить выставку у нас, также Walden готовы прислать диких и своих "protegé"...» — сообщал Марков в письме к Л.Жевержееву от 26 июля 1912 года[13].

1913-й — последний год существования общества — был самым насыщенным: в марте осуществилось объединение «Союза молодежи» и поэтической «Гилеи», результатом которого стали совместные выступления на диспутах. В этом же году состоялся

[11] Там же.

[12] Влиянию В.Маркова на деятельность «Союза молодежи» посвящена, в частности, статья Т.Любославской «В.И.Матвей и "Союз молодежи"» (Чтения Матвея: Сборник докладов и материалов по истории латышского и русского искусства. Рига, 1991. Ч. 1. С. 134–148). См. также: *Howard J.* The Union of Youth: An Artists Society of the Russian Avant-garde. Manchester, 1992. О Маркове см. также содержательные публикации Ирены Бужинской.

[13] Письмо В.Маркова Л.Жевержееву от 27 июля 1912 г. (ОР ГЦТМ. Ф. 99. Ед. хр. 59. Л. 1).

О.Розанова. Афиша к спектаклям первого театра футуристов. 1913 (кат. 232)

выпуск третьего номера сборника «Союз молодежи», а также была осуществлена постановка двух спектаклей первого в России футуристического театра. В этом объединении художественной и поэтической групп реализовался первоначальный замысел их создателей. Можно сказать, что один этот год «оправдал» всё существование «Союза молодежи».

Позднее Розанова, высоко оценивая значение футуристического периода, писала: «Футуризм дал единственное в искусстве по силе, остроте выражения слияние двух миров — субъективного и объективного, пример, которому, может быть, не суждено повториться.

Но идейный гностицизм, футуризм, не коснулся стоеросового сознания большинства, повторяющего до сих пор, что футуризм — споткнувшийся прыжок в ходе мирового искусства — кризис искусства. Как будто бы до сих пор существовало какое-то одно безличное искусство, а не масса ликов его по числу исторических эпох.

Ведь искусство эволюционирует, как и всё на свете.

Но за исключительность своего утверждения футуризм — бессмертный памятник эпохи — был поднят на пики злобы кучкой газетных свистунов и профанов.

Футуризм выразил характер современности с наивысшей проницательностью и полнотой <...>

Сторонники единства средст<в> не поняли технических завоеваний футуризма, так как не могли их связать с идейным содержанием метода <...>

Кубофутуристическая реальность — продукт самопожирающей погони за реальностью и полнотой передачи вещи сквозь призму чистейшей субъективности, и это было замечено до того, <как> созданное волею художника несуществующее приобрело ценность новой реальности, какого-то абстрактного абсолюта, убившего интерес к конкретно созерцаемому. Кубисты и футуристы не могли освободиться от предметности, но мы уважаем их тоску и предчувствие новых горизонтов»[14].

Футуризм внес в «усталое» искусство предыдущих веков ту жизненно необходимую прививку нового, прививку «возрождающегося варварства, без которого мир погиб бы окончательно»[15]. В глазах русской интеллигенции это было главным достоинством футуризма. В своей статье Розанова оспаривает эту позицию, от-

Афиша диспутов общества художников «Союз молодежи» 23 и 24 марта 1913. С.-Петербург

крыто вступая в дискуссию с Николаем Бердяевым, который писал о «кризисе искусства»: «Варварство духа и варварство крови и плоти, черпающие силы из глубочайших темных истоков бытия <...> из непросветленной и непретворенной еще культурной бездонности, должно могущественным потоком нахлынуть на человеческую культуру, когда в ней начинается упадок и истощение

[14] *Розанова О.* Кубизм. Футуризм. Супрематизм (см. наст. изд. С. 197 и др.)

[15] *Бердяев Н.* Кризис искусства. М., 1918. С. 26 (репр.: М., 1990).

О.Розанова. Автопортрет. 1912 (кат. 22)

<...> футуризм и есть новое варварство на вершине культуры. В нем есть варварская грубость, варварская цельность и варварское неведение»[16].

Н.И.Харджиев характеризует «Союз молодежи» как одно из трех основных новаторских объединений, однако указывает, что «большинству представителей этой группировки не удалось преодолеть ни эклектизма, ни эстетского модернизма (исключение – П.Филонов и О.Розанова, вступившая в «Союз молодежи» в 1911 году)»[17]. Однако нельзя не отметить, что в качестве выставочного объединения «Союз молодежи» сыграл уникальную роль, представив в своих экспозициях всех лидеров художественного авангарда Петербурга и Москвы.

В уставе общества его цель была в первую очередь определена как «ознакомление своих членов с современными течениями в искусстве, развитие в них эстетических вкусов путем совместных занятий рисованием и живописью, а также обмен мнений по вопросам искусства»[18]. Центром деятельности общества объявлялся Санкт-Петербург, а учредителями – лица, подписавшие проект устава. Общество имело право владеть собственной мастерской для совместных занятий членов и, главное, «устраивать вы-

[16] Там же.

[17] *Харджиев Н.* Поэзия и живопись. С. 30.

[18] Устав общества художников «Союза молодежи». 1910 г. (ОР ГРМ. Ф. 121. Ед. хр. 2).

О.Розанова. Городской пейзаж. Крыши. 1912 (кат. 25)

ставки и аукционные продажи художественных произведений, музыкальные вечера, концерты, драматические представления и публичные чтения по вопросам, касающимся задач Обществ»[19]. Быть членами «Союза молодежи» могли все, кроме несовершеннолетних учащихся учебных заведений, нижних чинов и юнкеров, состоявших на военной службе, лиц, находившихся под судом и следствием. Члены избирались общим собранием по представлению правления, которое находилось в Петербурге и состояло из пяти членов и двух кандидатов, также выбранных.

С 1911 года, со времени вступления в «Союз молодежи» и переезда в Петербург, Розанова участвует во всех выставках этого объединения. После очередной выставки, прошедшей в январе 1912 года, где впервые под названием «Ослиный хвост» выступила группа Ларионова, она в составе группы художников общества едет в Москву для переговоров о дальнейших совместных действиях москвичей и петербуржцев. Об этом вспоминал Матюшин: «В 1912 году наша группа отправилась в Москву договариваться с москвичами о дальнейших действиях. Мы поехали в составе: Ольга Розанова, Спандиков, Шлейфер, Школьник, Балльер и я. Там я

[19] Там же.

впервые познакомился с Малевичем, который поразил меня своими работами, с Маяковским и Кручёных»[20].

Результатом этой поездки стала открывшаяся 11 марта 1912 года в Москве, в новом здании Училища живописи, ваяния и зодчества, выставка групп художников «Ослиный хвост» и «Союз молодежи» (с отдельным каталогом).

«Получил письмо <...> от Малевича, и пишет он мне, что в Москве интересуются нашими делами, особенно музеем современной живописи, и хотят сейчас художники пойти навстречу этому делу. Меня опять зовут в Москву, чтобы окончательно выяснить все дела и можно было бы уже приступать к приему картин...» — писал секретарь правления И.Школьник Л.Жевержееву о состоянии дел общества в 1912 году. «Меня часто мучат многие вопросы в нашем обществе; особенно ясно то, что существует оно сейчас исключительно благодаря Вашей материальной поддержке. Сейчас наступает такой момент, когда наши художники уже крепнут, я получаю письма и вижу, что все работают много и все хотят что-то сделать — и то было бы очень грустно, если бы мы не осуществили хоть некоторые из наших планов.

И мне хотелось сказать Вам, что, способствуя осуществлению музея или помогая нашему обществу, Вы всё же выдвигаете целую группу художников и делаете дело, которое всё оставит по себе память»[21].

Постепенно роль Розановой в делах и проектах общества «Союз молодежи» становится все более заметной.

«Если не считать вездесущих Бурлюков, центральное место в “Союзе молодежи” занимала, конечно <...> Розанова. Это была крупная индивидуальность, человек, твердо знавший, чего он хочет в искусстве, и шедший к намеченной цели особыми, не похожими ни на чьи другие, путями. С ней, несмотря на все разногласия, серьезно считались такие непримиримые в своих вкусах художники, как Гончарова и Экстер», — писал поэт Б.Лившиц, входивший в группу «Гилея»[22].

3 января 1913 года Розанова, наряду со Школьником, Жевержеевым, Матюшиным и Балльером избирается членом комитета общества «Союз молодежи». На этом же собрании были вновь приняты в члены общества М.Матюшин, Д.Бурлюк, А.Моргунов, К.Малевич, В.Татлин и В.Бубнова[23]. В это время в планах общества — подготовка третьего номера сборника и книги о кубизме А.Глеза и Ж.Метценже, перевод которой был поручен М.Матюшину, О.Розановой и А.Балльеру. Розанова серьезно увлекается теорией и критикой нового искусства, и особенно ее начи-

[20] *Матюшин М.* Творческий путь художника. Цит. по: Ежегодник рукописного отдела Пушкинского Дома на 1974 г. Л., 1976. С. 178.

[21] Письмо И.Школьника Л.Жевержееву, датированное августом 1912 г. (ОР ГЦТМ. Ф. 99. Оп. 1. Ед. хр. 99. Л. 1–2).

[22] *Лившиц Б.* Полутораглазый стрелец. М. , 1930. С. 140.

[23] Протоколы общих собраний «Союза молодежи» за 1910–1913 гг. находятся в ОР ГРМ (Ф. 121. Оп. 1. Ед. хр. 1).

нает интересовать социальный аспект взаимоотношений художника и зрителя – проблемы, связанные с восприятием авангарда.

В начале года произошел инцидент с картиной И.Репина «Иван Грозный и его сын», изрезанной психически больным А.Балашовым. Пресса обвинила в этой акции футуристов, что вызвало ряд полемических выступлений. (Впоследствии Репин признал, что футуристы не имели никакого отношения к этому случаю.) 12 февраля на диспуте в обществе художников «Бубновый валет» с опровержением выступил Д.Бурлюк.

О.Розанова. Автопортрет. 1913 (кат. 118)

Розанова по этому же поводу написала заметку «Воскресший Рокамболь», предназначавшуюся для отдела хроники сборника «Союз молодежи»: «Со времени передвижничества русское искусство прошло через такое количество направлений существенных и серьезных, что мало-мальски знакомые с искусством люди вправе считать передвижничество усопшим. А потому факт гибели картины Репина, быть может и очень серьезный, хотя бы фатальностью своей, тем не менее, не должен был бы возбудить такого шума, какой он возбудил. Только пассивностью отношения к искусству возможно объяснить этот рецидив заболевания передвижничеством. Механически воспринимая одно за другим художественные направления, а в силу этого их не усваивая, русская публика, в широком смысле слова, еще не дошла до сознания необходимости активного изучения искусства, а потому достаточно чисто внешней причины для того, чтобы она потеряла почву под ногами и обратилась к тому, что с ее стороны активного внимания не требует: к искусству повседневности – передвижничеству. Праздные головы, не испытывающие потребности в живой пище для ума, чаще всего удовлетворяются сенсационными романами, возбуждающими чувства. Есть такой излюбленный ими тип романов, в которых герой на протяжении многих томов несколько раз умирает и снова воскресает. Подобную аналогию в жизни явило нам усопшее пере-

О.Розанова. Лодки. Крым. 1913 (кат. 129)

движничество ... <и зрители> со слезами умиления на глазах принимающие за чистую монету воскрешение своих Рокамболей»[24].

В результате этой полемики и осмысления новой эстетики и новой социальной роли художника появилась статья Розановой «Основы Нового Творчества и причины его непонимания», опубликованная в последнем, третьем, номере сборника «Союз молодежи». Этот номер был проиллюстрирован гравюрами Розановой и Школьника; там же поместили анонс готовившегося издания альбома рисунков «И.Школьник и О.Розанова» (осуществлено не было). Выходу сборника предшествовало объединение «Союза молодежи» и поэтической «Гилеи», официально зарегистрированное в протоколах общества марта 1913 года.

В своих воспоминаниях Матюшин пишет об этом: «В марте 1913 года группа поэтов-футуристов "Гилея" (Хлебников, Е.Гуро, Маяковский, Кручёных, Д. и Н.Бурлюки, Б.Лившиц) примкнула к "Союзу молодежи" для совместной идеологической и практической работы. Первое, что мы предприняли, — это выпуск № 3 журнала "Союз молодежи" <...> мы дали ряд статей, стихов и рисунков. Перед этим нашей группой был выпущен второй сборник "Садок судей" (рисунки Ларионова, Гончаровой, Н. и Д.Бурлюков, Е.Гуро). Мы настаивали на приглашении в журнал левых художников-москвичей, но эклектики во главе со Шлейфером и Спандиковым протестовали, и Жевержеев их поддержал»[25].

[24] *Розанова О.В.* Воскресший Рокамболь. Рукопись 1913 г. (ОР ГРМ. Ф. 121. Оп. 1. Ед. хр. 82).

[25] *Матюшин М.* Русские кубофутуристы. С. 147.

О.Розанова. Крымский пейзаж. (Эскиз к утраченной картине). 1913 (кат. 130)

Программная статья Розановой послужила основой для создания ею манифеста «Союза молодежи», напечатанного отдельной листовкой 23 марта 1913 года и прочитанного тогда же на известном публичном диспуте в Троицком театре в Петербурге.

Листовка манифеста, изданного в петербургской типографии «Живое слово», подписана — «Союз молодежи» (без указа-

О.Розанова. Городской пейзаж. 1913 (кат. 122)

ния авторства Розановой). О ее авторстве свидетельствует один из протоколов заседания общества художников «Союз молодежи» от 9 марта 1913 года, где в пункте № 5 – «О манифесте общества» – говорится: «Принять, отпечатать и прочесть на диспутах текст О.В.Розановой»[26]. Полемический характер манифеста и его «лозунговость» (почти каждая фраза заканчивается восклицательным знаком) во многом были вызваны целым шквалом резко критических и часто некомпетентных заметок в прессе по поводу выставки «Союза молодежи» в декабре 1912 – январе 1913 года. Дата публикации, указанная в листовке, совпадает с днем проведения диспута «О современной живописи».

Концепция Розановой заключается в признании доминирующей роли искусства в жизни и исключительности контекста современности в эстетике. Ее философия искусства строится на признании необходимости свободы творчества и утверждения его интуитивной природы, «новой» духовности. В ее мироощущении большое место отводится идее жизнетворной красоты сущего, красоты, понятой не только как эстетическая, но и как этическая категория.

[26] Протоколы общих собраний «Союза молодежи» за 1910–1913 гг. (ОР ГРМ. Ф. 121. Оп. 1. Ед. хр. 1).

О.Розанова. Пейзаж. 1913 (кат. 132)

Исходя из основной для русского искусства этого периода идеи «сакрализации» процесса творчества (что было в немалой степени вызвано общей идеологизацией русского искусства начиная с XIX века), кубофутуристы определяют для себя цель и суть искусства. Они оспаривают распространенные в начале века противоположные позиции и сторонников «искусства для искусства», и приверженцев «пользы», последователей идей Л.Толстого. Очень характерно в этом отношении одно из писем Елены Гуро, в котором она высказывает свою точку зрения на роль и суть современного искусства: «Толстого читаю, и местами прямо неприятно читать, до того он пристрастен, что местами даже позволяет себе прямо выходки против искусства <...> И все это на основании того, что эти произведения непонятны нашему несчастному неразвитому народу?

<...> я не согласна с его определением красоты, оно, по-моему, слишком узко, и отсюда опять путаница <...> Еще одна мысль мне приходит в голову: так ли еще "не понял бы наше искусство народ"? И мне кажется, многое бы понял, по крайней мере в живописи и драматическом искусстве и даже, пожалуй, в музыке <...> Миришься с ним на той его верной мысли, что искусство не должно быть только для наслажденья, а должно иметь более глубокое содержание»[27].

В начале века гражданская оппозиция художников-новаторов официозу, усредненному большинству, становится чем-то неизбежным, воспринимается как традиция, как противостояние косности и мертвечине в жизни и в искусстве. Однако это не означало самоотстранения художника от общества, напротив, он активно утверждал свои взгляды, стремился ввести искусство в жизнь; провозглашал принцип «искусства для жизни» и «жизни для искусства».

В статье и манифесте Розановой отразились основные идеи союза единомышленников, призывавших к разрушению

[27] Письмо Е.Г.Гуро М.Матюшину. <1909 г.> (РГАЛИ. Ф. 134. Оп. 1. Ед. хр. 44. Л. 38).

шаблонов и догм, иерархических рамок сознания. Это сближает манифест с декларациями «гилейцев», с документами итальянских футуристов, где искусству уже не отводится роль «мягкого кресла», дающего зрителю отдых от физической усталости. Искусство становится борьбой, действием, творчеством новой жизни.

О.Розанова. Цветок в горшке. Сдвиг форм. 1913 (кат. 137)

В поэтике русского авангарда саморефлектирующие размышления о природе искусства становятся закономерным явлением, необходимой составляющей новых тенденций в культуре. Важно отметить, что теоретические и критические работы раннего авангарда, основной частью которых являются манифесты и декларации, прочитываются как произведения художественного, поэтического характера, представляя собой провалившуюся попытку отразить программу направления, которая как раз и не выражается в них с конкретностью программного документа. Они, скорее, передают саму мелодику этого движения, те ментальность и неопосредованность, которые отличали поэтику авангарда. («Поэзия искусства – теория искусства» – эти слова Кульбина отражают атмосферу, в которой рождалось новое движение.) Общей для всей этой полифонии текстов, столь схожих лишь в своей «непохожести», является тема внутренней свободы личности и творчества: не столько свободы выбора и переосмысления традиции, сколько свободы от метафизической рациональности, выражающей себя в создании модели, канона, в представлении о мире как о закрытой системе, некоей законченной структуре.

Открыто-декларированно эта тема впервые прозвучала в документах «Союза молодежи» и «гилейцев», призывавших к разрушению шаблонов и догм, иерархических рамок сознания современного ему общества. Искусство становится формой борьбы за «новое углубление духа» (слова Кручёных), основанной на при-

О.Розанова. Портрет (А.Кручёных?). 1913 (кат. 42)

знании необходимости свободы творчества и утверждении его интуитивной природы.

Критические статьи Розановой не составляют исключения: «Ограничение творчества есть отрава Искусства! <...> у Искусства путей много! <...> Вот наш девиз: "В беспрерывном обновлении Будущее Искусства!"»[28]

Спустя четыре года после выхода манифеста «Союза молодежи» в статье «Кубизм. Футуризм. Супрематизм» (1917), написанной для журнала «Супремус», Розанова вновь подтвердила свое творческое кредо: «Мы предлагаем освободить живопись от рабства перед готовыми формами действительности и сделать ее прежде всего искусством творческим, а не репродуктивным <...>

Эстетическая ценность беспредметной картины в полноте ее живописного содержания»[29].

Манифест «Союза молодежи» был первым из программных произведений раннего футуризма; опубликованные в 1913 году ларионовский «Лучизм», «Манифест лучистов и будущников», «Декларация слова как такового» Кручёных определили новый период в эволюции русского авангарда, поворот к беспредметному искусству. Все эти тексты свидетельствуют о том, что в основу эстетики раннего авангарда легло новое понимание мира, стоящее за формальными поисками.

Воздействие «принципа свободного творчества» (понятие, выработанное Вольдемаром Матвейсом) было главным элементом, отличавшим ранний русский футуризм и от итальянского футуризма, и от более поздних движений (супрематизм, конструктивизм, футуризм периода ЛеФа). Его черты обнаруживают себя, во-первых, в самой свободной неоднородности, органичной многомерности раннего русского авангарда. Во-вторых – в обращении нового искусства к тем сферам и жанрам, которые, казалось бы, размывают традиционные границы «пространства» искусства. Отсюда происходят и концепция «всечества», и сильный элемент эклектизма, который Ларионов и Гончарова программно вводят в эстетику авангарда, и свободное от классического идеала понятие *красоты*, интерес к дилетантизму, к детскому рисунку, примитиву, иконе, каллиграфии, «рукописному рисунку» и даже к «механике» сна. Это же мировосприятие воплотилось в формировании «принципа случайного». Незавершенность, фрагментарность в качестве эстетического приема давали возможность «подразумевания», отсутствующую в законченной, совершенной форме. В идее незавершенности отразилось и сознание невозможности рационального воссоздания целого, абсолюта. Наконец, в явлении диссонанса («злогласа») и «неправильности» в живописи и поэзии футуристы видели проявление живого движения искусства и бытия.

Вся теория искусства раннего авангарда исходит из идеи «преображения» материи, ее «вещной» сути. Интуиция соединя-

[28] *Розанова О.* Манифест «Союза молодежи» (см. наст. изд. С. 187).

[29] *Розанова О.* Кубизм. Футуризм. Супрематизм (см. наст. изд. С. 196, 199).

ется с расчетом в создании формы — это первая ступень к преображению, подчинению материала. Вторая ступень — тенденция к преодолению формы и выявлению в произведении самой материи как эссенции, первосути — намечается в сознательной антиконструктивности, «отрицании формы» в лучизме и футуризме (поскольку главной координатой здесь становится время, а не пространство, диктующее совершенно иную эстетику).

Эта тенденция раннего авангарда является рефлексией на дискурс эпохального перехода, трансформации, когда слова, предметы и действия обнаруживают себя таким образом, что проявление их внешнего взаимодействия не могло бы уложиться ни в одну из схем. Эта тенденция, в частности, подразумевается в концепции «искусства для жизни и жизни для искусства», жизни «как таковой» — без оправдания целью, без «почему».

Ф.Ницше был первым, кто (в книге «Рождение трагедии») поставил задачу взглянуть «на науку под углом зрения художника, на искусство же — под углом зрения жизни»[30]. Эта идея стала началом всего нового искусства, оказав огромное влияние на формирование мировоззрения раннего авангарда.

В этом «гафизовском признании жизни» (Хлебников), «веселом творчестве» (Гуро), призыве бежать «кладбищ и мертвецов» цивилизации (Розанова) проявились черты новой философии и эстетики, разграничившие ранний авангард с символизмом, творящим свое искусство посредством знака, возведенного в канон, — абсолютную систему, в которую должна была быть втиснута реальность. В противовес символистской идее о существовании высшей мистической истины футуристы находили опору в свободном нигилизме — этой позиции футуристов в отношении к символизму было отведено важное место в полемических статьях Кручёных.

Если символисты пытались конструировать жизнь подобно произведению искусства, то футуристы-будетляне непосредственно обращались к самому процессу бытия, подчиняя свое искусство законам изменчивого движения материи и времени.

В философии XX века восприятие мира, основанное на разделении практического опыта и теоретического знания, становится основной проблемой. Разрыв между деланием, действием и мышлением, созерцанием, существовавший в традиции западной философии, приводит к кризису метафизики. Русские авангардисты интуитивно искали пути решения этих проблем, опираясь в какой-то мере на традицию «цельного знания», где созерцание приравнивается к деланию и целью бытия является са-

[30] *Ницше Ф.* Сочинения: В 2 т. М., 1990. Т. 1. С. 50.

мо бытие с изначально заложенной в нем потенцией познания мира.

Процесс художественного творения, приравниваемый к созидательному процессу бытия, «одухотворенного делания», становится для них целью искусства. С завершенного произведения искусства как конечного продукта труда акцент переносится на сам процесс созидания, включающий и созерцание. Мысль, созерцание приравниваются к действию, знание — к процессу познания, к бытию.

О.Розанова. Цирк. 1913 (кат. 45)

За «грубостью» и «неведением» футуризма, этого «рыжего» культуры начала XX века, сознательно напялившего на себя «ослиные уши», дразнившие критиков, стоит явление гораздо более сложное. Идея первозданного неведения-незнания как импульса к процессу *познания* мира и его свободного претворения становится ведущей в эстетике будетлян. Именно эта позиция позволила Розановой, например, провозгласить искусство «только в независимости и беспредельной свободе». Антиканоничность может рассматриваться не как средство эпатажа, а как способ постижения мира, — деятели русского авангарда видели свою главную задачу как раз в том, чтобы «взорвать» изнутри клише «идеала» и «красоты», академические, символические и прочие схемы восприятия, обусловленного бременем «знания», чтобы увеличить этим «территорию» искусства.

Этим в первую очередь объясняется интерес авангарда к «пограничным» явлениям, где существуют иные критерии качества, — в частности к дилетантизму, концепция которого как проявления свободного творчества, творчества как игры в среде раннего поэтического и художественного авангарда означала преобладание интуиции над умением, жизни над схемой «измов».

В этих явлениях претензия на качество технического мастерства или стиля, признанного эталоном в данную эпоху, целиком снимается, и «любительство» (дилетантизм) приобретает новый смысл — особую ценность «непосредственности» (или ненамеренности), единственной, могущей передать «мгновения в беспрерывном», «трепет жизни».

В эстетике раннего авангарда возобладало признание множества разных параллельно и правомерно существующих систем. Одно из писем А.Е.Кручёных В.Я.Брюсову противопоставляет настроения в будетлянском и символистском кругах этого времени: «Вы употребляете такой неопределенный, субъективный критерий, как *выразительность,* и здесь же забываете о его субъективности, относительной ценности... И что выразительно для икс, то невыразительно для игрек, о чем же споры... для нас наши произведения выразительны, а значит они выразительны (и сами по себе). Нелепость ведь считать: у одних *ниже* художественное чутье, у других — *выше.* Надо: у одних одно, у других другое, и не надо подводить всех под одну мерку»[31].

О.Розанова. Пожар в городе. (Городской пейзаж). 1913–1914 (кат. 49)

Стилевая и жанровая амбивалентность как прием, бесспорно, имела как положительные, так и отрицательные стороны, но прежде всего давала возможность творчеству футуристов развиваться сразу в нескольких направлениях, в то время как определенность стиля — признак той или иной литературной или художественной «школы» — накладывает печать зависимости от соратников, часто перерастающей в боязнь нового.

К 1913 году Розанова окончательно встает на позиции футуризма. В многочисленных пейзажах, полотнах «Порт» (кат. 41), «Диссонанс» (кат. 40), «Цирк» (кат. 45), «Набережная» (кат. 48), «Пожар в городе» (кат. 49; последняя работа считается образ-

[31] Из литературного наследия Кручёных. С. 193.

цом русского футуризма наряду с «Точильщиком» Малевича[32]) она создает наиболее чистый вариант футуристической живописи в России. Ольга Розанова не выезжала за пределы России, в отличие от своих современников – Д.Бурлюка, А.Экстер, А.Шевченко, Л.Поповой, Н.Удальцовой. В ее творчестве, никогда не соприкасавшемся с западными школами живописи, практически не было «зеркального отражения» тех или иных направлений. Не было и кубистического периода в его «ортодоксальном» варианте. К футуризму она пришла во многом через опыт неопримитивизма – этого русского варианта экспрессионистического течения европейского модернизма, органически соединив в своем зрелом творчестве достижения московской и петербургской художественных традиций.

О.Розанова. Портрет дамы в зеленом платье. Около 1912 (кат. 31)

В 1912–1913 годах Ольга Розанова старается обрести собственную «формулу» чисто живописного воплощения «внутреннего», скрытого, сюжета, подобно «внутренней» символике В.Кандинского и художников «Синего всадника». Эта «формула» блестяще найдена в портрете матери, известном как «Портрет дамы в зеленом платье» (около 1912, кат. 31). Здесь нет ни театрализации, ни игры, ни эффектных деталей, как в портрете сестры. Напротив, строгая и немного даже «приподнятая», монументальная простота композиционного построения, колорита, общей «тональности» портрета напоминает по духу искренность парсуны или провинциальных реалистических портретов начала XIX века. Розанова написала портрет в интерьере родного владимирского дома, принадлежавшего матери. Именно здесь, в этом доме, были созданы многие ее полотна, – каждый год – летом и осенью – художница имела возможность творчески работать, отдыхая от каждодневных забот и суеты петербургской жизни.

[32] Этой точки зрения придерживается, в частности, такой авторитетный исследователь русского кубофутуризма, каким является Н.И.Харджиев (см.: *Харджиев Н.* Поэзия и живопись. С. 25).

О.Розанова. Голубая ваза с цветами. 1912–1913 (кат. 36)

Ее мать Елизавета Васильевна, дочь священника, была глубоко религиозной и образованной женщиной. Она довольно рано овдовела и должна была сама заботиться о будущем своих четверых детей. Спокойная властность и ум, внутреннее достоинство отличают ее образ рано состарившейся женщины с нарочито бесстрастным, почти аскетическим выражением лица.

Своей незаурядной выразительностью этот портрет обязан не столько «психологической» характеристике модели («психологизм» в традиционном понимании этого термина по отношению к живописи здесь полностью отсутствует), сколько точно найденному колориту, тому, по словам Кандинского, «поверхностному впечатлению от цвета, которое может развиваться в переживание»[33]. Портрет не случайно получил впоследствии второе название — «Дама в зеленом» — потому что именно этот тон — холодный, глубокий, приближающийся к синему, — является цветовой доминантой, кульминацией в создании образа. Характер модели, настроение Розанова передает исключительно с помощью цвета, его психологического, эмоционального звучания.

О.Розанова. Натюрморт. Ваза. 1912 (кат. 25)

«Цвет — это клавиш, глаз — молоточек, душа — многострунный рояль», — писал Кандинский[34]. По его словам, сине-зеленый тон выражал глубину, серьезность, задумчивость. Теория цвета, созданная Кандинским, перекликалась с идеями французских и русских символистов, мистицизмом Р.Штайнера, чьи труды хорошо знали в русских художественных и литературных кругах. Розанова, судя по всему, была знакома и с работами Штайнера, и с книгой Кандинского «О духовном в искусстве», где он изложил свою теорию, оказавшую влияние на творческие устремления многих авангардистов.

В портрете матери, лаконичном по своим выразительным средствам и почти лишенном деталей, есть своеобразная монументальность, казалось бы совсем непривычная для таланта Розановой этих лет, которая вновь проявится лишь в ее супрематических работах. Художница прибегает к не совсем обычному приему, моделируя голову и руки одним тоном — охрой, как это делается в подготовительных этюдах, где еще не обозначен цвет. Это чем-то напоминает монохромный набросок со скульптуры и в законченном портрете, по контрасту с цветным фоном, вызывает ошеломляющий эффект отстранения, подчеркнутый обнаженной искусственностью приема.

Колористический дар художницы совершенствуется и обретает все большую свободу в натюрмортах, без которых не обходилась ни одна выставка с ее участием. Любовь к реальной земной природе, к естественной красоте всего сущего — будь то про-

[33] *Кандинский В.В.* О духовном в искусстве. Париж, 1997. С. 59.

[34] Там же. С. 64.

стой расписной глиняный кувшин — творение человеческих рук — или живой цветок, созданный самой природой, — оставалась для Розановой первоначальным импульсом к творчеству (кат. 21). Ее полотна, написанные с натуры, запоминаются радостной искренней щедростью цвета. В 1912–1913 годах она создает ряд натюрмортов с изображением цветов. Артистически изысканные в своей колористической гамме, они лаконичны в построении. В натюрморте «Голубая ваза с цветами» (кат. 36; вариация на ту же тему — кат. 35) она соединяет в живописный «букет» изображенные ею живые цветы, поставленные в вазу, их отражение в зеркале и нарисованный цветок — незатейливую роспись на вазе. Бесконечная зыбкость этих отражений подчеркнута экспрессивным футуристическим сдвигом форм, разрывающим очертания предметов. Цвет в этих натюрмортах разбелен, очень нежен, и, несмотря на довольно густой мазок, краска кажется светящейся, прозрачной, как акварель или блеск зеркала. Розанова как будто «рисует» кистью, цветовыми линиями обозначая контуры предметов, лишенных своей объемности и тяжести, «бестелесных», как цветные тени.

А.Матисс. Севильский натюрморт. 1910–1911. Холст, масло. Государственный Эрмитаж, Санкт-Петербург

Артистическая изысканность колорита и неповторяемость «звучания» каждого цветового тона позволяют сравнить ее натюрморты с виртуозными композициями Матисса, которые Розанова могла видеть в московской коллекции С.И.Щукина. Особенно перекликается с ними «Натюрморт. Ваза» (1912, кат. 25). Вдохновленный ориенталистскими мотивами, воспринятыми через европейскую живопись начала XX века, он «прочитывается» как цитата, импровизация на заданную тему: его свободный, яркий, обжигающий колорит — сочетание красного на красном, желтого, зеленого и синего — составляет самостоятельную живописную тему. Для другого «Натюрморта» — с белым кувшином и грушами (1912–1913, кат. 34) — Розанова, напротив, выбирает холодную, глубокую гамму: голубой, изумрудно-зеленый, черный, серый — с вкраплениями желтого и красного. Это произведение — один из самых тонких и совершенных по цвету натюрмортов в русской живописи. Художница создает цветовую гамму, «звучащую» подобно музыкальному этюду, исполненному внутреннего аристократизма и духовности. Черный цвет в этой композиции как будто заменяет камертон, дающий направление другим тонам. «Тона красок <...> вызывают гораздо более тонкие вибрации, не поддающиеся словесным обозначениям... — писал Кандинский. — Всегда останется еще нечто, что невозможно полностью исчерпать словом и что не является излишней прибавкой к тону, а именно наиболее в нем существенное»[35]. Символическую, нематериальную природу цвета, контрастирующую с обыденностью изображенных предметов, Розанова подчеркивает и неожиданностью постановки: кувшин и груши лежат на драпировке, которая, кажется, образует черную горизонталь в центре картины, «парящую», застывшую в пространстве без опоры.

О.Розанова. Диссонанс. 1913 (кат. 40)

Но все же в этот период натюрморт уступает главное место пейзажу — именно в этом жанре Розанова увидела выход к новой, беспредметной, живописи, возможность постичь собственно живописные законы соотношения цветов, фактуры, ритма. К 1913 году в ее творчестве появляется совершенно особый тип пейзажа, в котором доминирует футуристический динамизм, ритмический «сдвиг», диссонанс. В этот ряд можно включить такие полотна, как «Набережная» (кат. 48), «Пожар в городе» (кат. 49), «Постройка дома» (кат. 43), «Человек на улице» (кат. 46). В первом из них, находящемся ныне в коллекции Г.Г.Тиссен-Борнемиса, изображенный предмет только угадывается — по деталям, как будто случайно, хаотично вырванным взглядом, — это парапет набережной, блики на воде. Гамма сдержанна: серые, коричневые, сиреневые тона, причем краски положены преимущественно лессировками, а по ним — еще раз штриховым

[35] Там же. С. 109.

или пастозным мазком, что создает впечатление переливающейся, трепещущей самоценной фактуры.

Названия картин, представленных художницей на последней выставке «Союза молодежи» 1913 года, в этом отношении также примечательны: «Диссонанс» (кат. 40), «Пейзаж-инертность», «Пути-письмена душевных движений» (местонахождение двух работ неизвестно, и данные о них, судя по всему, не сохранились). Последнее название невольно заставляет вспомнить циклы У.Боччони «Stati d'animo» («Состояния души»). И действительно – их, совсем разных по стилистике, объединяют динамизм и стремление передать не внешнее, видимое, а внутреннее, духовное, движение. Интуитивность, искренность и чистота в восприятии природы роднят живопись Розановой с произведениями итальянских футуристов, провозгласивших себя в одном из манифестов «примитивистами с обновленной чувствительностью».

Многие положения итальянских живописцев, опубликованные в манифесте художников-футуристов, Розанова не просто разделяла – она опиралась на них при подготовке манифеста «Союза молодежи». Эта общность позволяет говорить о нем как о единственном манифесте русских живописцев, прямо примыкающем к кругу документов итальянского футуризма. Провозглашенному итальянцами лозунгу «универсального динамизма» соответствовали слова Розановой о «стремительном беге времени», беспрерывном обновлении. Футуристический призыв «освободить глаз от пелены атавизма и культуры» отразился в розановском тезисе «видеть мир широко раскрытым». Главной же, всеобъемлющей была идея о духовной свободе творчества как главном условии самобытности и очищения языка «живописных творческих переживаний», непосредственности в передаче «состояния души».

Посетив Петербург и Москву в 1914 году, вождь итальянского футуризма Ф.-Т.Маринетти не мог не отметить не только «самобытности» русской живописи, но и того, что между внутренними устремлениями кубофутуризма и итальянского футуризма в живописи существовало гораздо большее созвучие, нежели в области литературы. Идеи У.Боччони, К.Карра, Д.Северини, Д.Балла и их манифесты, известные в России в основном по французскому изданию 1911 года книги «Le Futurisme», попали на плодотворную почву. (Об интересе к ним со стороны «Союза молодежи» свидетельствует и публикация во втором номере сборника за 1912 год русского перевода текста «Экспоненты к публике».)

Будучи в России, Маринетти познакомился с живописью московской группы Ларионова и побывал на выставке «Бубнового

Прием в честь Ф.-Т.Маринетти на Бирже в С.-Петербурге. 1 января 1914. В первом ряду в центре сидят: А.Лурье, Ф.-Т.Маринетти, Н.Кульбин. О.Розанова стоит во втором ряду, пятая справа

валета»; в Петербурге его гидом среди художников стал Кульбин. О реакции Маринетти можно судить по увлеченности, с какой он замыслил сразу две параллельные выставки – итальянской живописи в Москве и русской в Италии[36]. Он предложил Кульбину организовать «русский отдел» и экспонировать русское искусство в постоянной галерее футуристов в Риме. Кульбин пригласил к участию в этом не только своих бывших соратников по «Союзу молодежи», который к началу 1914 года уже распался, но и москвичей, о чем свидетельствует его письмо к одному из лидеров «Бубнового валета» – А. Лентулову, отправленное в феврале 1914 года: «...постоянная галерея в Риме, по словам Маринетти, – цитадель футуризма. Русский отдел по желанию Маринетти должен быть большим и иметь громадную важность для Италии. Маринетти приезжал в Россию по моему приглашению. Прежде чем он со мной увиделся, я предупредил его о коренных различиях во взглядах русской и итальянской школ и о возможности неприятных осложнений.

<...> Я теперь провожу такой взгляд: русское искусство в 1914 г. являет свою гегемонию, свое главенство в Европе и повсю-

[36] См. об этом: *Michelis C., de.* Futurismo italiano in Russia 1901–1929. Bari, 1973. P. 36.

ду. Маринетти идет навстречу всем нашим желаниям и предлагает “параллельные выступления” с сохранением полной свободы и самостоятельности русским художникам <...> Выставка будет периодически переменять картины, а потому скажи всем художникам, чтобы посылали двойное количество картин (про запас) <...> В Петербурге Маринетти проводил все ночи в “Бродячей Собаке”. Мы с ним очень подружились и, по его желанию, даже побратались <...>

Отправлять произведения следует около 5 марта...»[37]

GALLERIA FUTURISTA
Direttore G. SPROVIERI
ROMA - VIA DEL TRITONE, 125 - ROMA

ESPOSIZIONE LIBERA
FUTURISTA
INTERNAZIONALE
Pittori e Scultori
ITALIANI - RUSSI - INGLESI
BELGI - NORDAMERICANI

ROMA
Aprile-Maggio 1914

Каталог 1-й Международной свободной футуристической выставки в Риме. 1914

В подборе участников Кульбину помогала Ольга Розанова, художественная деятельность которой в это время была весьма заметна. Сохранилось письмо Малевича к ней, где речь идет о выставке, в которой охотно согласился принять участие и он сам[38].

К сожалению, эта идея так и не была осуществлена. Судя по всему, причиной послужила неорганизованность русских художников, не успевших вовремя выслать работы, а также и то, что работы должны были быть посланы за свой собственный счет, — далеко не все обладали такой возможностью.

Тем не менее, маленький русский отдел все же был представлен в 1914 году в галерее Спровьери в Риме — правда, уже не в постоянной экспозиции, а на известной «I Esposizione Libera Futurista Internazionale», в которой принимали участие также английские, бельгийские и североамериканские скульпторы и художники. Из русских помимо Кульбина участвовали еще трое: А.Архипенко, А.Экстер и О.Розанова[39]. Первые два пользовались уже достаточной известностью в Европе — Архипенко был постоянным участником многих европейских выставок, а Экстер, проводившая большую часть времени в Париже, прекрасно знала многих итальянских художников, дружила с А.Соффичи. Живопись Розановой, никогда не выезжавшей за пределы России, экспонировалась в Европе впервые. Почему именно она, практически не изве-

[37] Цит. по: *Мурина Е., Джафарова С.* Аристарх Лентулов. М., 1990. С. 209.

[38] Письмо К.Малевича О.Розановой (ОР ГРМ. Ф. 134. Оп. 1. Ед. хр. 71).

[39] См. каталог: Prima Esposizione Internazionale Libera Futurista. Roma: Galleria Sprovieri, 1914 (Aprile–maggio).

О.Розанова. Фабрика и мост. 1913 (кат. 44)

Оборотная сторона картины «Фабрика и мост»

стная здесь художница, оказалась четвертой участницей выставки? Пока не удалось найти никаких документов, проясняющих это обстоятельство, так же как и установить факт личного знакомства с Маринетти. Есть только фотография, сделанная в Петербурге, на его вечере в зале Калашниковской биржи, где среди прочих присутствует и Розанова. Тем не менее, все произведения Розановой, выставленные в Риме (включая работы, показанные вне каталога), остались в собрании Маринетти и хранились в его семье вплоть до недавнего времени (кат. 40, 41, 44, 46, 52, 53, 54).

Живопись Розановой по духу была наиболее футуристична в этот период развития русского искусства. В ее произведениях 1910–1912 годов уже была подготовлена «почва» для кубофутуризма 1913 года. Ее неопримитивистский стиль, отличавшийся динамикой, резким контрастным ритмом цветовых сочетаний, нарастающим элементом дисгармонии, был по-своему уникален. Художественный «язык» Розановой более, чем чей-либо, приближался к стилистике экспрессионистов группы «Мост» – Э.-Л.Кирхнера, Э.Хеккеля, М.Пехштейна. Эта стихийно-экспрессивная, эмоциональная живописная манера естественно «выкристаллизовалась» в ее творчестве к 1913 году в метод, ставший основой ее футуристической стилистики. Вернее, этот футуристический элемент никогда не исчезал из ее работ, но теперь он вышел на первый план. Известный критик А. Эфрос в своем эссе о Розановой, написанном уже после ее смерти, отмечал в свойственной ему эффектной, подчас парадоксальной манере: «Розанова родилась футуристкой. Если бы движение не пришло ей навстречу уже сложившимся и готовым, она должна была бы изобрести нечто подобное, очень близкое по форме и совершенно тождественное по сути»[40].

В заметке о римской выставке в газете «Lacerba» от 1 июня 1914 года произведения Розановой упоминаются среди работ, заслуживших характеристику «авангарда и футуристической отваги»[41].

В картине «Порт» (кат. 41), экспонировавшейся среди других произведений художницы на Международной свободной футуристической выставке, формы самопроизвольно разрастаются, композиция подчинена стихийному динамическому ритму, который становится «нервом» всей картины. Ключевая тема города воплощена в идее некоего ритмического единства разнородных элементов, предметов, форм преобразующихся в самостоятельный организм. В отличие от итальянских футуристов, художница настороженно воспринимает новый мир города, машины, однако поэтизирует этот мир, как наделенный непонятной, опасной притягательностью, поглощенный собственной жизнью, — в ее футуристических городских пейзажах 1913 года «действующими лицами», «персонажами» становятся дома, фонарные столбы, трубы заводов, в то время как человек теряется среди них, а чаще — просто отсутствует.

В полотне «Постройка дома» (кат. 43) ритм основывается на соразмерных и повторяющихся движениях безликих рабочих, которые вдруг начинают казаться частицами какого-то механизма, в то время как постройка дома, напротив, воспринимается как зарождение живого существа.

В живописи футуризма происходит разрушение догматических представлений XIX века о пространстве и времени (подобно тому как это произошло в науке XX века). Для русских футуризм стал школой познания мира, и в первую очередь — уроком преодоления «линейного времени». Это происходило и на формальном, и на сюжетном уровне, — не случайно было так распространено в 1910-е годы изображение часов. Часы — своего рода образ времени, «символ веры». Футуристы разбирают, анатомируют

[40] *Эфрос А.* Профили. М., 1930. С. 339.

[41] Lacerba (Roma). 1914. Giugno 1.

О.Розанова. Постройка дома. 1913 (кат. 43)

их механизм. Предмет «одушевляется» (как в детской игре), индивидуализируется (все авангардисты в этом отношении — немного дикари: они умеют предметы заклинать, им поклоняться, с ними играть). Для них нарисовать — значит овладеть, подчинить. Создать наново.

Часовой механизм в розановской картине «Метроном» (кат. 56) — своего рода прообраз «вечного» и мгновенного — тот самый «вечный двигатель» исторического времени, символ его бесконечности.

Проблема «новых измерений» пространства и времени, синтеза, универсальности нашла своеобразное отражение во взаимодействии живописи и литературы. Она дискутировалась в статьях и программных документах лидеров русского авангарда 1910-х годов, в теоретических работах В.Кандинского, Д.Бурлюка (на диспуте «Союза молодежи» в 1913 году им был прочитан доклад «Изобразительные элементы российской фонетики»), в «Новом цикле слова» Н.Кульбина. Ее пытались разрешить в своем творчестве Ла-

О.Розанова. Метроном. 1914–1915 (кат. 56)

рионов и Гончарова, Е.Гуро и Матюшин, Хлебников, Филонов, Д.Бурлюк... В этом ряду особое место занимает содружество Розановой и Кручёных, в глазах современников олицетворявшее собой союз беспредметной живописи и «заумной» поэзии. Поэт и художница в буквальном смысле составляли «alter ego» друг для друга.

«Взлетели новые книги»: печатная графика 1912–1914 годов

Ольга Розанова была в равной степени одарена и как живописец, и как график. Особое признание получили ее работы в области печатной графики, в оформлении футуристических книг Хлебникова и Кручёных.

Вдохновителем, автором и издателем первых футуристических книг стал Алексей Кручёных. Именно его «острому, непримиримо дерзкому, необычайно умному творческому таланту» (слова Малевича) принадлежала идея новой и в чем-то парадоксальной интерпретации столь актуальной и жизнеспособной в России традиции рукописной книги — книги «как таковой», существующей как неповторимый художественно-эстетический факт[1]. Кручёных, несомненно обладавший редким даром художественного прови́дения, вернул книге художника, поставив его вровень с автором, сделав его не посредником, а в буквальном смысле «соавтором». Само слово «иллюстрация» в привычном значении в этих изданиях было уничтожено: «Образы поэта остаются неприкосновенными... И центр нового в том, что аналогичность устремлений поэмы и рисунка и разъяснение рисунком поэмы достигаются не литературными, а живописными средствами»[2]. Каждая страница книг будетлян — Кручёных, Д.Бурлюка, Маяковского, В.Каменского — была приравнена к оригинальному, единичному произведению искусства.

В рукописной форме уже изначально заложено обещание «единичности», таинства и непосредственности письма, всегда имеющего своего одного-единственного адресата. Николай Бурлюк писал о существовании «живого организма» слова — то же самое можно сказать об этих книгах. Кручёных привлек к этому сотрудничеству лидеров русского художественного авангарда — Михаила Ларионова, Наталью Гончарову, Казимира Малевича, Ольгу Розанову, Николая Кульбина, Кирилла Зданевича и других, ставших оформителями будетлянских книг. Можно сказать, что эти уникальные издания 1912–1917 годов являются не только «частью» творческой лаборатории самого поэта, в которой, как писал в 1920 году Давид Бурлюк, «изготовляются целые модели нового стиля»[3], но творческой лабораторией всего нового искусства.

[1] Роль древнерусской традиции в культуре поэтического авангарда и в сложении «жанра» футуристической книги требует отдельного исследования. Эта проблема конспективно обозначена в кн.: *Janecek G.* The Look of Russian Literature. Princeton, 1984. Исследователь древнерусской литературы Д.С.Лихачев указывает на параллель, существующую между «изображенным» словом в древних манускриптах и «во всех видах условного искусства в XX веке», в частности в кубизме и футуризме (*Лихачев Д.С.* Поэтика древнерусской литературы. М., 1979. С. 27–28).

[2] *Бобров С.* О новой иллюстрации // *Бобров С.* Вертоградари над лозами. М., 1913. С. 156.

[3] Жив Кручёных! М., 1925. С. 18.

А.Кручёных в 1920-е годы. Культурный фонд «Центр Харджиева–Чаги». Стеделийк музей, Амстердам

Первой книгой в этом ряду Кручёных называет поэму, созданную им в соавторстве с Хлебниковым, – «Игра в аду». (Одновременно с ней в «Книжной летописи» за август 1912 года была зарегистрирована еще одна поэма Кручёных – «Старинная любовь», «украшение» которой – так вместо слова «иллюстрация» значилось на обложке – выполнил Ларионов.)

В своих воспоминаниях, подготовленных к печати в 1930-е годы, Кручёных рассказал историю создания первой книги: «В неряшливой и студенчески-голой комнате Хлебникова я вытащил из коленкоровой тетради два листка – наброски, строк 40–50 своей первой поэмы "Игра в аду". Скромно показал ему. Вдруг, к моему удивлению, Велимир уселся и принялся приписывать к моим строчкам сверху, снизу и вокруг – собственные. Это было характерной чертой Хлебникова: он творчески вспыхивал от малейшей искры. Показал мне испещренные его бисерным почерком странички. Вместе прочли, поспорили, еще поправили. Так неожиданно и непроизвольно мы стали соавторами. Первое издание этой поэмы вышло летом 1912, уже по отъезде Хлебникова из Москвы (литография с 16 рисунками Н.Гончаровой) <...> Эта ироническая, сделанная под лубок издевка над архаическим чертом быстро разошлась»[4].

В свою очередь Велимир Хлебников вспомнил об этой поэме в стихотворении 1920 года «Алеше Кручёных»:

Игра в аду и труд в раю –
хорошеуки первые уроки.
Помнишь, мы вместе
Грызли, как мыши,
Непрозрачное время?
Сим победиши!

В этой поэме, первая строка которой сейчас прочитывается почти символически, и явился миру пресловутый «футуристи-

[4] *Кручёных А.* Наш выход: К истории русского футуризма. М., 1996. С. 49–50.

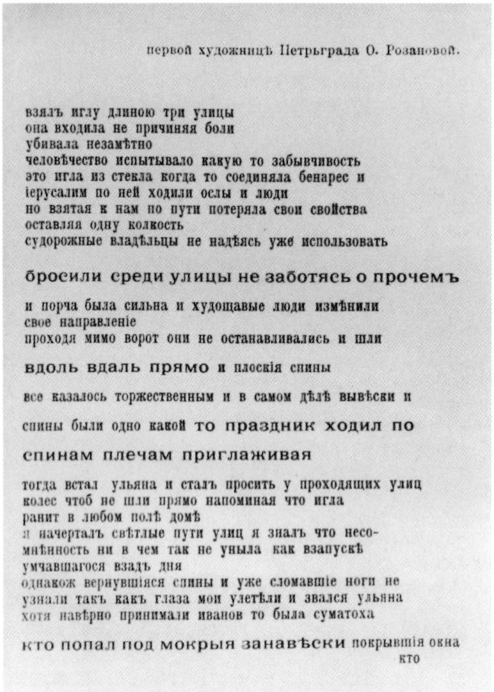

первой художницѣ Петрьграда О. Розановой.

взялъ иглу длиною три улицы
она входила не причиняя боли
убивала незамѣтно
человѣчество испытывало какую то забывчивость
это игла из стекла когда то соединяла бенарес и
iерусалим по ней ходили ослы и люди
но взятая к нам по пути потеряла свои свойства
оставляя одну колкость
судорожные владѣльцы не надѣясь уже использовать

бросили среди улицы не заботясь о прочемъ

и порча была сильна и худощавые люди измѣнили
свое направленiе
проходя мимо ворот они не останавливались и шли

вдоль вдаль прямо и плоскiя спины

все казалось торжественным и в самом дѣлѣ вывѣски и

спины были одно какой то праздник ходил по

спинам плечам приглаживая

тогда встал ульяна и сталъ просить у проходящих улиц
колес чтоб не шли прямо напоминая что игла
ранит в любом полѣ домѣ
я начерталъ свѣтлые пути улиц я зналъ что несо-
мнѣнность ни в чем так не уныла как взапускѣ
умчавшагося взадъ дня
однакож вернувшiяся спины и уже сломавшiе ноги не
узнали такъ какъ глаза мои улетѣли и звался ульяна
хотя навѣрно принимали иванов то была суматоха

кто попал под мокрыя занавѣски покрывшiя окна
кто

Текст А.Кручёных с посвящением О.Розановой из его книги «Возропщем» (СПб., 1913)

ческий черт», прямой потомок гоголевской и пушкинской нечисти[5], вдруг вскочивший на полки книжных лавок. Пространством его «игры» стало всё новое искусство, для которого главным условием существования было максимальное сближение творческого действия и свободной радости игровой стихии с ее импровизационностью и живой энергией, с ее по-детски искренней спонтанностью. Началась неудержимая игра, не скованная рамками повседневного «ада», — и правила ее легли в основу не только новых «скрижалей» искусства, они стали артистическим и жизненным принципом для игроков.

«Игра в аду» и «труд в раю» стали первыми уроками творчества для всех русских будетлян — поэтов и художников: не замечать насмешек, ненавидеть «всяческую мертвечину», не погружаться в обыденность и злободневность, дабы не слиться с нею, — будучи в аду, не принадлежать аду.

В самой истории возникновения будетлянских книг, как ее рассказывал Кручёных, есть элемент непредсказуемой случайности, того самого русского «авось», игры с судьбой, где всегда слиты самоироническая насмешка и глубина: «Какого труда стоили первые печатные выступления! Нечего и говорить, что они делались на свой счет, а он был вовсе не жирен. Проще — денег не было ни гроша. И “Игру в аду” и другую свою — тоже измывательскую — книжку “Старинная любовь” я переписывал для печати сам литографским карандашом. Он ломок, вырисовывать им буквы неудобно. Возился несколько дней. Рисунки Н.Гончаровой и М.Ларионова были, конечно, дружеской бесплатной услугой. Три рубля на задаток типографии пришлось собирать по всей Москве <...> Но выкуп издания прошел не без трений. В конце концов, видя, что с меня взятки гладки, и напуганный моим отчаянным поведением, дикой внешностью и содержанием книжек, благодетель (неосторожный хозяйчик) объявил:

[5] О связях поэмы Хлебникова и Кручёных с «Пропавшей грамотой» Н.Гоголя пишет Харджиев: «Сюжет и образы этой поэмы, написанной в стиле буффонады по адресу древнего дьявола, по определению самого Кручёных, находятся частично под влиянием "Пропавшей грамоты" Гоголя, любимого писателя обоих авторов» (*Харджиев Н.* Алексей Кручёных и русский авангард: Письмо из Москвы // Rinascita (Roma). 1966. № 30. Lúglio 23. Также см.: *Якобсон Р.* Игра в аду у Пушкина и Хлебникова // Сравнительное изучение литератур. Л., 1976. С. 35–37.

– Дайте расписку, что претензий к нам не имеете. Заплатите еще три рубля и скорее забирайте свои изделия!

Пришлось в поисках трешницы снова оббегать полгорода. Торопился. Как бы типограф не передумал, как бы дело не провалилось <...>

Примерно с такой же натугой печатал я и следующие издания ЕУЫ (1912–1914). Книги “Гилеи” выходили на скромные средства Д. Бурлюка. “Садок судей” I и II вывезли на своем горбу Е.Гуро и М.Матюшин»[6].

После первых двух книг была выпущена целая обойма небольших, в 20–30 страниц, литографированных изданий, тиражом от 300 до 1000 экземпляров, в которых все принадлежало авторской фантазии самих поэтов и художников (вмешательство наборщика, как правило, было исключено).

«Ужасно не люблю бесконечных произведений и больших книг – их нельзя прочесть за раз, нельзя вынести цельного впечатления.

Пусть книга будет маленькая, но никакой лжи; все – свое, этой книге принадлежащее, вплоть до последней кляксы», – писал Кручёных[7]. В 1912 году «украшателями» его книг были Гончарова и Ларионов. Ольга Розанова, увлеченная поэзией Хлебникова и Кручёных, с середины 1913 года стала их постоянной сотрудницей.

«Первой художнице Петрограда О. Розановой» посвящает свою книгу «Возропщем» в начале их совместной работы Алексей Кручёных. В ней перед стихотворными текстами (отпечатанными типографским способом с применением разных шрифтов) помещены как отдельные страницы две литографии Малевича и третья – Розановой (кат. 246). Беспредметная композиция, построенная на дисгармонии широких черных штрихов, пятен и скорее угадываемого, неясного, неуловимого отражения человеческого лица: глаза, щеки... как будто сокрытого от постороннего равнодушного взгляда. Она разыграна как маленькая музыкальная пьеса, пронизанная одним настроением; как признание, спрятанное в алогизме ритмической прозы Кручёных:

> опять влюблен нечаянно некстати произнес он
> я только собирался упасть сосредоточиться заняться
> своими чрезвычайными открытиями о воздушных
> соединенных озером как появляется интересненькая
> и заинтересовывается
> меня все считают северо-западным когда я молчу и
> не хочу называть почему созданы мужчины и

[6] *Кручёных А.* Наш выход. С. 50.

[7] *Кручёных А.* Новые пути слова // *Гуро Е., Хлебников В., Кручёных А.* Трое. СПб., 1913. С. 30.

женщины когда могли быть созданы одни мужчины
(зачем же лишнее) и как сразу кому захочу
стать бессмертием
<...>
О считала меня самого полного человека хотя я
ничего особенного с ней не разговаривал только
просила все время не разговаривай пожалуйста не разговаривай
меня это смешило и я ел черный хлеб с солью
тебя все считают тут гением тебя обвиняют только
сопляки не замечают твоей гениальности обнаженно
она захотела скинуть платье но я приказал ей она
упала на руки села на пол и стала перелистывать мои
тетради»[8].

Этот диалог поэта и художницы не прекращался до самой ее смерти в 1918 году — не прекращался в их переписке, в их статьях, в их искусстве, в созданных ими «рукотворных книжках».

О.Розанова. Портрет А.Кручёных. Обложка кн. А.Кручёных «Чорт и речетворцы» (СПб., 1913) (кат. 248)

В июне того же, 1913-го, года вышли «Бух лесинный» и первое издание «Взорваль!», в котором литографии Розановой соседствовали с работами Кульбина, Малевича и Гончаровой. Второе издание этой книги появилось в конце года, и одновременно с ним — «Утиное гнездышко... дурных слов». В 1914-м были изданы «Тэ ли лэ» и «Игра в аду», тогда же Розанова закончила свою работу над серией линогравюр на темы игральных карт, которая впоследствии в качестве оформления вошла в «Заумную гнигу» Кручёных и Алягрова (псевдоним Р. Якобсона). Помимо этого, художница участвовала в оформлении издания «Слово как таковое» (1913) Кручёных и Хлебникова и двух книжек критической прозы Кручёных — «Чорт и речетворцы» (1913) и «Стихи Маяковского» (1914)[9].

Первым ее опытом в книжной графике стал «Бух лесинный» Хлебникова и Кручёных, для которого Розанова подготовила литографи-

[8] *Кручёных А.* Возропщем. М.: ЕУЫ, 1913. С. 8. Инициалом «О» Кручёных обозначает имя Ольга.

[9] В начале книги «Слово как таковое» помещена беспредметная литография Розановой и две композиции Малевича. Для издания «Чорт и речетворцы» Розанова выполнила обложку с «гиньольной» сценкой, где «будетлянин» (похожий на Кручёных) пожирает орущего человечка.

рованный текст и обложку, две маленькие лаконичные абстрактные композиции, размещенные в начале и конце книжки, и мягкий, ироничный рисунок, пародирующий «пасторальную сценку» с влюбленной парой (кат. 239–243).

Заставки и концовки в этой книжке принадлежат самому Кручёных, выступившему здесь в качестве поэта и художника. «По образованию Кручёных — художник, и художество неоднократно утягивало его в сторону от футуризма даже во время самого его расцвета», — вспоминал А.А.Шемшурин[10]. Заметный эклектизм и стилизаторский дар Кручёных-художника, эксплуатировавшего наиболее яркие и узнаваемые «кубофутуристические» приемы, найденные Ларионовым и Гончаровой в процессе работы над предыдущими изданиями, не помешали ему удачно «срежиссировать» всю книжку и добиться цельности впечатления. Третьим участником стал Н.Кульбин — выполненный им литографированный портрет Кручёных был помещен в начале книги.

О.Розанова. Композиция с двумя фигурами. Из кн. А.Кручёных «Бух лесинный» (СПб., 1913) (кат. 242)

Розанова выступает в этом издании как последовательница Натальи Гончаровой. Работа над иллюстрацией для Гончаровой, как и для Ларионова, была итогом поиска созвучного тексту, адекватного пластического образа, изобразительной метафоры[11]. Главным открытым ею «законом жанра» был органический синтез оформления и текста: одно как бы вытекает из другого, «изобразительная» природа буквы, рукотворное написание текста продолжается и неразрывно связывается в восприятии читателя с рисунком, выполненным литографским карандашом.

Имена Ольги Розановой и Натальи Гончаровой часто произносятся вместе. Розанова сформировалась как художник под бесспорным влиянием Гончаровой, которое, однако, было недолгим. Розанова имела силу все полученное от нее — «пересилить», заставить зазвучать по-новому.

[10] *Шемшурин А.А.* Биографические заметки о своих корреспондентах: 1920-е гг. (ОР РГБ. Ф. 339. Оп. 6. Ед. хр. 11). А.А.Шемшурин был исследователем древнерусской миниатюры, в середине 1910-х годов он сблизился с кругом русских футуристов – его книга «Футуризм в стихах Брюсова» (М., 1913) была популярна в их среде. В 1915 г. он финансировал издание альбома Кручёных «Война» с линогравюрами Розановой.

[11] Известно, что Гончарова презрительно относилась к самому слову «иллюстрация». Об этом, в частности, упоминает М. Цветаева (*Цветаева М.Н.* Гончарова: Жизнь и творчество // Прометей. М., 1969. Кн. 7. С. 152).

Уже современники так или иначе сопоставляли талант этих художниц. Александр Бенуа, пристрастно относившийся к новым художникам и не пропускавший ни одной выставки «Союза молодежи», на полях каталогов иногда зарисовывал работы, запомнившиеся ему. То, что нравилось особенно, отмечал словами «Я покупаю» — в этот почетный список входили произведения М.Ларионова, Д. и В.Бурлюков, К.Малевича, В.Татлина и О.Розановой. Рядом с названием одной из ее работ он восхищенно заметил: «Что твоя Гончарова!»[12] (подразумевая раскрывшийся в 1912–1913 годы самостоятельный талант Розановой, заставивший критика увидеть в ней уже не последовательницу, а соперницу признанной художницы).

О.Розанова. Композиция. (Лицо). Из кн. А.Кручёных «Возропщем» (СПб., 1913) (кат. 246)

Очень сильными индивидуальными качествами Розановой были лирический дар, эмоциональность, способность к импровизации.

Абстрактные композиции, выполненные как бы сразу, в одном настроении, она предпочитает сюжетным сценам, излюбленным Гончаровой. Именно эти композиции в «Бухе лесинном» придают особое звучание, особую остроту ее оформлению.

Второе издание этой книги[13], под одной обложкой со «Старинной любовью» (оформленной Ларионовым), вышло в 1914 году и оказалось неудачным. Вместо литографированного текста был использован разный типографский набор, а соединение рисунков Ларионова и Розановой в одной книге получилось чисто механическим. Возможно, причина этой неудачи в том, что первоначальный замысел Кручёных не мог быть осуществлен. Он хотел привлечь к непосредственному сотрудничеству Елену Гуро, предложив ей в начале 1913 года проиллюстрировать второе издание своей книги «Старинная любовь». Выполнить эту работу Гуро не успела — она умерла в мае того же года. Сохрани-

[12] Каталоги выставок из личной библиотеки А.Н.Бенуа хранятся в отделе редкой книги ГРМ. Выражаю искреннюю благодарность Н.М.Васильевой за указание на них.

[13] *Хлебников В., Кручёных А.* Старинная любовь. Бух лесинный: 2-е изд. / Рис. Ларионова, Розановой, Кульбина и Кручёных. М.: ЕУЫ, 1914.

лось ее письмо Алексею Кручёных, отправленное незадолго до смерти: «Меня очень обрадовало Ваше предложение рисовать. Сумею ли я только? Во всяком случае обещайте, что будете без стеснения забраковывать всё, что не подойдет <...> Боюсь одного, если очень потребуется старинная стильность, я не знаток стилей и у меня нет той специфической способности их воскрешать, какая бывает у иных врожденно. Но через чувство опять что-то бывает возможно <...>

Недовольствие... формой бросило меня к теперешнему отрицанию формы, но здесь я страдаю от недостатков схемы, от недостатка того лаконизма "подразумевания", который заставляет разгадывать книгу, спрашивать у нее новую, полуявленную возможность. То, что в новых исканиях так прекрасно. У Вас, например, в пространствах меж штрихами готова выглянуть та суть, которой соответствуют Ваши новые слова. То, что они вызывают в душе, не навязывая сейчас же узкого значения, — ведь так?»[14].

По этому письму можно судить о том, какой интерес представляло бы участие в этом издании Гуро — художницы, во многом близкой Розановой по духу, обладавшей столь же тонкой интуицией, прирожденным поэтическим чувством.

Розанова начинала идти по пути, открытом Гончаровой, но смогла развить идеи, только подразумевавшиеся, лишь обозначенные у Гончаровой и не раскрытые в ее последующем творчестве. Например, коллаж в книге впервые использовала Гончарова[15], но это было единичным случаем в ее практике; Розанова вместе с Кручёных открыли богатейшие возможности этой техники в области печатной графики.

В работах рубежа 1913–1914 годов Розанова создала абсолютно новый вариант в области цветного «самописьма» футуристической книги, блистательно осуществив в своих работах идею о линии как эквиваленте слову, а о цвете — звуку. Художница настолько увлекается «заумной» поэзией, что под влиянием Кручёных сама начинает писать стихи, одно время даже боясь, что поэзия возобладает в ее душе над живописью. В 1915–1917 годах вместе с Кручёных она создает собственный вариант визуальной поэзии, где «слово и начертание и рисунок сплелись, впечатления от одного и другого не разделены временем и пространством» (кат. 154–157)[16].

Графика Розановой была наиболее адекватна стилистике, поэтической интонации, внутренней логике стиха Кручёных:

«I) чтоб писалось и смотрелось во мгновение ока!

(пенье плеск пляска разметыванье неуклюжих построек,

[14] Письмо Е.Гуро А.Кручёных (ГММ. Ф. 7. Оп. 1. Ед. хр. 7900).

[15] Гончарова исполнила бумажную наклейку на обложке книги Хлебникова и Кручёных «Мирсконца» (М., 1912). На все экземпляры этой книги наклейки, в которых варьировалась фактура бумаги и форма, приклеивались вручную.

[16] Из письма А.Кручёных А.Шемшурину <1916 г.> (ОР РГБ. Ф. 339. Оп. 4. Ед. хр. 2. Л. 38).

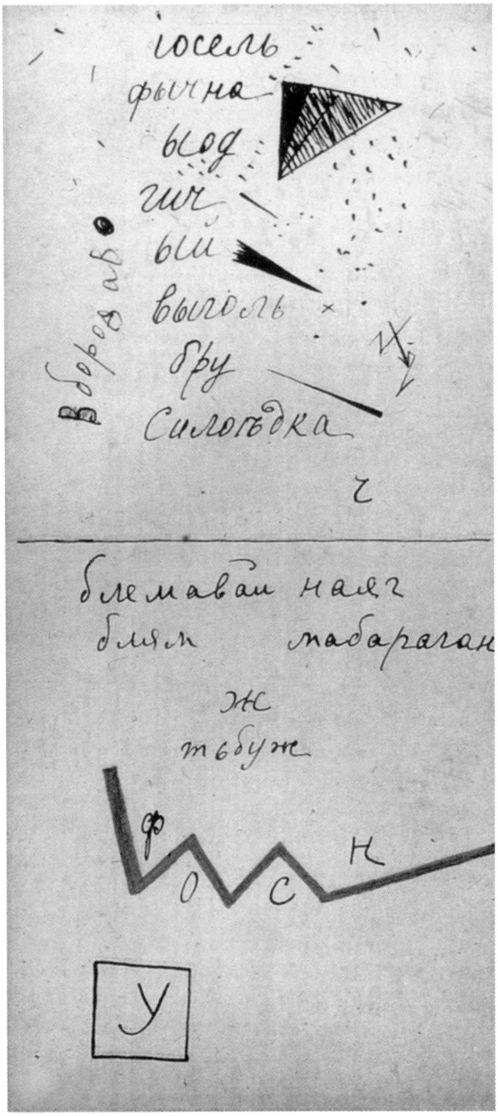

О.Розанова. Композиция на тему заумной поэзии А.Е.Кручёных. 1916 (кат. 154)

забвение, разучиванье. В.Хлебников, А.Крученых, Е.Гуро; в живописи В.Бурлюк и О.Розанова).

II) чтоб писалось туго и читалось туго неудобнее смазных сапог или грузовика в гостиной.

(множество узлов, связок и петель и заплат занозистая поверхность, сильно шероховатая. В поэзии Д.Бурлюк, В.Маяковский, Н.Бурлюк и Б.Лившиц; в живописи Д.Бурлюк, К.Малевич)

что ценнее ветер или камень?

Оба б е с ц е н н ы !»[17].

Эти характеристики особенно заметны в переиздании «Игры в аду», переработанном и дополненном, где, по словам Кручёных, «малевали черта на этот раз К.Малевич и О.Розанова». Малевичу принадлежали три рисунка и обложка. Тон, бесспорно, был задан Розановой, на долю которой пришлась главная часть — более 20 композиций и заставок (кат. 271–293).

В отличие от первого издания, здесь был не только изменен текст — по-иному были расставлены акценты в оформлении, своеобразие которого было продиктовано импровизационностью маргиналий.

«Древнего архаического дьявола», над которым посмеивалась в своих литографиях Гончарова, сменила фантасмагорическая толпа чудной нечисти — чертей с птичьими клювами, обольстительных ведьм и забавно-жутких оборотней, которых объединило действо карточной игры. Вся эта чертовщина не только заполнила поля страниц — бесцеремонно залезала на свободные и стремительные строки текста, раскинувшегося на листе.

[17] *Кручёных А., Хлебников В.* Слово как таковое. СПб., 1913. С. 3.

Со статично-застылыми персонажами Гончаровой у них не было ничего общего. Те как бы «предстояли» зрителю, являя собою пародийный антипод святителям на иконах. Такая «подмена» была довольно обычна для народной карнавальной культуры, для традиции лубочных картинок, на которые прямо ориентируется в своем творчестве Гончарова.

В образах, созданных Розановой, появляется новый «прибавочный элемент»: всеподчиняющая динамика «футуристического сдвига». Кажется, что персонажи стремительно перебегают со страницы на страницу, опережая читателя, перелистывающего книгу.

Анализ композиционного построения книжного листа у Гончаровой и Розановой сразу дает почувствовать разность их подхода, метода и разность целей, которые ставили перед собой художницы. Гончарова по каноническому образцу, принятому в старинных рукописях, располагает изображения на полях или в виде заставки, открывающей страницу[18]. Она как бы проводит границу между изображениями и текстом, написанным от руки Кручёных и тоже стилизованным под старославянскую вязь древних манускриптов. Это подчеркивается и черным фоном, намеченным в ее рисунках. Такой подход абсолютно вписывается в стилистику неопримитивизма, в русле которого и были выполнены «Игра в аду» и «Пустынники» (поэма Кручёных), оформленные Гончаровой. В ряде композиций Розанова

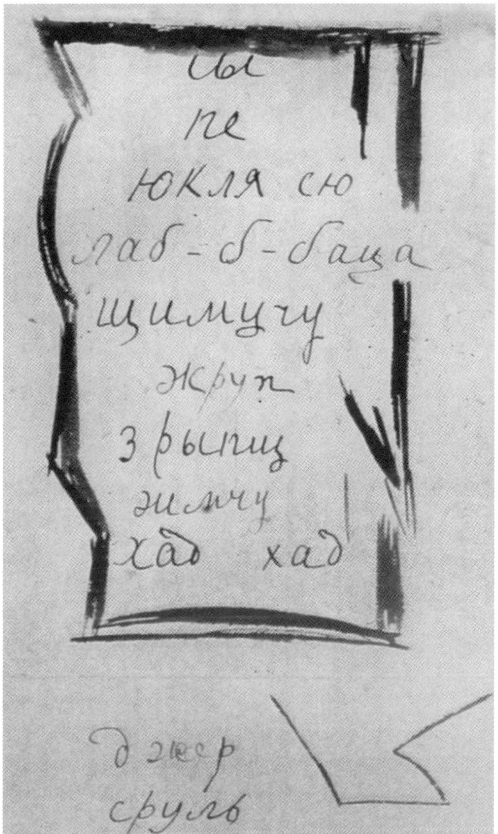

О.Розанова. Композиция на тему заумной поэзии А.Е.Кручёных. 1916 (кат. 156)

[18] Подробный анализ оформления «Игры в аду» приводится в кн.: *Janecek G.* Op. cit. P. 75–78.

Н.Гончарова. Ягуар и бес. Литография из кн. А.Кручёных и В.Хлебникова «Игра в аду» (М., 1912)

еще следует этим рецептам. Но в своих лучших листах она разбивает устойчивость композиции, взрывает традиционную архитектонику листа, – если она и ориентируется на традицию, то это традиция маргиналий. Или, точнее, ее рисунки напоминают рисунки поэтов, испещряющих ими свои черновики в минуты вдохновения.

Пародийная ирония у Розановой разрастается в блистательную, искрометную буффонаду романтического изображения, быть может более созвучную самой поэме, подобную фантасмагориям Э.-Т.-А.Гофмана, Э.По, А.С.Пушкина или Н.В.Гоголя. «Русский футуризм гораздо ближе к романтизму — на нем все черты национального поэтического возрождения, причем разработка им национальной сокровищницы языка и глубокой, своей поэтической, традиции опять-таки сближает его с романтизмом»[19].

Связь поэмы Кручёных и Хлебникова со словесными и графическими мотивами неосуществленной «Адской поэмы» Пушкина, замеченная Р. Якобсоном, и его тонкий текстологический анализ этих двух произведений дают новый ключ к разгадке визуального оформления второго издания книги. Якобсон подчеркивает «насмешливое изображение чертей» в обоих произведениях и отмечает, что поэма Хлебникова и Кручёных соприкасается с «адскими рисунками (Пушкина. — *Н.Г.*) <...> даже в мотивах, которым нет параллелей в пушкинских стихотворных отрывках».

«Стремительная, сгущенная, лихорадочная фантасмагория графических дерзаний Пушкина <...> с их полными лукавого юмора, порой саркастическими, фривольными, кощунственными нотками встречает близкое соответствие в технике и тематике хлебниковской “Игры в аду” и в то же время нежданно перекликается с боем быков в силуэтных рисунках Пикассо <...> Композиция адских эскизов Пушкина своевольно громоздит и переплетает разнородные образы...»[20]. Возникает парадоксальная и на первый взгляд немыслимая для русского футуризма аналогия — аналогия с рисунками Пушкина, которого футуристы призвали «сбросить с парохода современности».

Кажется, что Розанова, как и Малевич, были не только знакомы с перьевыми рисунками поэта на черновике его незаконченной поэмы, но подхватили некоторые мотивы и образы, повторяющиеся в них. Это и чёрт, в своих грезах увидевший изящный женский профиль, и локон, сотканный воображением поэта из поднимающихся струй дыма, — мотив, почти дословно повторяющийся в одной из литографий Розановой, изображающей сидящего за картами беса и полуобнаженную, как бы парящую женскую фигуру за его плечами (кат. 284). Это и бесы со странными птичьими клювами, встречающиеся в рисунках Пушкина, и мелькающая в его рукописях фигурка ведьмы на помеле. Розанова отводит этой героине отдельную страницу и в своем озорном, лукавом рисунке использует пресловутый «футуристический сдвиг», смешавший тела ведьмы и чёрта и создавший двусмысленную иллюзию не то полета, не то падения (кат. 280). «О.Розанова умеет вносить женское лукавство во все “ужасы кубизма”, — заметил Кручёных в одной из книг, — что поражает своей неожиданностью и

[19] *Мандельштам О.* Проза. Нью-Йорк, 1983. С. 110.

[20] *Якобсон Р.* Указ. соч. С. 37. Рисунки Пушкина были воспроизведены в кн.: *Пушкин А.С.* Собрание сочинений / Под ред. С. А. Венгерова. СПб., 1908. Т. 2. С. 85–87.

О.Розанова. «Перебивают как умело...» Из кн. А.Кручё-ных и В.Хлебникова «Игра в аду» (СПб., 1914) (кат. 275)

многих сбивает с толку»[21]. Этим тонким, провоцирующим зрителя «лукавством» преисполнены эротические мотивы, ощутимые в поэме.

Рисунки Пушкина отличает точность движений и выразительность силуэтов, только намеченных линией. Их главное качество — простота, почти лапидарность. Динамика действия и жеста — вот еще одна отличительная характеристика, позволяющая назвать Пушкина «футуристом» в рисунке: неожиданная аналогия с рисунками П.Пикассо, которую приводит Р.Якобсон, совсем не случайна. В этих набросках заложена не только стремительность, ирония и легкость «играющего» Пушкина — в них мудрость Пушкина-«исследователя», разрушающего застывшие канонические формы в языке и рисунке, создающего новые структуры, принадлежащие будущему. Рисунки поэта типологически близки новаторским приемам графики XX века: открытая, освобожденная форма, богатство фактуры, доминанта ритма сближают их и с литографиями Розановой. Эскизность, импровизационность приема дают художнику «свободное пространство» для освоения новых форм, для эксперимента. Обращение будетлян к Пушкину — самому дерзкому и глубокому русскому романтическому поэту XIX века, реформатору поэтического языка — не является курьезом; авангардное движение 1910-х годов имеет глубоко запрятанные романтические корни.

[21] *Кручёных А.* Заметки об искусстве // *Гуро Е., Хлебников В., Кручёных А.* Трое. С. 40.

О.Розанова. Грешница и бес. Из кн. А.Кручёных и В.Хлебникова «Игра в аду» (СПб., 1914) (кат. 284)

«Романтиков постоянно характеризуют как пионеров душевного мира, певцов душевных переживаний. Между тем современникам романтизм мыслится исключительно как обновление формы, как разгром классических единств», — замечал в своей статье 1921 года «Новейшая русская поэзия» Роман Якобсон[22].

Если согласиться с тем, что в России не было традиции художественного открывательства, но была «традиция разрыва»[23], отказа от предшествующего ради нового, то становятся понятными слова Хлебникова о Пушкине, записанные им в альбом Жевержеева в 1915 году: «Будетлянин — это Пушкин в освещении мировой войны, в плаще нового столетия, учащий праву столетия смеяться над Пушкиным XIX века. Бросал Пушкина “с парохода современности” Пушкин же, но за маской нового столетия. И защищал мертвого Пушкина в 1913 году Дантес, убивший Пушкина в 18XX году. “Руслан и Людмила” была названа мужиком с лаптями, пришедшим в собрание дворян. Убийца живого Пушкина, обагривший его кровью зимний снег, лицемерно оделся маской защиты его <трупа> славы, чтобы повторить отвлеченный выстрел по всходу табуна молодых Пушкиных нового столетия»[24].

Возможно, второе издание и было затеяно для того, чтобы, изменив контекст — в данном случае визуальный образ книги, заставить и стихи, и сюжет звучать по-новому. В этом сыграл свою роль и принцип «незавершенности», «подразумевания», выдвинутый поэтами-будетлянами и дающий произведению многознач-

[22] *Якобсон Р.О.* Работы по поэтике. М., 1987. С. 275.

[23] Тезис о «традиции разрыва» принадлежит концепции развития нового русского искусства, созданной Д.В.Сарабьяновым. См.: *Сарабьянов Д.В.* К своеобразию живописи русского авангарда начала XX века: Тезисы / Советское искусствознание. М., 1989. Вып. 25. С. 99–100.

[24] Альбом с автографом Хлебникова находится в Государственном театральном музее Санкт-Петербурга (фонд Л.Жевержеева).

ность, возможность разнообразных интерпретаций со стороны критика или зрителя. Важно напомнить, что ни одно переиздание футуристических книг не было механическим повторением первоначального. В факте этих переизданий как бы утверждается право на постоянное обновление, метаморфозу творчества, балансирование на грани, разделяющей действие и законченность результата. Можно сказать, что для русского авангарда 1910-х годов сам «непрекратимый» процесс творчества и есть главная цель и результат. Для такого мышления просто невозможно повторение старого, уже опробованного. Принцип «универсального динамизма» итальянских футуристов (порой так наивно реализованный в их работах в качестве технического приема, попытки отразить внешние признаки движения) русские будетляне поняли и воплотили в качестве творческого метода, «как итог своих произведений»: «... итальянцы шли от тенденциозности. Как чертик Пушкина, воспевали и несли на себе современность, а между тем не проповедовать надо было, а вскочить на нее и мчаться, дать ее как итог произведений»[25].

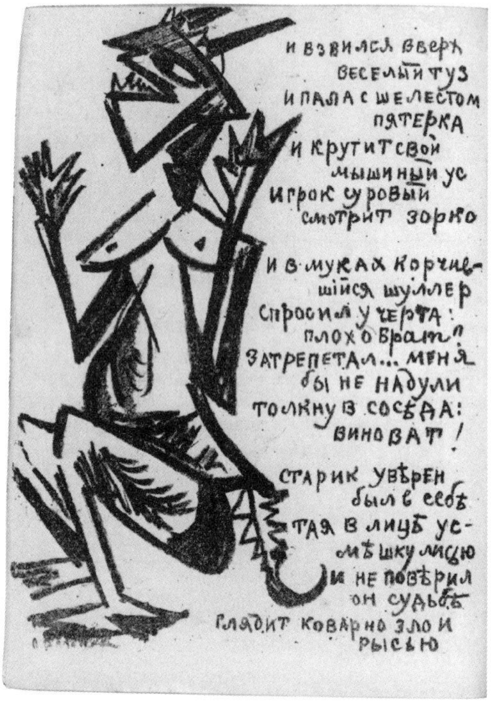

О.Розанова. Ведьма. Из кн. А.Кручёных и В.Хлебникова «Игра в аду» (СПб., 1914) (кат. 278)

Второе издание «Игры в аду» появилось в начале февраля 1914 года и совпало с визитом в Россию вождя итальянских футуристов Ф.-Т.Маринетти. Его пребывание в Москве и Петербурге сопровождалось чтением лекций, чествованием «мэтра» в знаменитом артистическом петербургском кабаре «Бродячая собака» и целым шквалом газетных рецензий: ругательных, скандальных и восторженных.

Всё же главной целью «первого футуриста» оставалось не столько знакомство с русской публикой, принимавшей его с бездумно-восхищенным любопытством, свойственным любой толпе, сколько встреча с русскими будетлянами. Она-то получилась более неожиданной и дала повод раздосадованным сторонам взаимно обвинить друг друга в «пассатизме»[26].

[25] Из черновика Кручёных и Хлебникова «Слово как таковое», цит. по: *Марков В.* Манифесты и программы русских футуристов. Мюнхен, 1967. С. 59. Футуристы здесь намекают на бесенка, тащившего на себе лошадь, из сказки Пушкина «О попе и работнике его Балде».

[26] *Michelis C., de.* Futurismo italiano in Russia 1901–1929. Bari, 1973. P. 34–35.

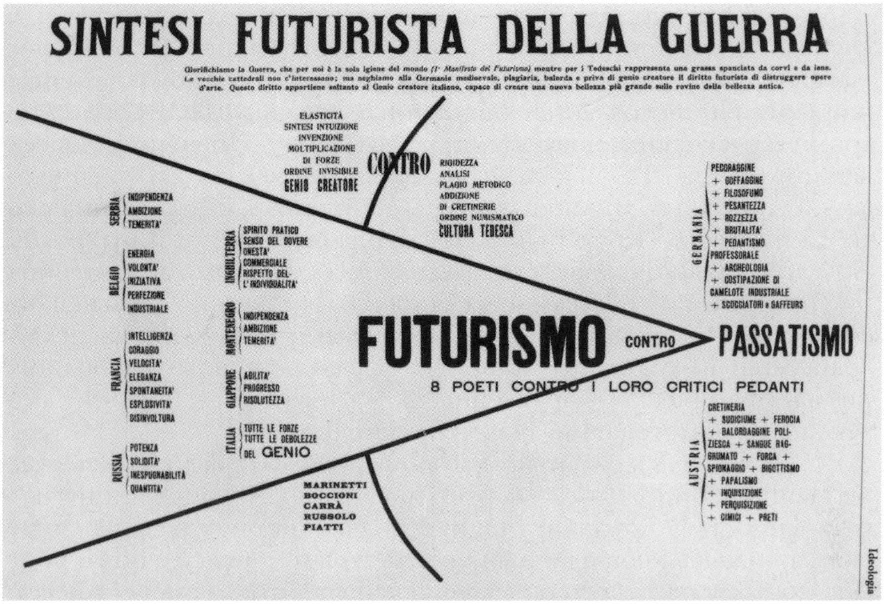

Ф.-Т.Маринетти. Футуристические синтезы войны. 1914

«Маринетти, между прочим, жаждет встречи с вами, будетлянами, и дебата, хотя бы при посредстве переводчика. Разбейте его с его рухлядью и дешевкой, это так легко вам. А это будет очень важно», — призывал Якобсон в своем письме к Кручёных в феврале 1914 года[27].

Маринетти обвинил русских в отсутствии футуристических устремлений и в приверженности к национальной архаике, в существовании в «plusquamperfectum»[28], а они его — в наивной приверженности не будущему, а сегодняшнему дню, в «дешевой рухляди» тенденциозной символистской романтики, которая нет-нет да и проглядывала сквозь панцирь футуризма. («Мы устроим ему торжественную встречу. На лекцию явится всякий, кому дорог футуризм как принцип вечного движения вперед, и забросаем этого ренегата тухлыми яйцами <...> Пусть знает, что Россия — не Италия, она умеет мстить изменникам», — писал М.Ларионов в газете «Вечерние известия» от 26 января 1914 года.) Никак не оспаривая хронологическое и историческое первенство итальянцев, будетляне обвиняли их в «измене» своим прежним идеалам и яростно отстаивали независимость своего движения, презрительно отрицая «сказки о русских подражателях»[29].

[27] *Jacobson R.* From Aljagrov's letters // *Jacobson R.* Selected Writings. The Hague, 1985. Vol. VIII. P. 357–361.

[28] *Michelis C., de.* P. 34–35.

[29] *Маяковский В.* Тезисы к докладу «Бабушкам академий» (1913) // *Маяковский В.В.* Полное собрание сочинений: В 13 т. М., 1955. Т. 1. С. 367. В другом докладе – «Достижения футуризма» (1913) – Маяковский писал: «Литературный параллелизм. Запад и мы. Маринетти. Толстый роман, звукоподражание. Самостоятельность русского футуризма. Люди кулака и драки, наше презрение к ним» (там же).

Конечно, будетляне понимали, что между ними и итальянскими футуристами много общего. Дерзость первых манифестов футуризма, хорошо известных в России[30], вдохновляла движение будетлян на создание собственных деклараций 1912–1913 годов, утверждавших «новую техническую эру» («Пощечина общественному вкусу» Д.Бурлюка, Кручёных, Маяковского и Хлебникова, «Лучисты и будущники» группы Ларионова, «Декларация слова как такового» Кручёных и целый ряд статей Н. и Д.Бурлюков, Н.Кульбина, В.Маяковского, Б.Лившица). Общим было отрицание прошлого и «очищение от старого», война против «здравого смысла» и «хорошего вкуса» в искусстве и поэзии, ненависть к «окостеневшему» языку и провозглашение нового свободного ритма, «фонической характеристики» слова, «расшатывание синтаксиса» и уничтожение знаков препинания.

Однако в развитии авангарда, где «в гораздо большей мере сконцентрировались энергия движения, его порывистость и ускоренность»[31], русские ученики подчас обгоняют своих учителей, добиваясь неожиданных результатов и меняясь с ними ролями. Поэтому у каждого из вышеперечисленных манифестов суть всё же своя. В них заключена новизна, непохожесть, а иногда и прямо полярное мироощущение. Уже в «Пощечине общественному вкусу» (1912) появляется понятие «словоновшества»:

«Мы приказываем чтить права поэтов:

1) На увеличение словаря в его объеме произвольными словами (Слово – новшество...)».

Эта идея «самовитого», самоценного Слова, на фундаменте которой и вырос весь русский футуризм, определила его своеобразие: национальность, «временной сдвиг» – анахронизм, который будетляне возвели в методологический принцип «мира с конца». В своем «Техническом манифесте футуристической литературы» 1912 года Маринетти провозглашал новую эру, которую необходимо выражать новым языком, но метод – отображения – был всё тот же, старый. И новый язык существовал только на уровне содержания. Маринетти не пошел дальше введения неожиданных аналогий и грамматической неправильности. «Плотью и кровью» его поэзии оставался язык литературной образности, символики, связанной в первую очередь с сюжетом. Целью русских будетлян было глубинное, исследовательское обновление языка на уровне его структуры. «Произведение искусства – искусство слова» – вот главная идея Хлебникова и Кручёных. Они признавали лишь самоценное слово-образ как независимую структурную единицу поэзии. «Новая словесная форма создает новое со-

[30] *Michelis C., de.* Op. cit. P. 34–35.

[31] *Сарабьянов Д.В.* К своеобразию... С. 100.

держание, а не наоборот», — развивал эту первоначальную идею Кручёных в «Декларации слова как такового» (1913), продолжая в своей программной статье «Новые пути слова»: «Наше речетворство вызвано новым углублением духа и на все бросает новый свет. Не новые предметы творчества определяют его истинную новизну»[32].

Маринетти чутко уловил это «свое», обвиняя русских в пристрастии к архаизму. Дело в том, что русский кубофутуризм родился из недр неопримитивизма, не случайно и первыми художниками будетлянских книг были Ларионов и Гончарова. Крикливой идее разрушения и агрессии в искусстве они противопоставили особое, сложное отношение к традиции, отлившееся в формулу «всечества», выведенную Ильей Зданевичем и Натальей Гончаровой.

Асинхронность сознания была типической чертой эстетических и философских теорий начала века — познание «начал», надвременная реальность П.Д.Успенского, постижение мистических законов времени у Хлебникова. В русском кубофутуризме эта линия привела к углубленной актуализации культурной памяти, архаизации языка, свободному выбору традиции.

Это было разрушением табу во всех областях жизни: в быту, в искусстве, в мышлении, в языке. «Самое удивительное, самое современное учение футуризм может быть перенесено в Ассирию или Вавилон, а Ассирия <...> в то, что называется нашим временем <...> Футуристическое движение только и может быть рассматриваемо как вневременное движение», — утверждал Ларионов[33]. Ему вторил Кручёных: «27 апреля в 3 часа пополудни я мгновенно овладел в совершенстве всеми языками. Таков поэт современности...»[34]

Для русских поэтов и художников главным и бесспорным достижением итальянского футуризма стала идея нового «универсального динамизма» и ритма, близкая идее бергсоновской витальности и трансформировавшаяся в статьях Кручёных в «футуристический сдвиг форм», времени и пространства. Этот принцип Малевич выделил в «прибавочный элемент» футуризма, оценив как самый существенный вклад этого движения в поступательное развитие искусства. «Универсальный динамизм» своеобразно отразился в одном из главных понятий, вошедших в обиход русского кубофутуризма, — понятии «мира с конца» (или «мирсконца», как писали футуристы), в котором отрицалась линейность времени. Только исходя из этого принципа, могла быть написана такая, например, статья, как «Футуристы в рукописях XIV,

[32] *Кручёных А.* Новые пути слова. С. 30.

[33] Каталог выставки иконописных подлинников и лубков, организованной М. Ларионовым. М., 1913. С. 3.

[34] *Кручёных А.* Взорваль. М., 1913.

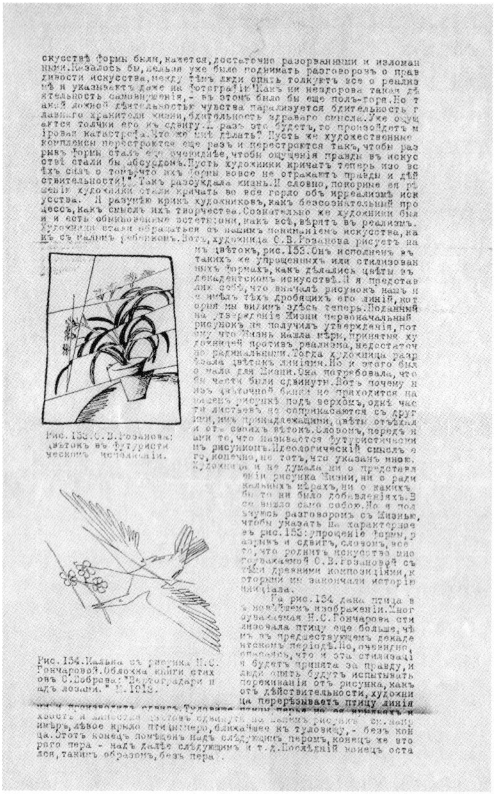

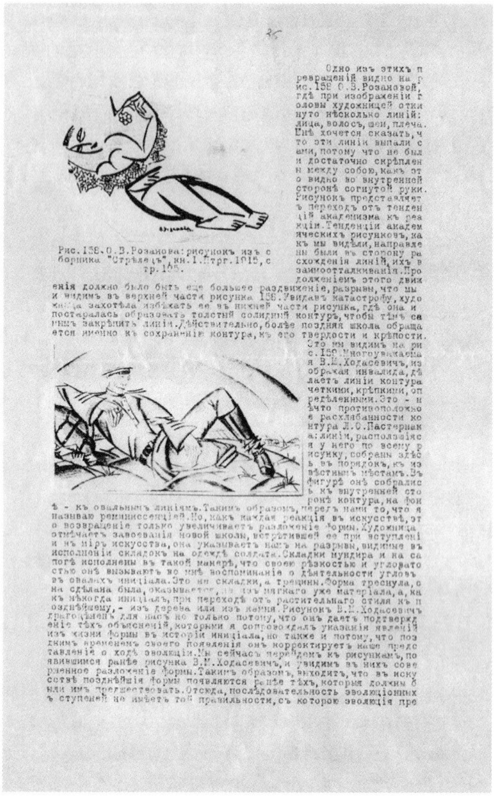

Страницы из неопубликованной рукописи А.Шемшурина «Футуристы в рукописях XIV, XV и XIII веков». ОР РГБ, Москва

XV и XIII веков» А.Шемшурина[35], близкого друга Кручёных, филолога и знатока древнерусской миниатюры.

Многие характерные черты русского футуризма нашли свое отражение в книге Алексея Кручёных «Взорваль». Рисунки к ней были исполнены Кульбиным, Розановой, Малевичем и Гончаровой. Уже в самом названии подразумевался «разрыв», резкий сдвиг.

Во «Взорваль» один из основных поэтических принципов Кручёных — построение стиха на дисгармонии, аллитерации, «злогласе» — переходит и в графику Розановой, которая строится на раздвоении, сдвиге, даже «взрыве» форм, параллельно «бешеному темпу» в стихах (кат. 244, 245). «Моим идеалом в 1912–1913 годах был бешеный темп и ритм, и поэтому стихи и проза строи-

[35] *Шемшурин А.А.* Футуристы в рукописях XIV, XV и XIII веков. <1917–1918> (ОР РГБ. Ф. 309, рукопись не имеет постоянного инвентарного номера хранения; хранится в неописанной части фонда).

лись сплошь на синтаксических и иных сдвигах, образцы даны в моих книгах “Возропщем”, “Взорваль” и других.

Я думаю, что когда-нибудь еще к этому возвратятся — вот откуда наш футуризм и такой резкий упор на выражение...

Очень важно, что в книгах “Взорваль”, “Мирсконца” был трепет, взрыв, который выявился не только в построении фраз и строк, но и во взорванном шрифте...» — вспоминал поэт позднее, в 1920-е годы[36].

Несколько литографий в книге Розанова и Кручёных раскрасили от руки акварелью, и это лишь подчеркнуло остроту приема (кат. 249–256).

А.Шемшурин видел в этом «упрощении форм, разрыве и сдвиге» черты, которые «роднят искусство Розановой с древними композициями <...> инициала». Общая орнаментальность и декоративность раскрашенной от руки страницы, в которой буквы заумных стихов начинают существовать как часть этого орнамента, действительно напоминают по строю древнерусские миниатюры инициалов.

В построении композиций как бы зеркально отражаются поэтические приемы: реализация метафоры, деформация, сдвиг. Игра, основанная на несовпадении единицы значения и слова, — «параллель протекающей раскраске в живописи»[37].

С особой остротой это проявляется в самом написании стихотворного текста, в ритме и рисунке строк. Почерку, рукотворной «сделанности» будетляне придавали особое значение в своих книгах, считая, что только почерк поэта, рукописный оригинал, способен полностью передать музыку, фактуру, ритм стиха. Розанова виртуозно умела подхватить эту «интонацию» авторского почерка, органически настроив по ней, как по камертону, «оркестровку» своих литографий.

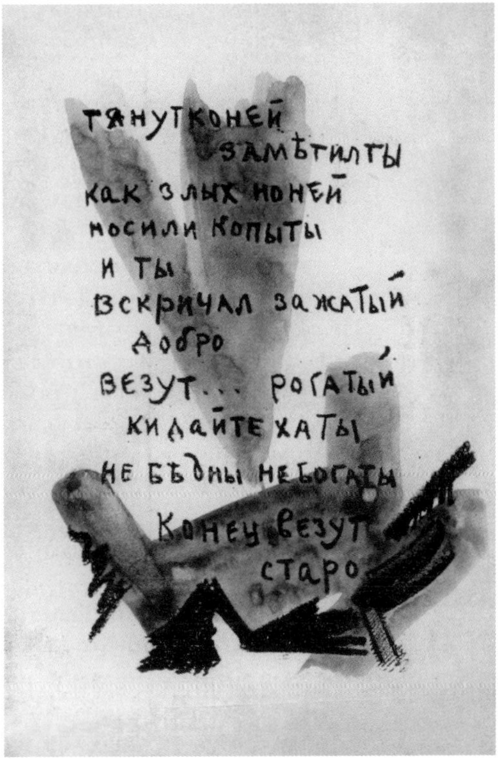

О.Розанова. «Тянут коней...» Из кн. А.Кручёных «Взорваль» (СПб., 1913) (кат. 251)

[36] Письмо А.Кручёных А.Островскому. <1920-е годы> (ОР РНБ. Ф. 552. Ед. хр. 90).

[37] Эту аналогию не раз проводит Р.Якобсон в статье «Новейшая русская поэзия» (*Якобсон Р.* Работы по поэтике. С. 305).

То, что итальянские футуристы хотели обрести в декламациях своей поэзии, создавая перформансные формы динамической «автоиллюстрации» слова, русские искали в рисунке слова, создавая его неповторимый и рукотворный визуальный образ:

«Стихотворение из одних гласных дает впечатление высоты или картины, писанной лишь светлыми красками.

Гласные близки к музыке <...> один шаг от звука как такового к *букве как таковой*, шаг, который в русской литературе до нас сделан не был... я уже говорил о важности начертания (о букве, о почерке и проч.), произведения теперь можно писать не только из одних гласных или согласных, но и из одного только звука, причем разнообразие и оттенки даются различным его начертанием, различными буквами!

В китайском языке многие буквы не читаются (не имеют звука) — следовательно, возможно словесное творчество без слов и без звуков, и недавно В. Хлебников удивил одно общество поэтов прочитанным стихотворением из одних запятых, многоточий и восклицательных знаков (кои тоже не имеют соответствующих звуков!).

Буква не средство, а самоцель; узнавшие это не могут мириться с фабричной (это слово зачеркнуто Хлебниковым, давшим свою правку — "торгашеской" — *Н.Г.*) буквой-клеймом (шрифт).

<...> или, чтоб дать полную свободу словесного творчества, мы употребляем произвольные слова, чтобы, освободясь от сюжета, изучить *красочность, музыку* слова, слогов, звуков. Уйти от определенности прежних слов, понятий и создавать слова без определенного логического значения. Разница между ранее существовавшими словами и нашими такая же, как между понятием и переживанием <...> второе — сама жизнь с ее иррациональными элементами...»[38]

Эта «изобразительность» слова и буквы, слово, непосредственно воспринятое как «предмет» для работы художника, как живописная тема, — вот еще одна родовая черта русского футуризма. Во всех поэтических декларациях будетлян визуальному образу слова придается важное, определяющее значение. Понятие «слово-образ» как бы стало символом того синтеза поэзии и живописи, к которому стремились кубофутуристы. Конкретная суть этого понятия обнажается при сравнении с итальянскими «parole in libertà», которые на первый взгляд напрямую перекликаются с «самописьмом» (слово Кручёных) будетлянских книжек.

Как известно, первые опыты такого рода визуальной поэзии появились в 1912 году: это «parolibere» Маринетти в Италии

[38] *Кручёных А.* Гамма гласных. <Рукопись. 1914 г.> (Частное собрание, Москва).

и первые литографированные книги Кручёных в России. Эти опыты нашли подтверждение в последовавших за ними манифестах «L'immaginazione senza file e le parole in libertà» Маринетти и «Слово как таковое» Кручёных и Хлебникова.

В «parolibere» был сделан следующий логический шаг после «vers libre» («Verso libero» П.Буцци). Маринетти писал о том, что итальянские футуристы освободили уже не только метр и ритм, но и синтаксис, ввели новую орфографию и возможности деформации слова, достигнув новой ступени «графической многозначности».

В «parole in libertà» Маринетти, как правило, делает своим союзником машину, которая выдает «над-личный», «вне-индивидуальный» результат, своего рода «deus ex macchina». Возникает даже понятие «механической книги» («libro macchina»), введенное Ф.Деперо.

В основу «parolibere» была положена всеобъемлющая идея итальянского поэтического футуризма — идея ономатопеи, которая должна быть визуально выражена в «революционных экспериментах» в области типографской печати.

Футуристический манифест «Parole in Liberta». Милан, 11 февраля 1915

Кручёных же вверяет «слово как таковое» индивидуальности художника, живописца, который возвращает ему единоличность и неповторимость рисунка, произведения искусства. Это «присутствие» художника и «размывает» границу между двумя жанрами, двумя видами творческой деятельности — живописью и поэзией.

Даже в рукописных «parolibere» 1914–1915 годов (и более поздних) Ф.-Т.Маринетти, Д.Балла, П.Буцци, К.Говони и другие их создатели не позволяют себе так дерзко слить воедино каноны поэтические и живописные. Ведь рукопись поэта, пусть и экспериментирующего с изобразительными возможностями слова, его начертанием, в первую очередь все же принадлежит автономной поэтической, а не живописной традиции. Этой традиции в равной степени принадлежат и автографы (но не книги, исполненные художником) Хлебникова или Кручёных, и «parolibere» итальянцев, кровно связанные со сложившейся во Франции особой культурой поэтической рукописи, выкристаллизовавшейся в творениях символистов, С.Малларме и наследовавшей им новой поэзии XX века.

Если мы сравним подборку «parolibere», опубликованную в одном из номеров «Lacerba»[39], и композицию Розановой 1914 года, посвященную памяти поэта И.Игнатьева и выполненную ею на стихи Хлебникова, то сразу можно увидеть их разность (кат. 305). В первом случае рисунок, или композиционная разбивка слов автором, функционирует как своеобразный графический «текст», как игра актера, иллюстрирующего свои слова пластикой и жестом. Например, в parolibero Ф.Канджулло «Хористы» пиктографические фигурки человечков смотрятся как «зеркальное» отражение букв и композиционно располагаются цепочками-строками. Как и в работах Говони, и во многих других рисунок предполагает последовательное рассматривание, адекватное процессу чтения. Можно сказать, что в них создан визуальный аналог поэтической ономатопеи.

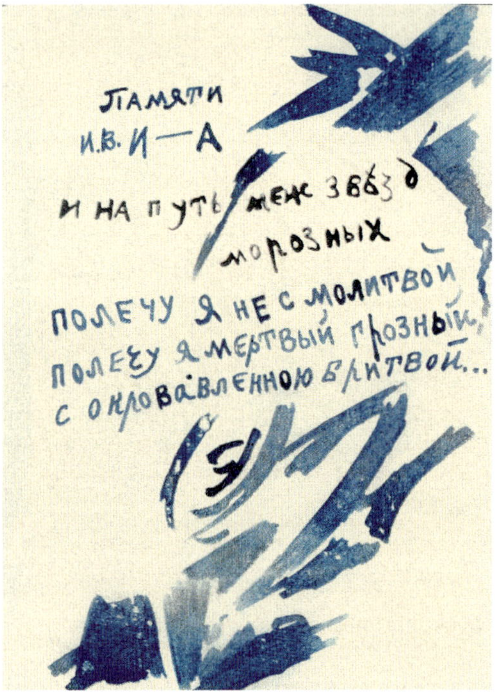

О.Розанова. Листовка. Памяти И.В.И<гнатьев>а на стихотворение В.Хлебникова. 1914 (кат. 305)

В листе Розановой и Хлебникова (этот лист был издан отдельно и не вошел ни в одну из книг) происходит обратная метаморфоза – стихотворный текст «растворяется» в рисунке и подчиняется законам живописи. Композиция, выполненная в технике цветной гектографической печати в два цвета – черный и синий, звучит как живописное полотно. Синтез двух структур – цветовой и звуковой, живописной и поэтической – обрел совершенную форму в цветном гектографическом «самописьме» к книге «Тэ ли лэ» А.Кручёных и В.Хлебникова. Именно в этом издании О.Розанова (ее соавтором, проиллюстрировавшим стихи Хлебникова, был Кульбин) окончательно концентрирует

[39] Lacerba (Roma). 1915. Febraio 11. Также см. каталог: Futurismo. Roma, 1976.

свое внимание на проблемах цвета и цветописи, ставших стержневыми в ее искусстве последнего периода (кат. 295–304). Кручёных так писал об этой работе: «Многие уже замечали: гений внешней красоты всего выше, так что если кому-нибудь больше всего нравится, как написано, например, “Тэ ли лэ” (с живописной стороны), а не смысл его (беззубый смысл, которого, кстати, в заумных нет) и не практическая сторона (таковой в зауми тоже нет), — то, кажется, такой любитель прав и совсем не хулиган.

Конечно, слово (буква) тут потерпели большое изменение, может быть, оно даже подтасовано живописью — но какое дело “пьянителю рая” до всей этой прозы? И я уже встречал лиц, которые покупали “Тэ ли лэ”, ничего не понимая в дыр-бул-щыл, но восхищаясь его живописью <...>

К вопросу о моментальном письме:

1. — первое впечатление (исправляя 10 раз, мы его теряем и, может, теряем поэтому всё);

2. — исправляя, обдумывая, шлифуя, мы изгоняем из творчества случайность, мы лишаем свои произведения самого ценного, ибо оставляем только то, что пережевано, основательно усвоено, а вся жизнь бессознательного идет насмарку!»[40]

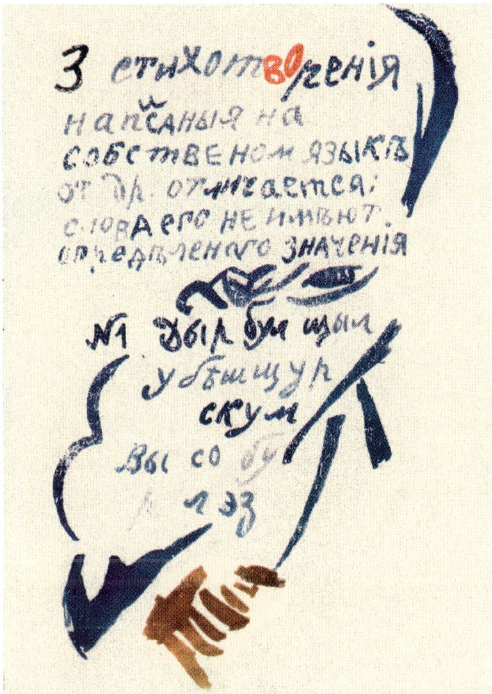

О.Розанова. Беспредметная композиция. Из кн. А.Кручёных и В.Хлебникова «Тэ ли лэ» (СПб., 1914) (кат. 298)

В этой книге исключительную роль начинают играть изобразительные свойства поэзии, языка, — они и определяют ее художественную структуру, ее поэтику. В «Тэ ли лэ» Кручёных включил свои и Хлебникова стихи из разных, ранее изданных им книг, где щедро реализовывал эвфонические возможности заумного языка, его «неправильности» с их богатейшей возможностью того лаконизма «подразумевания», который, по словам Елены Гуро, «заставляет разгадывать книгу, спрашивать у нее новую, полуявленную возможность». Графика Розановой уже априорно, в силу индивидуальных особенностей ее дара, близка внутренней структуре поэтической строки с ее четкой построен-

[40] Письмо А.Кручёных А.Шемшурину от 29 сентября 1915 г. (ОР РГБ. Ф. 339. Оп. 4. Ед. хр. 1. Л. 9).

ностью, ритмической точностью, повторяемостью, перебивом и чередованием ритмических единиц, консонансом или диссонансом частей в целом, «цветностью» звука. Художница акцентирует особое внимание на этом качестве и разрабатывает его. Прекрасная колористка, она играет на «звучании» цвета, именно в этой области сосредоточивая свои поиски, в абстрагировании свойств материала почувствовав выход к «живой заумиь», к беспредметности.

О.Розанова. Беспредметная композиция. Из кн. А.Кручёных и В.Хлебникова «Тэ ли лэ» (СПб., 1914) (кат. 300)

Вероятнее всего, Розанова видела «симультанную» книгу Б.Сандрара и Р.Делоне «Транссибирский экспресс», которая явилась первым европейским эквивалентом русской рукотворной футуристической книги и хронологически совпала с поисками Розановой в области «цветописи».

«Проза о Транссибирском экспрессе и маленькой Жанне Французской» Блеза Сандрара была издана в 1913 году в Париже в количестве 150 экземпляров; в конце того же года один из экземпляров был показан в Петербурге. Как известно, поэма была напечатана на одном огромном складывающемся листе, чтобы ее можно было увидеть «симультанно», или «мгновенно», всю целиком. В открытом виде она напоминала декоративное станковое панно — художница книги Соня Делоне-Терк (происходившая из России) создала цветовой фон для текста поэмы, отпечатанной типографским способом с применением разных шрифтов. Неоценимым достоинством этой работы была сама идея цветового решения поэмы — создание своего рода «цветопоэзы», аналогично синтетической идее «цветомузыки» А.Скрябина.

Знакомство с этой работой могло обогатить собственные эксперименты Розановой с цветом и утвердить ее в избранном направлении. Фактически самобытное развитие этого приема привело ее к новой печатной технике, в которой цвет и фактура стали играть едва ли не главную роль. Изображение находит свое продолжение в поэтической теме, поэтическом образе, и слово, в свой черед, становится неотъемлемой частью графической композиции. «В том, что буква и слово в поэзии — есть рисунок, живопись, все больше убеждаюсь», — писал Кручёных[41]. Обостряется изобразительная «иероглифичность» слова, и его «зрительный образ», орнаментальная природа заставляют забыть о конкретном, житейском смысле, заложенном в нем. Поэтическое слово в какой-то момент полностью претворяется в изображение и воспринимается главным образом зрительно, как неповторимый, таинственный рисунок. Слово зримо, а не читаемо, и в первую очередь постигается не его лексическое значение, а значение образное, визуальное, воспринимаемое мгновенно (как если бы смысл его был непонятен или неизвестен).

«Мгновенным написанием дается полнота определенного чувства.

Иначе труд, а не творчество, много камней и нет целого, пахнет потом и Брюсовым. У В.Хлебникова “Смехачи”, “Бобэоби” и многое другое написаны от разу, и потому они так свежи.

Достоевский рвал неудачно написанные романы и писал заново — достигалась цельность формы.

(Моментальность — мастерство).

Как писать, так и читать надо мгновенно!»[42]

Книга «Тэ ли лэ», наряду с живописными полотнами Розановой, была представлена на 1-й Футуристической выставке в Риме в мае 1914 года. В своей задиристо-категоричной манере Кручёных вспоминал: «Из эпохи приезда Маринетти в Россию помню такой случай: я показал ему книгу “Тэ ли лэ” с необычайными цветными рисунками О. Розановой и спросил: “было ли у вас (итальянцев) что-нибудь подобное по внешности?”

Он сказал: “нет!”

Я:

— Как не было у вас ничего подобного по внешности, так не имеется подобного и по содержанию!

Маринетти и его друзья-итальянцы были шокированы»[43].

Национальное своеобразие только подчеркнуло общие, родовые черты нового искусства и новой поэзии XX века, сумевших «раздвинуть» государственные границы: «Отрицая всякую преемственность от италофутуристов, укажем на литературный параллелизм: футуризм — общественное течение, рожденное большим городом, который сам уничтожает всякие националь-

[41] Письмо А.Кручёных А.Шемшурину. <Август 1915 г.> (ОР РГБ. Ф. 339. Оп. 4. Ед. хр. 1).

[42] Там же.

[43] Письмо А.Кручёных А.Островскому. <1920-е годы> (ОР РНБ. Ф. 552. Ед. хр. 90).

ные различия. Поэзия грядущего – космополитична», – заявлял Маяковский в своем письме в редакцию газеты «Новь» по поводу приезда Маринетти в Россию[44]. Естественно, что эта встреча утвердила в правильности самостоятельно избранного пути и итальянцев, и русских, которым поначалу Маринетти (до путешествия в Россию) отвел скромную роль эпигонов итальянского футуризма. Русским будетлянам вообще не было свойственно чувство зависимости или благоговения перед чьими бы то ни было идеями и творениями, – для своих собственных они тоже не делали исключения.

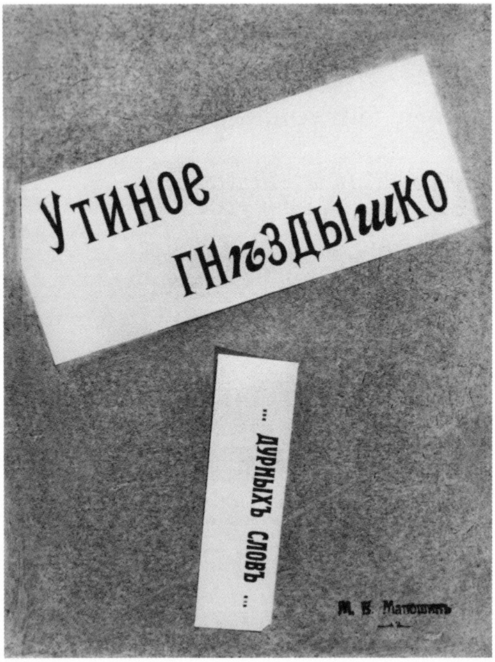

Обложка кн. А.Кручёных «Утиное гнездышко… дурных слов» (СПб., 1913)

Обложка кн. А.Кручёных «Утиное гнездышко… дурных слов», раскрашенная А.Кручёных и О.Розановой акварелью

Кручёных и Хлебников восклицали в полемическом запале: «...любят трудиться бездарности и ученики (трудолюбивый медведь Брюсов, 5 раз переписавший и полировавший свои романы Толстой, Гоголь, Тургенев), это же относится и к читателю.

Речетворцы должны бы писать на своих книгах:
прочитав – разорви!»[45].

Одним из главных принципов их эстетической «рели-

[44] *Маяковский В.В.* Полное собрание сочинений. Т. 1. С. 369.

[45] *Кручёных А., Хлебников В.* Слово как таковое. СПб., 1913.

гии» было изживание этого, как они считали, «нетворческого» чувства: благоговение не предполагает активного познания и самостоятельной оценки. Как опытные практики, русские будетляне предпочитали подвергать сомнению чужие идеи, однако на деле изучали их тщательно и серьезно, отбирая необходимое для собственного поиска. Именно поэтому, как справедливо заметил в свое время будетлянин Казимир Малевич, «альфа футуризма был, есть и будет Маринетти. Альфа заумного был, есть и будет Кручёных»[46].

Второй книгой, отобранной Маринетти для выставки в Риме, был уникальный, раскрашенный от руки акварелью по литографской печати экземпляр «Утиного гнездышка... дурных слов» Кручёных.

В «Утином гнездышке... дурных слов» Розанова создала единственный в своем роде образец художественной «драматургии» книги (кат. 257–270). Точно просчитанное чередование иллюстраций и от руки написанных ею литографским карандашом стихов Кручёных напоминает кинематографическую «раскадровку» со сменой разных планов, единством действия и авторской интонации, кульминацией и лирическим героем — вернее, антигероем, образом-портретом которого книга открывается и завершается.

Эта книга по своей «мелодике», настроению наиболее «автобиографична» из всего написанного тогда Кручёных. Не случайно в литографиях к ней (на первый взгляд почти не связанных с текстом) так узнаваемы многие детали реальности того времени, артистического, полубогемного быта. Интерьеры кафе в рисунках Розановой к этой книге напоминают помещения знаменитого петербургского кабаре «Бродячая собака», в котором она иногда засиживалась до утра. А в портретах поэта — в самом начале книги и двойном портрете его «с подругой» (автопортрет Розановой) на последней странице — есть какие-то точно уловленные черты сходства с осанкой и манерой самого Кручёных, каким он остался на старых фотографиях 1910-х годов (кат. 270). (В это же примерно время Розанова выполнила и живописный портрет Кручёных; к сожалению, ныне его местонахождение неизвестно.)[47] Мы говорим об «автобиографичности», «исповедальности» этой книги для ее создателей, но это автобиографичность особого рода. Она — поэтическая. Здесь поэт создает как бы некий миф о себе самом, творя его из осколков реальности, абсурда снов, аллюзий и впечатлений, — «для поэта так называемые реальные факты собственно не существуют. Каждая жизненная деталь мгновенно преображается в факт символический и сочетается с поэтом

[46] *Малевич К.* В.Хлебников / Публ. А.Е.Парниса // Мир Велимира Хлебникова. М., 2000. С. 183.

[47] «Портрет поэта А.Кручёных» экспонировался на последней выставке «Союза молодежи» (№ 107) и на «Выставке картин и рисунков московских футуристов», устроенной Кручёных в Тифлисе в 1918 году, как «Механический портрет А.Кручёных» (№ 100).

лишь в таком виде <...> Таким образом стирается грань между поэтическим мифом и обыденной жизнью»[48]. В книге — метафорическая история поэта, его любви, его вдохновения.

Может быть, именно здесь начало того мифа об «апаше в поэзии», который преследовал Кручёных до последних дней и который до сих пор в глазах многих «подменяет» его творчество.

Книга начинается с «посвящения», адресованного читателю поэтом:

Жижа сквернословий
Мои крики
Самозванные
Не надо к ним
Предисловья
— я весь хорош
даже бранный!

Этот лист оформлен беспредметной заставкой в духе футуристической поэтики динамизма, ритма острых углов, стремительного слома, надрыва линий (кат. 258). В своей абстрактной композиции Розанова старается передать интонацию диссонанса, «злогласа», подобно тому как это делает музыкант, подбирая мелодию к стихам поэта. Тема повторяется в следующем стихе:

Если б тошнило вас...
Как меня вечерами
В книгах прочли бы вы желочь,
Голову увенчавши горшками.

Строки вытеснены на край страницы портретом поэта в цилиндре, в черной полумаске, с солнцем, как будто спустившимся ему на плечо (кат. 259). Из-за плеча — его тень, двойник, изломанное отражение. А за всем этим — разверзшийся город в клубах дыма. Этой литографией Розанова сразу создает завязку всей книги, аналогичную провоцирующему эпатажному «антипредисловию» Кручёных. Она как будто смело обыгрывает вариацию, верно найденную ею в предыдущем листе мелодии. Следующую страницу целиком занимает изображение города. Вернее, «портрет» города, по сути являющегося не только местом действия, а исполняющего роль одного из главных действующих лиц книги Кручёных (кат. 260). Розанова как будто смотрит на него сквозь сильное увеличительное стекло, в котором всё начинает круглиться, деформироваться, расплываясь по сторонам, — дома, деревья...

Следующие страницы, начинающиеся стихотворением «Эф-луч», посвящены гибели города (кат. 261, 262) — города, не-

[48] *Якобсон Р., Поморска К.* Беседы. Иерусалим, 1982. С. 117.

разрывно связанного с поэтом, — его зловещего двойника, его тюрьмы, его смертельного врага. Урбанизм в творчестве Кручёных, как и восприятие города многими русскими будетлянами — Маяковским, Гуро, Розановой, эмоционально всегда имеет резко отрицательную оценку.

«Тяжело в городе среди каждочасного смертоубийства. Может быть, в скопище города зачтется нам — флюидикам интеллигентности — как за военное время. Новые. Снашиваются они тут быстро», — писала в дневнике Елена Гуро[49]. И даже у Маяковского, центральной темой ранней поэзии которого остается город, нет и намека на «позитивизм» итальянского футуризма.

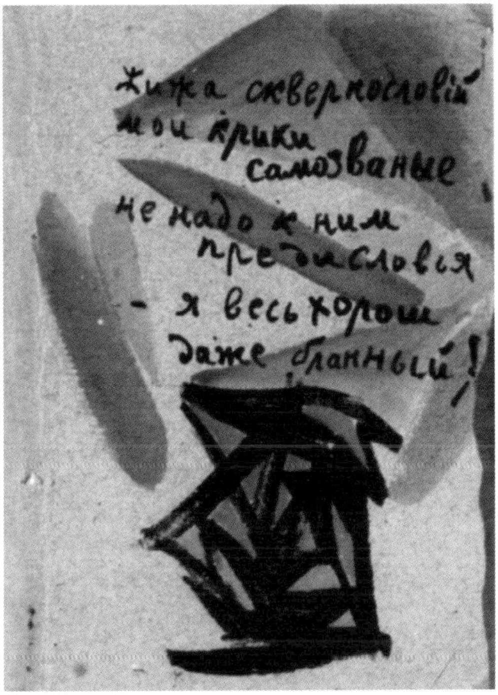

О.Розанова. Беспредметная композиция. Из кн. А.Кручёных «Утиное гнездышко... дурных слов» (СПб., 1913) (кат. 258)

О.Розанова. Город. Из кн. А.Кручёных «Утиное гнездышко... дурных слов» (СПб., 1913) (кат. 260)

«В 1914 году издательством ЕУЫ (т.е. много!) была выпущена брошюра “Стихи Маяковского” — исследование (выпыт) о его стихах. На обложке — портрет В.Маяковского работы Давида Бурлюка, и перед текстом рисунок О.Розановой, характеризую-

[49] *Гуро Е.Г.* Дневники последнего периода (РГАЛИ. Ф. 143. Оп. 1. Ед. хр. 3).

щий темы стихов раннего Маяковского, — окраина города, телеграфный столб, прохожие...» — вспоминал в автобиографии издатель и автор книги Алексей Кручёных[50].

В этом первом критическом исследовании о Маяковском, созданном Кручёных, текст предваряет композиция Розановой с изображением городского пейзажа (кат. 294), в котором почти «дословно» схвачена футуристическая суть урбанизма поэта:

«И современность забилась в судорогах!

Это у Брюсова такой глупо-спокойный игрушечный город:

“царя властительно над долом,
огни вонзая в небосклон” <...>
не то у Маяковского —

тут дана не внешне описательная сторона, а внутренняя жизнь города, он не созерцается, а переживается (футуризм в разгаре!). И вот уже город исчезает, а воцаряется какой-то ад»[51].

В зловещем и освободительном одновременно свете «Эф-луча» Кручёных этот «город-ад», пришедший из поэзии Маяковского, окрашивается цветом страшного конца, Апокалипсиса. Стремительно нарастающий темп поэтической речи Кручёных, построенной на открытом им принципе «неправильности», на сочетании «заумного» с предметным, заставляет вспомнить устную традицию, противостоящую письменному канону, — ритуальный язык хлыстов. В этой речи (когда кажется, что сам язык сошел с ума) потеряны все привычные ориентиры «практической речи» и логический разум не успевает ухватиться за узнанное слово, тонущее в алогичном контексте, — предельно обостряются те скрытые возможности языка, которые исследовал в своих теоретических статьях Кручёных. И вот уже фактура, окраска, мелодия законченной поэтической фразы передают больше, чем «взорванный» логический смысл.

О.Розанова. Городской пейзаж. 1913–1914 (кат. 140)

[50] *Кручёных А.* Наш выход: К истории русского футуризма. М., 1996.

[51] *Кручёных А.* Стихи В.Маяковского. Выпыт. М., 1914. С. 23.

Кручёных не описывает словами свой драматический сюжет – он как будто «инсценирует» его внутри самой лингвистической структуры.

В его поэтических композициях сконцентрирована сама живая энергия творчества, неукротимая и иррациональная, «радость творчества», которая и создает собственно искусство. Листы с рукописным стихотворным текстом перемежаются отдельными листами с литографиями, столь же иррациональными. В них, как в пространстве сна, узнаваемые детали тонут в бесконечности абстракции, и художница прибегает к тем же приемам деформации предмета и реализации метафоры, что и поэт.

«Ведь до сих пор поэзия была цветными стеклами; как стеклам солнечный свет, ей романтический демонизм придавал живописность сквозя (сквозь стекла)», – писал Якобсон Кручёных в феврале 1914 года. «Но вот победа над солнцем и эф-луч (из ваших же произведений). Стекло взорвано; из осколков, иначе льдышек (это из сказки Андерсена), создаем узоры ради освобождения. Из демонизма, нуля творим любую условность, и в ее интенсивности, силе – залог аристократизма в поэзии (это я в пику вам). А вы смеетесь, говорите: прекрасная греза и пр. Не греза, а то дыхание, о котором говорит Мартынов, та радость творчества, о которой пишете вы, та способность к окрашиванию, на которую указывает Маринетти...»[52]

Вся книга читается как одна поэтическая тема – внутреннего освобождения и победы над смертью во всех ее ипостасях, бессмертия творчества и поэта, его дерзкого духа, презревшего земные законы и правила. И во вновь звучащем заключительном монологе бросающего со смехом и издевкой свои «дурные слова» толпе:

Я плюнул смело на ретивых
Пришедших охранять мой прах
– Сколько скорби слезливой
в понуренных головах –
Плевок пускай разбудит сих,
А мне не надо плача
Живу в веках иных
Всегда живу... как кляча
... Живет гния и просветляясь
Для сильных и ретивых
Укор
Гения от себя бросаясь
И его неисчислен
простор.

[52] Якобсон-будетлянин: Сб. материалов // Ред. Б.Янгфельдт. Stockholm, 1992. С. 73.

«Поэтичность» Розановой в этой книге совершенно иного свойства, нежели «литературность» первых литографированных книг, исполненных в ключе неопримитивизма. Там сюжетность и определенная содержательность, ритм повествования играют немаловажную роль и обусловливают всё «предметное» своеобразие произведения, богатство его символики.

Именно за эти качества современники небесспорно, но и небезосновательно обвиняли Гончарову и Ларионова в «передвижничестве». Графика Розановой в значительной степени «лингвистична» и соответствует внутренней структуре языка. В книге и Кручёных, и Розанова «заумный» язык вплетают в общий, понятийный, играя на неожиданных ассоциациях, интуитивно соединяя предметное с абстрактным.

«Заумная» поэзия

Роман Якобсон вспоминал, что Кручёных как-то написал ему «насчет заумной поэзии»: «Заумная поэзия – хорошая вещь, но это как горчица – одной горчицей сыт не будешь»[1].

Пожалуй, самой парадоксальной, аналогичной по замыслу и по своему «заумному» языку стала другая книга, затеянная Кручёных в том же 1914 году и названная им «Заумной гнигой». Соавтором Кручёных в этот раз был молодой Роман Якобсон, выступивший под псевдонимом Алягров: «...мы с Кручёных выпустили вместе “Заумную гнигу” (гнигу – он обижался, когда ее называли “книгой”). Впрочем, неверно, что она вышла в шестнадцатом году. Кручёных поставил шестнадцатый год, чтобы это была “гнига” будущего. А вышла она раньше. Во всяком случае, в работу все было сдано в четырнадцатом году»[2]. «Заумная гнига» вышла в 1915 году. Главные футуристические «приемы» были доведены в ней до абсолюта, до крайности, – начиная уже с названия с его вы-

О.Розанова. Эскиз обложки «Заумной гниги» А.Кручёных и Алягрова. 1915 (кат. 219)

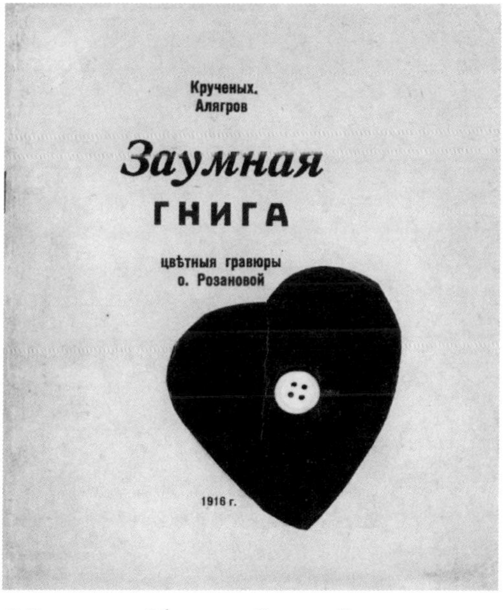

О.Розанова. Обложка «Заумной гниги» А.Кручёных и Алягрова (М., 1915) (кат. 311)

[1] *Якобсон Р.* Из воспоминаний // Якобсон-будетлянин. С. 48.

[2] Там же.

зывающей контаминацией слов «книга» и «гнида». За внешней деформацией слова «книга» стояло разрушение самого понятия книги, книжного знания. Императивное «Читать в здравом уме возбраняю!» (эта фраза — как вступление к книге) провозглашает главенство внеинтеллектуального общения, независимость от слов и знаков и через «слово как таковое» заставляет читателя обратиться к «жизни как таковой», к ее органической, иррациональной сути, существующей вне всякого канона. В своей зауми Кручёных апеллирует не к логике читателя и его умению разгадывать словесные ребусы, не к книжному знанию, а к фактам его личного эмоционального опыта, находящегося за гранью интеллекта:

щюсель бюзи нябе
кхточ в сирмо тоцилк
шунды пунды

Предметом заумной речи здесь становится сама речь, и происходит абстрагирование творческого процесса, который приобретает значение и предмета, и результата творчества. Эта речь самодостаточна — как речь оракула или безумного.

В таком беспредельном расширении пространства поэзии как искусства есть опасность ее самоуничтожения, «растворения» ее структуры.

«Что я думаю сейчас, 70 лет спустя, о заумном языке?.. — писал в 1980-е годы один из первых теоретиков зауми Виктор Шкловский. — Я думаю, что мы так до конца его и не смогли разгадать <...> Прежде всего — это не язык бессмысленный. Даже когда он намеренно лишался смысла, он был своеобразной формой отрицания мира. В этом он чем-то близок “театру абсурда”.

Трудно говорить о заумном языке вообще. Были разные поэты, и у каждого был свой ум и своя заумь. Был Хлебников, и Каменский, и Кручёных... И у каждого был свой заумный язык.

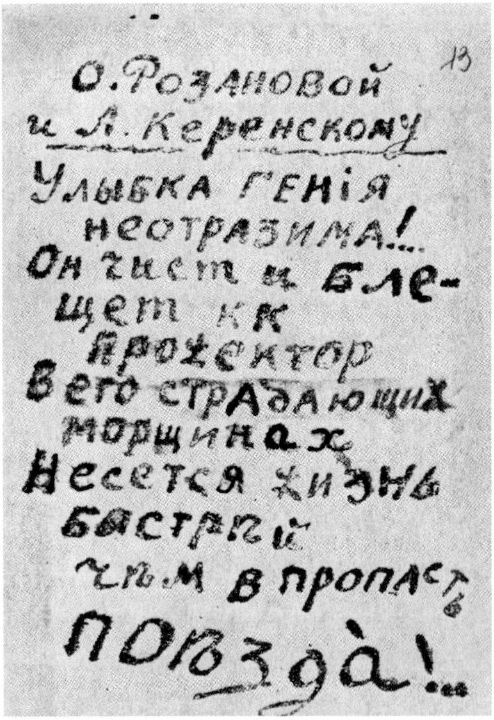
13
О. Розановой
и А. Керенскому
Улыбка генiя
неотразима!..
Он чист и блещет кк
прожектор
в его страдающих
морщинах
Несется жизнь
бастрпй
чьм в пропасть
поѣзда!..

Страница из кн. А.Кручёных «Бегущее» (Тифлис; Сарыкамыш, 1917). Гектограф

Что мне сейчас кажется особенно интересным в зауми? Это то, что поэты-футуристы пытались выразить свое ощущение мира, как бы минуя сложившиеся языковые системы. Ощущение мира – не языковое. Заумный язык – это язык предвдохновения, это шевелящийся хаос поэзии, это до-книжный, до-словный хаос, из которого все рождается и в который все уходит»[3].

О.Розанова. Беспредметная композиция. Из кн. А.Кручёных и Алягрова «Заумная гнига» (М., 1915) (кат. 322)

Кручёных в своей «зауми» как будто взрывает «изнутри» письменный канон книжной традиции. Его книги существуют, казалось бы, в рамках этой самой традиции, исходя из нее – и в то же время последовательно ее разрушая. Ориентация на культуру древних манускриптов, явственно видимая в его первых литографированных изданиях, постепенно перерастает в ее отрицание – в книге «Тэ ли лэ» структура текста в привычном понимании этого слова уже разрушена.

В зауми «гниги» это разрушение достигает своего апогея в таком, к примеру, отрывке, эпатажно нивелирующем понятие книжного канона:

Евгений Онегин в 2 строчках
ени вони
се и тся,

в котором Кручёных «очищает» пушкинскую поэму от «текста», оставляя лишь «до-словную» универсальную модель.

В 1915–1918 годах под влиянием Кручёных Розанова совершает кардинальный поворот от своих ранних стихов начала 1900-х годов, написанных в духе наивного подражания символистским клише, к «заумной» поэзии.

В списках своих соратников и последователей в поэзии Кручёных часто называет имя Розановой:

«Более известны нам другие футуристы, в настоящее время (1917–1918) выступающие впервые в печати как поэты.

[3] *Шкловский В.* О заумном языке: 70 лет спустя // Русский литературный авангард: Документы и исследования / Ред. М.Марцадури, Д.Рицци, М.Евзлина. Тренто, 1990. С. 254.

Это: Илья Зданевич, Ольга Розанова и Николай Чернявский.

Ольга Розанова, известная художница, дает интересные образцы заумной поэзии:

Лефанта чіол
Міал анта
(речь ее в пьесе А.Кручёных “Глы-глы”)»[4].

Кручёных разглядел и «разбудил» в ней поэта еще в конце 1915 года, и чем дальше — тем серьезнее становились ее поэтические опыты и ее собственное отношение к ним. Первый читатель и критик ее стихов, конечно, Кручёных. Он приветствует появление новой поэтессы с искренней радостью и лукаво мистифицирует в своих письмах доверчивого Шемшурина, говоря ему о некоем новом поэте, не называя имени:

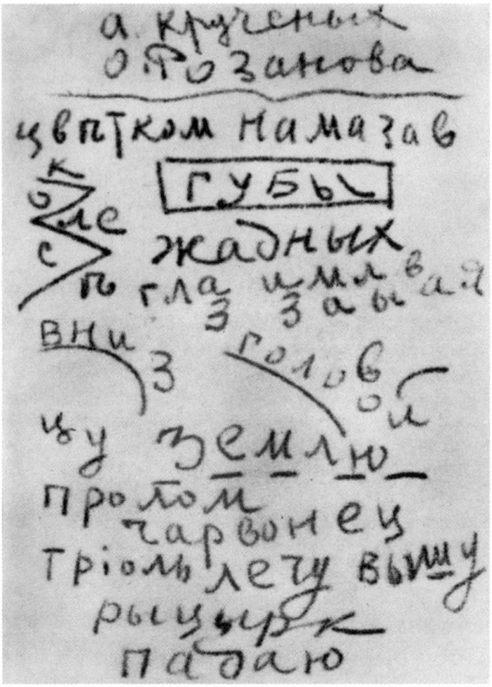
а. кручёных
о. розанова
цвпТком намазав
губы
жадных
вни
головой
у землю
падаю

Страница из кн. А.Кручёных «Нестрочье» (Тифлис; Сарыкамыш, 1917). Гектограф

«Родился новый, очень интересный поэт. Познакомлю».

«Новый поэт мой крепнет, хорошо кушает, скоро оперится и полетит!.. Может быть, Вы сообщите свое мнение о новом поэте отдельно. Мне очень важно, потому что он еще не печатался и я хочу его выпустить в свет — так вот — стоит ли?

Как человек — очень преданный и верный и ортодоксальный»[5].

В 1917 году Кручёных опубликовал некоторые стихотворения Розановой в гектографических сборниках «Балос» и «Нестрочье».

К этому времени опыт сотрудничества в книгах уже был ими приобретен, и начался совершенно новый виток сотворчества. Возникла парадоксальная ситуация обратного влияния — поэт усиленно занимается живописью, а художница формирует законы слова. Это желание раздвинуть границы «жанра», отыскать универсальные, синтетические законы творения. Оно будет облечено в форму «собеседования» (у них уже не будет конкретных совместных работ) — их общение в эти годы реализовывалось в переписке: Москва–Кавказ.

[4] *Кручёных А.* Ожирение роз: О стихах Терентьева и других. Тифлис, 1918. С. 12–13.

[5] Письма А.Кручёных А.Шемшурину. <1916 г.> (ОР РГБ. Ф. 339. Оп. 4. Ед. хр. 2. Л. 41, 47). Удалось установить, что речь идет именно о Розановой, идентифицировав стихотворение «нового поэта», приведенное в письме Кручёных Шемшурину от 19 июля 1916 г., — «Вульгарк ах бульваров...». Под названием «Испания» оно было напечатано в посмертной подборке стихов Розановой (Искусство. 1919. № 4). Машинописный оригинал другого стихотворения — «збршест дзебан...» — обнаружился в архиве А.М.Родченко и В.Ф.Степановой, среди подготовленных к изданию в 1919 г. стихов Розано-

Коллаж А.Кручёных с вырезкой из газеты «Искусство» (1919. № 4) со стихами О.Розановой. Альбом А.Кручёных. 1920–1960. РГАЛИ, Москва

Подобно тому как Розанова «редактировала» опыты Кручёных в области коллажа, он так же, серьезно и внимательно, работал с ее стихами. В его произведениях этого времени можно найти много завуалированных цитат из Розановой, понравившихся ему ритмических находок, неожиданных созвучий. В книге «Нестрочье» помещено одно стихотворение без названия, подписанное двумя именами — Розанова и Кручёных. Процесс соавторства можно попытаться восстановить по подлиннику ее письма к Кручёных, в котором она записала свое стихотворение «Наездница». Прямо по рукописи он сделал свою правку, а результат этой правки и был опубликован в «Нестрочье». Кручёных безжалостно убирает все предметное, то «изящество» намеков и словосочетаний, о котором она говорила ему в письме: «Когда я писала тебе, что завидую в том, что элемент страшного можешь довести до напряженности, то этим хочу еще сказать, что боюсь за себя, что несвободна от “изящества”, которое своего рода цепь»[6].

Кручёных убирает все конкретное, связанное с изна-

вой (осуществлено не было). О другом стихе «нового поэта», цитированном в письме, Кручёных упоминает в приведенном отрывке из «Ожирения роз». Возможно, что сама Розанова вначале не хотела раскрывать свое имя. В одном из писем Кручёных она сообщает: «Оставляю за собой псевдоним Р. Васильев. Он мне больше нравится, чем второй, что ты предлагаешь. Сама я выдумать какой бы то ни было — бездарна…» <1916 г.> (Частное собрание, Москва).

[6] Письмо О.Розановой А.Кручёных. <1917 г.> (Частное собрание, Москва).

чальным образом — образом героини, «наездницы», с которой, возможно, ассоциирует себя Розанова. Он убирает все логические связи: от строки «напролом опасности» в обработке Кручёных остается «пролом» — слово, уже вобравшее в себя предчувствие тревоги, опасности, отчаянной смелости; точно так же от розановского «червонец успеха приемлю» остается «чарвонец». Здесь Кручёных изменяет один звук, смакуя слово, орфографическая «ошибка» придает ему новую, звонкую значительность: это уже не червонец — золотая царская десятка, принятая денежная единица, — это уже знак успеха, зазвучавший в самом слове. Поэт будит читателя, будит его «подсознательное», его любопытство, мешает ему насладиться красивой рифмой. Искусство — в его теории — работа и игра одновременно, и читатель должен принять его правила.

Поэзия Розановой неоднозначна, у нее есть стихотворения, написанные под прямым влиянием и, быть может, невольным «давлением» Кручёных, — это как бы стихи-«близнецы» его произведений. Но постепенно становится узнаваем ее собственный голос, богатство его тембра, музыкальность звучания: его «яркость» и нежность, деликатность ее поэзии, как и живописи. Известно, что Кручёных выделял несколько типов «зауми», их можно найти и в поэзии Розановой. Это, во-первых, стихи, построенные на принципе «ошибки», неправильности и эмоционально связанные с каким-то предметом, — такие, как уже упомянутая нами «Наездница».

Одно из ярких жанровых и, если можно так сказать, самых «театральных» стихотворений в новой русской поэзии XX века — розановская «Испания». Оно было опубликовано в посмертной подборке ее стихов в 4-м номере газеты «Искусство» за 1919 год.

Орнамент созвучий (или «кубок созвучий» — как называла один из своих поэтических этюдов сама Розанова) вплетен в ритм тарантеллы. Принцип сочетания согласных и гласных рифм напоминает неожиданные цветовые сочетания ее полотен. Звучные, «громкие» существительные присутствуют здесь как шумовые «ориентиры» — *бульвары, гусары, арапы, Алжир, гитана, тарантелла, рантье, антиквар, фантом, гримасы,* а «заумные» производные от них, в которых Розанова любовно «шлифует» фактуру звука, скрепляют их в единую цепь. В конце стиха общая звуковая ткань как бы имитирует мелодику традиционного городского бульварного романса о жизни, любви, «пляске смерти».

В другом стихотворении этого ряда — «Сон ли то...» — Розанова уподобляет звучание стиха, его зыбкий ритм мерцанию огня, где сменяются оттенки красного — от рубинового до алого.

Как и в живописи, Розанова отталкивается от реального образа, воспоминания или предмета (правда, потом от этой реальности ничего не остается). В стихотворении «Гаста [– алюминиевая чаша]» она, как ребенок, придумывает предметам новые имена. Главное в ее поэзии – неповторимая тональность, а не визуально оформленный образ стиха (чем так увлекается в это время Кручёных – его стихи 1916–1917 годов часто называют «тихой», «беззвучной» супрематической заумью).

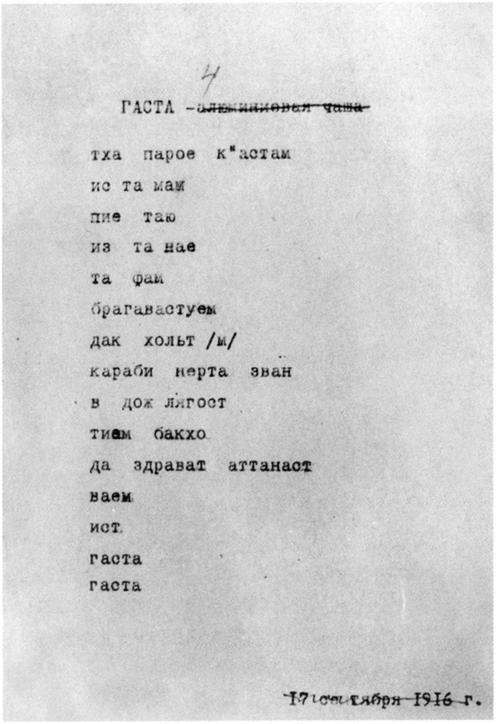
4

ГАСТА – ~~алюминиевая чаша~~

тха парое к"астам
ис та мам
пие таю
из та нае
та фам
брагавастуем
дак хольт /м/
караби нерта зван
в дож лягост
тием бакхо
да здрават аттанаст
ваем
ист
гаста
гаста

~~17 сентября 1916 г.~~

Машинописный оригинал стихотворения О.Розановой. 1916. Архив А.М.Родченко и В.Ф.Степановой, Москва

Характерно, что Розанова записывала свои стихи довольно небрежно – или от руки, или на печатной машинке, как будто забыв о своем художественном опыте. «В 1915 г. А.Кручёных (судя по ответному письму О.Розановой. – *Н.Г.*) написал “поэму цифр”, – указывает в своей книге Н.И.Харджиев. – Эта поэма, над оформлением которой должна работать Розанова, не сохранилась. По поводу “рассматривания поэзии как чистой графики” Розанова писала тому же адресату в августе 1916: “Мне кажется это интересно как частный случай, одна из сторон поэзии, но не все это искусство в целом, т. к. поэзия не только не созерцается, но и читается вслух...”»[7].

Это качество довольно заметно во «втором» типе «зауми», который условно можно выделить в поэзии Розановой, – это абстрактные стихотворные формы, построенные по законам эвфонии.

В своей живописи даже в последний, «беспредметный», период – 1916–1918 годы – Розанова одновременно с супрематическими писала и «реальные» (как она сама их называла) картины с натуры. Такой же процесс одновременной работы в разных «стилях» происходит и в ее поэзии.

В том же письме Кручёных, в котором она записала для него «Наездницу», помещен еще один стихотворный отрывок без названия, в скобках обозначенный как «беспредметное»:

[7] *Харджиев Н.* Поэзия и живопись // *Харджиев Н., Малевич К., Матюшин М.* К истории русского авангарда. Стокгольм, 1976. С. 57.

аф-аррест
ард-аг-гест
дар-хим
Ламанес
Шал-ом-езд
Мим.

Некоторые поэтические этюды из этого ряда изначально построены на простом звукоподражании: один из любопытных примеров такого рода повторяется в ее рукописях почти без изменений три раза, но каждый раз — с новым названием. Благодаря этому каждый раз само стихотворение тоже звучит по-иному. В первом варианте названия — «Кавказский этюд» — звукоряд воспринимается как чистое звукоподражание кавказскому говору (по аналогии вспоминается одно из первых заумных стихотворений — «Финляндия» Е.Гуро, основанное на принципе ономатопеи). Во втором варианте Розанова уже вносит «неправильность» в «самовитое» название — «Крымная». В таком заголовке есть оттенок полунамека, мистификации читателя. И, наконец, в третьем варианте заголовок претерпевает еще одну метаморфозу и превращается в «Кромкая» — «заумное» слово; заключенная в нем многозначность «загадки» вызывает целый ряд индивидуальных ассоциаций. Изменив название, она и само стихотворение переносит совсем в иную систему координат — из звукоподражательного оно переходит в качество «заумного», самодостаточного, как таинство, «нуль», новое искусство. Освобожденный от логического объяснения (мотивации) звукоряд воспринимается «как таковой», очищенный звук.

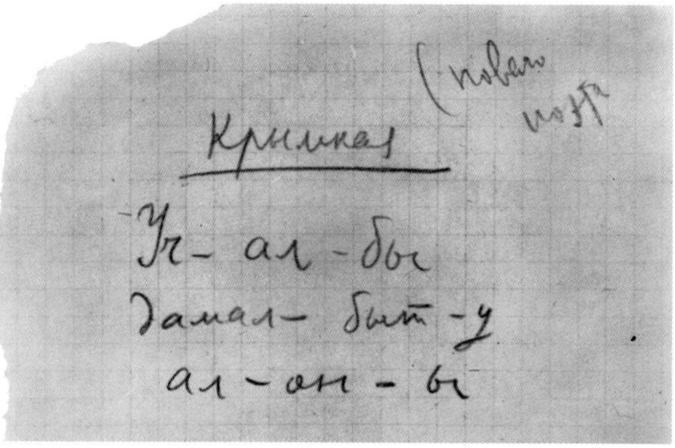

Страница из письма А.Кручёных А.Шемшурину со стихотворением О.Розановой. 1916. ОР РГБ, Москва

«Игра в аду и труд в раю». Серия «Игральные карты»

Подобно «заумному» поэтическому «трюку», и в оформлении «Заумной гниги» была осуществлена подтасовка, подмена традиционной книжной формы. В качестве иллюстрации к стихам, отпечатанным чернилами с помощью наборных штампов, Розанова использовала линогравюры своей «карточной» серии 1914 года[1], никоим образом не связанной со стихами, вошедшими в «Гнигу» (кат. 312–321).

После переиздания «Игры в аду» карточная тема настолько увлекла Ольгу Розанову, что заняла в ее творчестве особое — «козырное» — место. В течение двух последующих лет она неоднократно «берется за карты» и в своей графике, и в живописи; в 1916 году один из ее друзей даже получил от нее открытку с акварельным рисунком бубновой дамы (кат. 151).

О.Розанова. Бубновая дама. Около 1915 (кат. 67)

О.Розанова. Бубновая дама. 1916 (кат. 151)

[1] О том, что эта серия линогравюр была создана в 1914-м, а не 1915–1916 гг. (как неверно датировали ее до сих пор), свидетельствует письмо О.Розановой А.Шемшурину (см. наст. изд., с. 244). Исходя из новой датировки, можно утверждать, что линогравюры предшествовали появлению живописной серии «карт», а не наоборот.

В изобразительном «лексиконе» русского авангарда теме игральных карт, во всем богатстве социального и культурного контекста эпохи, несомненно, должно быть отведено особое место.

Пожалуй, можно было бы утверждать, что «карточная тема» прижилась в культуре раннего авангарда с легкой руки Михаила Ларионова. В неопримитивизме и, в частности, в более поздней композиции «Солдаты» (1910) из так называемой «солдатской серии» картин (1909–1911), где «достигает своих вершин синтез свободной примитивистской игры и живого жизненного наблюдения»[2], игральные карты фигурируют в качестве обязательного атрибута современного им городского фольклора (или «лубка», понятого в самом широком смысле), в силу этого существующие как одна из знаковых единиц этого «универсального» художественного языка.

Традиции лубочных рисунков и рисунков на картах были очень близки, а подчас и пересекались; для изготовления использовалась одна и та же техника печати — вначале ксилография, а затем, с середины XIX века, литография с последующей раскраской акварелью от руки. Мотив карточной игры отразился во многих лубочных сюжетах, например в популярном «Солдате и черте». По словам Г.Поспелова, «сами ассоциации с игральными картами (возникающие в творчестве неопримитивистов. — *Н.Г.*) вытекали из увлечения лубками»[3].

Неопримитивисты использовали в своем творчестве не только традиционную и фольклорную семантику карт (в России она была тесно связана с популярнейшей традицией цыганского гадания на обычной игральной колоде; это гадание во многом вытеснило и заменило таро; характерно, что в России до начала XX века интерес к картам таро был невелик), предметом художественной игры стал стереотип восприятия этой самой расхожей символики, навязываемый современными mass media. Не стоит забывать, что карты оставались распространенной бытовой и культурной реалией: в 1912 году их тираж в России достиг 12 млн колод, производимых ежегодно. Помимо этого, набившая оскомину поверхностно интерпретированная символика игральных карт бесконечно «тиражировалась» в «новейших гадательных книгах» и сонниках, в специально издаваемых сериях почтовых открыток; ее элементы использовались в дизайне шкатулок, посуды и даже мебели[4].

Следы того же шаблона можно обнаружить в журнальных и газетных публикациях, в разного рода карикатурах, в том

[2] *Сарабьянов Д.В.* История русского искусства конца XIX — начала XX в. М., 1993. С. 186.

[3] *Поспелов Г.Г.* Бубновый валет. М., 1999. С. 98.

[4] См.: Игральные карты в России: Страницы истории русского быта XVIII–XX вв. Каталог выставки. СПб., 1992; *Гарин Л.Ф.* Художник и карты // Панорама искусств. М., 1988. Вып. 11; Полтора века: Очерки, документы, воспоминания, материалы. К 150-летию истории Ленинградского комбината цветной печати, бывшей Карточной фабрики. Л., 1969.

числе и политических, где карточные фигуры стали расхожей метафорой[5]. Фразеологические обороты, связанные с карточным лексиконом, прочно вошли в разговорный обиход столичного общества. При этом изначальная семантика также менялась, трансформировалась: «...деньги... карты... судьба... счастье... злой, страшный бред»[6]. Эти слова одного из персонажей Сухово-Кобылина прекрасно иллюстрируют пародийный ассоциативный ряд и настроения такого рода.

М.Ларионов. Солдаты. 1910. Холст, масло. Местонахождение неизвестно

Сделав ставку именно на эту «оборотную сторону», Ларионов гениально спровоцировал скандальную реакцию всех тех слоев, что именовались в ярмарочных представлениях «образованной публикой», назвав первую выставку своей группы «Бубновым валетом». В одной из своих статей Джон Боулт объясняет это явление не столько эпатажем, сколько необходимостью разрушения старой эстетической ценностной системы для создания новой, в которой условные границы между «высоким» и «низким» в

[5] Например, популярный журнал «Театр в карикатурах», публиковавший на своих страницах, кроме всего прочего, и интервью с авангардистами, выпустил № 12 за 1914 г. как сатирический «Театрально-гадательный номер». В нем была помещена пародийная, или, как указывалось редакцией, «научно-гадально-театральная», лекция Евгения Иванова «О картах и карточном гаданье».

[6] *Лотман Ю.М.* Тема карт и карточной игры в русской литературе начала XIX века // Учен. зап. Тартуского гос. ун-та. Тарту, 1975. Вып. 365. С. 132.

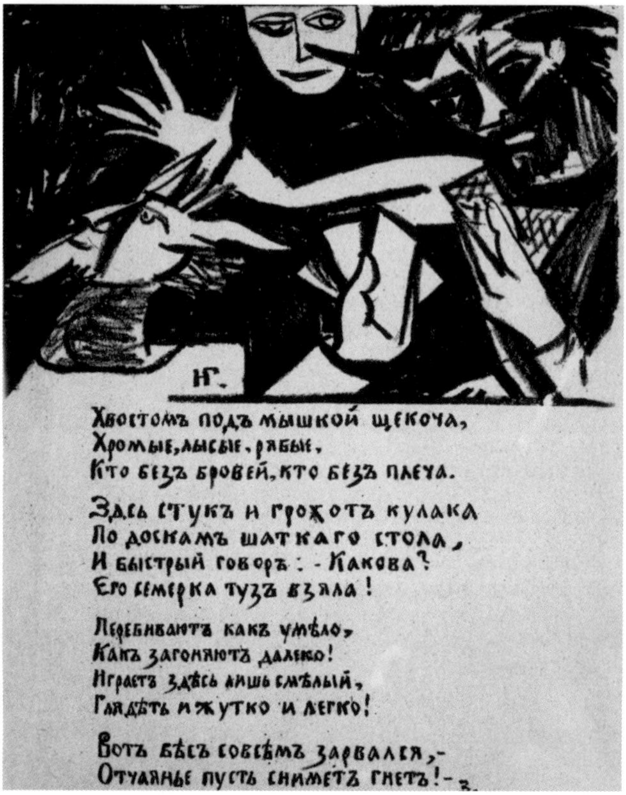

Н.Гончарова. Игра в карты. Литография из кн. А.Кручёных и В.Хлебникова «Игра в аду» (М., 1912)

искусстве размываются[7]. Поспелов в своей книге о «Бубновом валете» остроумно проследил историю этого названия, связав его с популярнейшими в те годы авантюрными романами Понсона дю Террайля «Клуб червонных валетов, или Похождения Рокамболя» и «Молодость короля Генриха IV», которыми зачитывались все, «от лакеев до художников»[8]. (В последнем романе действующими лицами были валеты всех мастей.) Гипотезу Поспелова подтверждает и тот любопытный факт, что Розанова, участвовавшая в одной из объединенных выставок «Союза молодежи» и группы Ларионова, назвала свою заметку, уже упомянутую нами ранее, «Воскресший Рокамболь». Заметка была ироничным откликом на скандал, разразившийся в связи с попыткой уничтожения картины И.Е.Репина «Иван Грозный убивает сына», — желтая пресса пыталась приписать эту попытку авангардистам. Поспелов пишет, что популярность романа о похождениях Рокамболя была на-

[7] *Bowlt J.* A Brazen Can-Can in the Temple of Art: The Russian Avangarde and Popular Culture // High and Low. Exhibition catalogue. Los Angeles, 1991. P. 143.

[8] *Поспелов Г.Г.* Указ. соч. С. 99–100.

столько велика, что вслед за ним газетчики быстро окрестили один из московских уголовных процессов 1870-х годов «процессом червонных валетов», подразумевая под «червонным валетом» мошенника и плута. То же самое значение в разговорном обиходе приписывалось и бубновому валету.

«Бубновый валет» был только началом, предтечей озорного и неистового действа, развернувшегося ему вслед.

Русские футуристы, или «будетляне», сознательно обыгрывали «низовую» традицию городского примитива, где карты ассоциировались прежде всего с духом авантюризма, игрой, трюком, «балаганной» чертовщиной. Более того, для будетлян карты превратились в средство эпатажа и вызова общепринятым нормам «хорошего тона», стали еще одной «пощечиной общественному вкусу». Не случайно шулерство в «Игре в аду», не случайны грубые реплики ларионовских солдат, — для своих сюжетов будетляне выбирают игры деревенские, провинциальные, вульгарные с точки зрения карточной «табели о рангах» прошлого века. Достаточно вспомнить, например, «три листика» Маяковского из фрагмента «Мальчишкой» к его поэме «Люблю».

Эта воскрешающая в памяти ларионовские образы игра «с солдатьем под забором» была символическим вызовом поэта обществу, служила метафорой его свободы, его нарочитой непохожести на «людье, муштрованное трудами». «Игровой принцип», основанный на смешении воображаемого и реального, включает в себя активный элемент иронии. В раннем русском футуризме он является не столько воплощением тотальной театрализации жизни, «театра как такового», сколько моделью свободной и спонтанной «игры как таковой». Игровой принцип пронизывает стилистику раннего русского авангарда и становится инструментом самопознания, самоидентификации автора как «игрока». Дело в том, что сама «логика» (или, вернее, «алогизм») игры — как и любого творческого процесса — иная, это логика абсурда, сна, подсознательного. В пространстве алогизма невозможно и не нужно объяснять необъяснимое, переводить подсознательное в сферу сознания и рациональной логики, поскольку *процесс* игры всегда будет не объясним и не оправдан с точки зрения повседневной прагматической логики и здравого смысла. Событие игры, согласно Х.-Г.Гадамеру, сходно с событием искусства: поскольку и игра, и произведение искусства обладают собственной сутью, независимой от сознания тех, кто «играет»[9]. Именно процесс игры (и в данной ситуации, по аналогии с ним, творческий процесс), ее ритм, или ритм времени, существующий вне цели и

[9] Положения Гадамера кажутся наиболее созвучными анархической эстетике раннего авангарда, построенной на сознательном размывании традиционных границ искусства. В контексте раннего авангарда теория игры может рассматриваться с позиций принципиально противоположных, например, не только идеям классической эстетики, но и эстетики М.М.Бахтина, в частности в его критике теории игры в экспрессивной эстетике. См.: *Бахтин М.М.* Эстетика словесного творчества. М., 1979. С. 67, 68.

назначения, по собственным законам, — с его непредсказуемостью, неповторимостью и мгновенностью — руководит действиями и эмоциями автора-игрока.

К началу XX века тема карт уже обладала своей историей в русской культуре конца XVIII — XIX века, когда, по выражению Ю.М.Лотмана, карты и карточная игра приобрели черты «универсальной модели Карточной игры», проецируемой на саму жизнь, становясь центром мифообразования эпохи[10]. В поэтике раннего русского футуризма карточная игра приобрела новое значение и новый «ритм». Авангардисты по-своему распорядились этой романтической традицией, унаследовав романтический мотив вызова, а подчас и «игры со смертью», сделав, однако, акцент на пародийно-ироническом, почти нигилистическом по духу снижении этой идеи. «Черная» пародийность особенно заметна в «Игре в аду» Кручёных и Хлебникова: весьма характерно, что трагическому Герману из «Пиковой дамы», разрываемому страстями, футуристы предпочитают гротескного лубочного чёрта и лукавого гоголевского казака.

О.Розанова. Одновременное изображение четырех тузов. Из кн. А.Кручёных и Алягрова «Заумная гнига» (М., 1915) (кат. 312)

В литографиях Розановой к этой книге явственно прозвучал новый «прибавочный элемент» — футуристический «сдвиг». Этот прием перешел и в ее серию цветных линогравюр, состоявшую из десяти листов с изображением карточных фигур, изданную как бы «вдогонку» книге в том же 1914 году. Впоследствии почти весь тираж этой серии был включен целиком в качестве иллюстраций в «Заумную гнигу» Кручёных и Алягрова (Р.Якобсона), вышедшую в 1915 году. Название карт Розанова вписывает

[10] *Лотман Ю.М.* Указ. соч. С. 120.

в лист, умещая по краям и как бы «обрамляя» его надписью: «Одновременное изображение четырех тузов», «Одновременное изображение пиковой и червонных дам», «Одновременное изображение червонного и бубнового королей», «Пиковый король», «Трефовый король», «Пиковая дама», «Червонная дама», «Пиковый валет», «Бубновый валет» и «Трефовый валет». Розанова употребляет в названиях определение «одновременное» (изображение), что в данном случае можно интерпретировать как дословный перевод французского simultané.

О.Розанова. Трефовый валет. Из кн. А.Кручёных и Алягрова «Заумная гнига» (М., 1915) (кат. 321)

В уже упомянутой нами серии линогравюр Розанова отталкивается от традиционной иконографической структуры карточного шаблона, правда несколько «переигранного». Легко узнаваемым прообразом были распространенные в Европе и России в XVIII–XIX веках так называемые «одноголовые» карты, с изображением фигур в полный рост (хотя художница дает поясное изображение), без их зеркального повторения. Возможно, ее натолкнула на этот эксперимент нашумевшая ларионовская выставка лубков; возможно, свою роль здесь сыграло и впечатление от афиши первой выставки «Бубнового валета», созданной А.Моргуновым в духе лубочной карты. Розанова во многом модифицировала технику линогравюры в соответствии со своими художественными устремлениями. Ее, несомненно, привлекла также возможность опробовать оригинальный вариант техники ручной печати, соединив этот способ с традиционной и даже каноничной формой игральных карт. В цветных линогравюрах, отпечатанных самой художницей вручную на синей, серой и белой бумаге, она продолжает начатый в футуристических изданиях эксперимент в области «цветного самописьма» (выражение Розановой).

Так или иначе, в непосредственном обращении к карточной колоде она не была одинока: многие художники предшествующих эпох не только использовали «карточные мотивы» в своих композициях, но и стремились попробовать себя в создании образцов колод карт, внедряясь в границы прикладных искусств. Так, например, в конце XVIII века во Франции Жан-Луи Давид по предложению республиканского правительства разрабатывал новую, политически ангажированную, символику карточных фигур для тиражированного производства и распространения; в России на рубеже веков И.Билибин, Г.Нарбут, Н.Ульянов – приверженцы и мастера стиля модерн, с его тяготением к жизнетворчеству, проблеме взаимодействия массового и индивидуального, – были привлечены к созданию карт «в новом стиле» и сделали несколько эскизов для Карточной фабрики в Петербурге. Богатая историческая традиция «картописания» провоцировала художника на стилизацию, создание новых «вариаций на тему», – так появились карты «модерн», карты в «историческом стиле» и т.д.

О.Розанова. Игральная карта. Около 1915 (кат. 146)

В Европе в 1920-е годы Соней Делоне был даже изобретен абстрактный дизайн карточной колоды. Карты таро постоянно привлекали внимание французских сюрреалистов – вершиной этого магического притяжения стала созданная ими в 1940 году на основе игральных карт и французского варианта таро *(Marseilles)* не только новая колода, но и новая игра *Le Jeu de Marseille*[11]. Любопытно, что к традиции карт таро также обращался Алексей Ремизов в период эмиграции. В своих рукодельных «Картах Сведенборга»[12] он создал собственный ряд визуальных

[11] См. факсимильное изд. этих карт: Andre Breton, Marcel Duchamp, Max Ernst, Wifredo Lam, Tristan Tzara. Le Jeu de Marseille. Paris, 1983.

[12] *Ремизов А.* Альбом с эскизами карт (ОР ИРЛИ. Ф. 256. Оп. 1. Ед. хр. 54).

символов и объяснил их значение в специальном приложенном к ним тексте. Графические работы Ремизова, о котором в свое время восторженно отзывался Андре Бретон, знали и ценили в кругу французских сюрреалистов.

Тем не менее, опыт Ольги Розановой не вполне укладывается в этот ряд: ее артистическая позиция иная и цели, которые она перед собой ставит, иные[13]. Розанова подходит к этому изобразительному мотиву не с целью создания дизайна новой карточной колоды в качестве предмета прикладного искусства. Ее линогравюры существуют как «вещь в себе» и никак не предполагают утилитарного использования в качестве игральной колоды. Лишенные этой изначальной функциональности и бытового назначения, карты Розановой выступают в качестве чистого «артефакта».

Здесь стоит оговорить два совершенно разных аспекта в интерпретации мотива игральных карт в изобразительном искусстве. В первом случае, когда категория времени и динамизма превалирует в художественном сознании и восприятии мира, предмет (в нашей ситуации игральные карты) всецело интерпретируется исключительно в контексте самого действия (карточной игры), спровоцированного им, и выступает в качестве индикатора этого действия (как это происходит в уже упомянутой нами картине Ларионова «Солдаты»). Во втором случае подчеркивается материальная структура изображенного предмета или же его символическое значение, в то время как «обыгрывание» этого предмета в действии уходит на второй план. Даже воссоздание сцены карточной игры тогда воспринимается не как процесс, активное действие, а, скорее, как некое метафизическое состояние.

В большинстве кубистических и ранних футуристических композиций доминирует акцент на «вещности» игральных карт, практически лишенных в этом случае своего символического значения и любого контекста, связанного с концепцией игры. В кубистических и футуристических произведениях, с воплощенной в них новой концепцией познания материального мира, «лингвистического сознания» модернизма, карты существовали «как таковые», в качестве предмета, обладающего собственной легко узнаваемой фактурой, вещественностью, геометрической формой и цветом, и являлись столь же идеальным готовым материалом для живописных коллажей кубистов и футуристов, что и куски газет, обоев, нот. (К примеру, с этих же художественных позиций использовали карты в своих графических коллажах конца 1910-х годов Родченко и Степанова.) В свою очередь, игральные

[13] Хотя, возможно, у Розановой и возникала идея создать эскизы для «фабричной» колоды. На такое предположение наводит один малоизвестный рисунок «Дама треф (крестьянка)» (кат. 145). Он выполнен в традиции шаблона специальных «учебных» карт, в которых могли быть использованы костюмы разных губерний или разных сословий.

карты в качестве изобразительного знака, символа, наделенного собственной семантикой (и здесь, конечно, речь прежде всего идет о картах таро), нашли наиболее полное отражение в творчестве французских сюрреалистов.

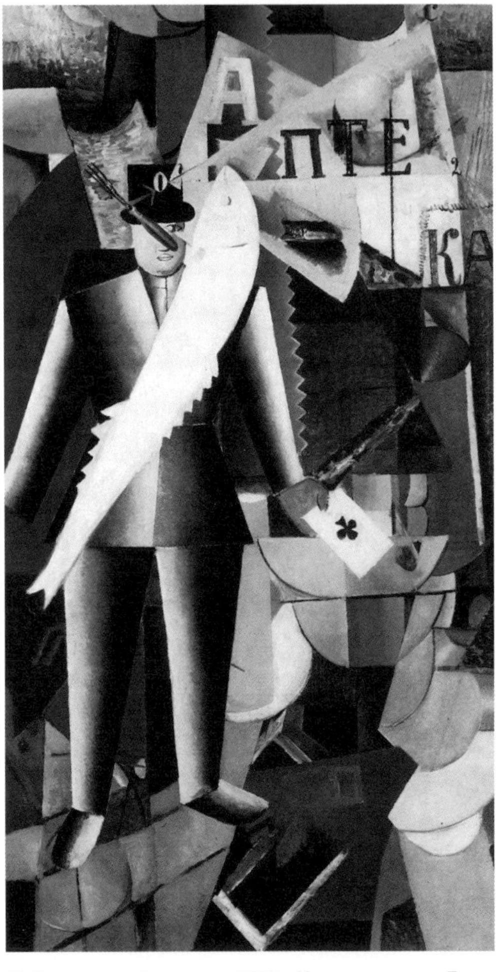

К.Малевич. Авиатор. 1914. Холст, масло. Государственный Русский музей, Санкт-Петербург

Тем не менее, оба упомянутых нами аспекта заметны в произведениях, созданных в русле таких художественных направлений, как дадаизм, сюрреализм и алогизм, провозглашенный Малевичем, как бы «балансирующий» на неуловимой грани между предметным и абстрактным. В «Авиаторе» (1914) Малевича, как и в полотне «Часы и карты» (1915, кат. 64) Розановой карта становится одним из элементов «алогического» контекста. Предметы в этих конструкциях, подобно словам в заумной поэзии, могут аккумулировать всю шкалу значений – от бытовой детали до метафизического символа. Авиатор держит в руке трефовый туз, и эта карта (которая в гаданиях означает «казенный дом», т.е. в зависимости от обстоятельств может быть расшифрована как «служба», «казарма» и т.д., вплоть до тюрьмы) прочитывается как своего рода ключевой знак, задающий определенное настроение всей картине (особенно в контексте современной ей исторической ситуации Первой мировой войны). То же самое происходит и в «Часах и картах» Розановой – предметы «плавают» в некоем остановленном, метафизическом пространстве, своеобразной «галактике» открытых для бесконечных интерпретаций визуальных символов, подобной сценам сновидения из фильмов сюрреалистов или раннего Ингмара Бергмана. (Не случайно в Самарском художественном музее, где ныне находится картина Розановой, она долго числилась под названием

«Сон игрока».) Застывший циферблат, показывающий без нескольких минут полночь, и три карты, как будто парящие на фоне зеленого сукна. Контраст интуитивного и рационального, случайного, стихийного, как игра, и вечного, неизменного, как время.

Розанова обращается к игральным картам и в своей живописи, делая поистине «дадаистский» ход в самой, пожалуй, фантастической и притягательной в ее творчестве серии «Игральные карты» из одиннадцати картин (кат. 66–77), впервые показанной на «Выставке картин левых течений» в салоне Н.Добычиной весной 1915 года. В этой живописной серии Розанова, в духе парадоксов Льюиса Кэрролла и алогизма Малевича, создает своеобразную парадную «портретную галерею» ирреальных и никогда не существовавших вне «пространства» карточной игры персонажей, карточных дам, королей и валетов[14]. Художница вступает в ироническую игру со зрителем, ставя под вопрос само понятие «изобразительное» в искусстве и пародируя портретный жанр, а в нем – «святая святых» гуманитарной цивилизации, саму концепцию индивидуальности, выпестованную в портретных жанрах предшествующих культурных традиций.

О.Розанова. Композиция с картами. Около 1915 (кат. 65)

В живописи карточных фигур ошеломляет резкий контраст ярких цветов и черно-серой гризайли, в которой выписаны лица и руки «полуживых» персонажей карточного «Зазеркалья» – «злодейки» Пиковой дамы (кат. 71), вызывающей в памяти эпиграф к пушкинской «Пиковой даме», взятый из «Новейшей гадательной книги»: «Пиковая дама означает тайную недоброжелательность»; стремительного и порывистого, как птица, Червонного валета (кат. 76) с охотничьим соколом на руке; «сказочно-песенного» Трефового короля (кат. 74) и других фигур. Хотя композиционно Розанова здесь почти «дословно» цитирует собственные линогра-

[14] В серию вошли: «Одновременное изображение четырех тузов», «Одновременное изображение пиковой и червонной дам», «Одновременное изображение червонного и бубнового королей», «Пиковый король», «Трефовый король», «Пиковая дама», «Червонная дама», «Бубновая дама», «Червонный валет», «Бубновый валет» и «Трефовый валет». В отличие от серии линогравюр, здесь появилась новая карта – «Бубновая дама» – и «Пиковый валет» был заменен «Червонным валетом».

вюры одноименной серии, стилистика живописного портрета делает эту серию почти неотождествимой с предшествующей ей графической. Сама идея создания такой серии и манера исполнения уже выходят за рамки неопримитивизма и кубофутуризма и, как ни парадоксально это звучит, в чем-то предвещают эстетику поп-арта. Гротеск сюжета многократно подчеркнут и гротеском исполнения, изображение напоминает ярко раскрашенную ярмарочную открытку или фотографию, разрисованную от руки краской.

Фантасмагорические образы, с неотвратимой безмятежностью призраков уставившиеся на зрителя, будто втягивают его в свой мир и одновременно отстраняются от него. Эта реальность присутствия, разворачивающаяся в пространстве действа, связана с еще одним важнейшим аспектом «игры», включающим в себя активный элемент иронии и основанным на смешении воображаемого и реального, фантастической детали и повседневного контекста. Возведенный в абсолют карточный шаблон становится не только изображением *изображения* массового стереотипа, но начинает приобретать самозначимость ожившей куклы, тени, отделившейся от своего хозяина. В этом воплощении, в «симультанных изображениях» королей и дам присутствует намек на завязку

О.Розанова. Пиковая дама. Около 1915 (кат. 71)

О.Розанова. Червонный валет. Около 1915 (кат. 76)

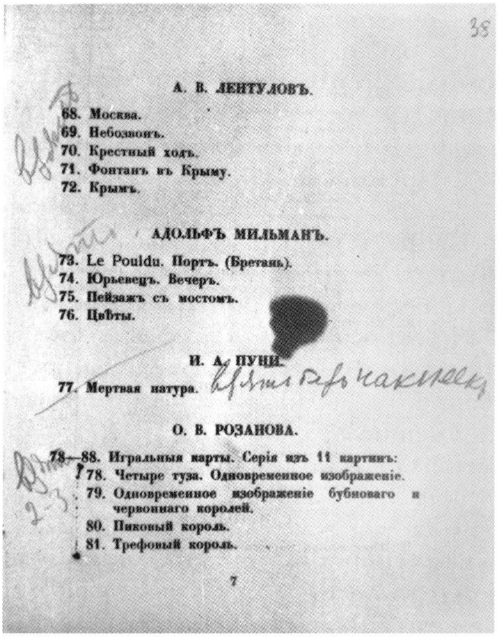

А. В. ЛЕНТУЛОВЪ.

68. Москва.
69. Небозвонъ.
70. Крестный ходъ.
71. Фонтанъ въ Крыму.
72. Крымъ.

АДОЛЬФЪ МИЛЬМАНЪ.

73. Le Pouldu. Портъ. (Бретань).
74. Юрьевецъ. Вечеръ.
75. Пейзажъ съ мостомъ.
76. Цвѣты.

И. А. ПУНИ.

77. Мертвая натура.

О. В. РОЗАНОВА.

78—88. Игральныя карты. Серія изъ 11 картинъ:
78. Четыре туза. Одновременное изображеніе.
79. Одновременное изображеніе бубноваго и червоннаго королей.
80. Пиковый король.
81. Трефовый король.

7

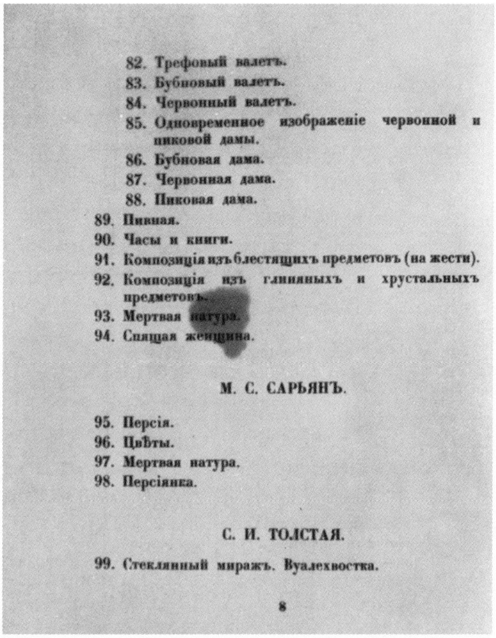

82. Трефовый валетъ.
83. Бубновый валетъ.
84. Червонный валетъ.
85. Одновременное изображеніе червонной и пиковой дамы.
86. Бубновая дама.
87. Червонная дама.
88. Пиковая дама.
89. Пивная.
90. Часы и книги.
91. Композиція изъ блестящихъ предметовъ (на жести).
92. Композиція изъ глиняныхъ и хрустальныхъ предметовъ.
93. Мертвая натура.
94. Спящая женщина.

М. С. САРЬЯНЪ.

95. Персія.
96. Цвѣты.
97. Мертвая натура.
98. Персіянка.

С. И. ТОЛСТАЯ.

99. Стеклянный миражъ. Вуалехвостка.

8

Страницы из каталога «Выставки картин левых течений» (Пг., 1915) с пометками Н.Е.Добычиной

некоего сюжета, конфликта. Здесь, как нигде у Розановой, заметен элемент театрализации — не случайно ее карты заставляют вспомнить театральные эскизы Малевича к «Победе над солнцем», где гротесковая выразительность также играет ведущую роль. Любопытно, что в одном из вариантов эскизов костюмов Будетлянского силача, Воина и Турецкого воина (все три эскиза в ГРМ) Малевич для характеристики персонажей использовал карточные масти. В силачах Малевича (у которых головы отсутствуют, вместо них — знаки разных мастей) происходит та же персонификация карточных фигур, что и у Розановой. Это «вочеловечивание» карт прямо противоположно обратному перевоплощению, когда реальные исторические лица отождествляются с карточными фигурами: например, в специальных «исторических» колодах, производившихся в Европе, или в том же романе Понсона дю Террайля, где персонажи берут себе «карточные» прозвища, идентифицируя себя с карточными фигурами.

Но сходство с эскизами Малевича не только в этом — в самой живописной манере Розановой, лапидарном локальном колорите, в расчленении сложных форм на простейшие геометрические, самоценность которых подчеркнута черным контуром, наконец, в нейтральности фона, равнозначной его отсутствию, есть много общего со стилистикой протосупрематических эскизов Малевича. В одновременном изображении четырех тузов (кат. 77) существует уже только геометризованный «первоэлемент» карточного знака: ромб, окружность, крест. Те же формы обыгрываются в коллажах к «Заумной гниге» (кат. 218, 219) — в двух вариантах ее обложки[15]. На эту тему есть еще один коллаж 1915 года из цветной бумаги (кат. 217): по краям белого листа наклеены вырезанные из красной и белой бумаги четыре карточных масти, а в самом центре, на сиреневом прямоугольнике, горит алое сердце — знак червонной масти. Это сердце, наклеенное на обложку в ее окончательном варианте, было вырезано из красной глянцевой бумаги, будто припечатанной к обложке настоящей пуговицей, тоже наклеенной (кат. 311). В этой композиции сделан следующий шаг навстречу супрематизму, в котором основной структурной единицей становится, как известно, «цветоформа». Алогизм коллажа с пуговицей на «червонном сердце» — сейчас он кажется робким предвестником ready-made Дюшана — был идеальным визуальным соответствием заумной поэзии Кручёных и Алягрова.

Магия карт и карточной игры — цветоформы, символической метафоры действия и визуального знака — стала идеальным «материалом» для воплощения на самых разных семантических уровнях одного из определяющих понятий в теории и практике авангарда — понятия игры, иррационального, алогичного, случайного.

[15] Первоначальный эскиз обложки, не включенный в издание, находится в Государственном музее В.В.Маяковского в Москве (см. наст. изд., кат. 219).

Война

«Заумная гнига» была последней из футуристических книг, сделанных Кручёных вместе с Розановой. Правда, в самом начале 1915 года вышел первый сборник «Стрелец» (изданный А.Э.Беленсоном), в котором работы Розановой и Кручёных, принявших в нем участие наряду с другими авторами, оказались под одной обложкой (кат. 308–310). В этом сборнике, изданном в традиционной манере, на дорогой плотной бумаге, с включением цветных репродукций, Беленсон впервые попытался объединить два ранее непримиримых литературных лагеря — символистов и футуристов. Реакция части прессы, близкой футуристическому лагерю, была недоуменной: «Блок и Бурлюк, Сологуб и Кручёных, Кузмин и Маяковский, З.Венгерова и Хлебников... Действительно ли это жертвенность или только новая страничка в жизни "молодящихся старичков", с одной стороны, с другой — последний трюк исчерпавших себя эксцентриков? <...> Что такое Стрелец — большое литературное явление или только... небольшая литературная авантюра?»[1]

Выход этого сборника, справедливо названный Михаилом Матюшиным «похоронной процессией кубофутуризма», стал одним из знаков конца целой эпохи в истории авангарда — между «вчера» и «сегодня» разверзлась пропасть.

В живописи и графике Ольги Розановой рубежа 1914–1915 годов свежие ростки новой поэтики, заставившие искать не только иную живописную стилистику, но и подчинить ее, по словам художницы, «новой эстетической психологии», соединились с наиболее плодотворными техническими завоеваниями кубофутуризма. Эта двойственная природа создает особое ощущение «непохожести» и «непредсказуемости» ее работ 1915 года, как бы балансирующих на неуловимой грани между предметным и беспредметным. Она прослеживается и в цикле «Игральные карты», не имеющем аналогий ни в русской, ни в европейской живописи, и в уникальном альбоме линогравюр «Война» на стихи Кручёных, ставшем шедевром русской печатной графики XX века (кат. 323–338).

Эта работа была задумана еще зимой 1914–1915 года, но только летом, получив предложение А.Шемшурина, который по

[1] *Ховин В.* Безответные вопросы // Очарованный странник. М., 1915. Вып. 7. С. 10.

просьбе Кручёных согласился финансировать издание, напечатать военные гравюры, художница вернулась к осуществлению своего замысла:

«Многоуважаемый Андрей Акимович!

Алексей Елисеевич Кручёных мне недавно сообщил в письме, что Вы мне предлагаете напечатать *гравюры на тему войны в характере моих игральных карт* и высказали желание оказать материальную помощь этому изданию <...>

О.Розанова. Обложка кн. А.Кручёных «Война» (СПб., 1916) (кат. 323)

Я не знаю, как сейчас вообще продаются книги, а потому не знаю, в каком количестве издавать военные гравюры. *Может быть, тоже достаточно, как в прошлом году, сделать 150 альбомов (1500 снимков).* Если Вас не затруднит, буду очень Вам благодарна, если вышлете деньги для издания...»[2]

В письме от 19 июля она также сообщала Шемшурину:

«Рисовать и печатать начну немедленно. Думаю большое количество экземпляров сделать на белой бумаге. И даже обложку белую <...> Благодарю Вас за пожелание успеха...»[3]

К этому времени она окончательно определила для себя новую технику — цветной линогравюры — и успела опробовать ее. В первом письме к Шемшурину Розанова сообщала, что цикл задуман «в характере моих игральных карт». Она имела в виду свои работы 1914 года, когда впервые использовала в книге технику цветной линогравюры с раскраской шаблона вручную, каждый экземпляр непосредственно выходил из рук художника и обладал рукотворностью и неповторимостью рисунка.

«Очень порадовало, что О.Розанова будет иметь возможность заняться гравюрами, — это художник еще молодой, но очень преданный, и предательства с его стороны нельзя ждать — не чета Бурлюкам!» — пишет Кручёных издателю, узнав о начале работы[4].

В окончательном виде цикл представлял собой книгу-альбом, составленную из 15 несброшюрованных листов — из них

[2] Письмо О.Розановой А.Шемшурину. <Июль 1915 г.> (ОР РГБ. Ф. 339. Оп. 5. Ед. хр. 14. Л. 3–6).

[3] Письмо О.Розановой А.Шемшурину от 19 июля 1915 г. (ОР РГБ. Ф. 339. Оп. 5. Ед. хр. 14. Л. 1–2).

[4] Письмо А.Кручёных А.Шемшурину от 2 августа 1915 г. (ОР РГБ. Ф. 339. Оп. 4. Ед. хр. 1. Л. 4).

десять линогравюр на тему войны; на остальных пяти листах Розанова в той же технике отпечатала стихи Кручёных. В оформлении обложки и одного из листов художница использовала коллаж из цветной бумаги. Работа была завершена в январе, и Ольга Розанова писала Шемшурину:

«Очень была бы Вам благодарна, если бы Вы, не щадя меня, высказали свое мнение об издании и указали бы все дефекты.

Посылаю Вам пока один №, так как все обложки сейчас в типографии <...>

Жду от Вас приговор и советов, что делать дальше с изданием <...>

Хотя очень остро чувствую свои недостатки в этих книжках, но без колебания могу сказать, что это самое лучшее, что я в печатном творчестве сделала до сих пор, и технически сильнее всего предыдущего, и содержательнее, и самобытнее...»[5]

Эти слова, однако, не означают, что альбом Розановой можно рассматривать в отрыве от всего сделанного ею ранее. «Война» являет собою пример логической эволюции стилистики футуристической книги, наиболее цельный вариант «малого синтсза».

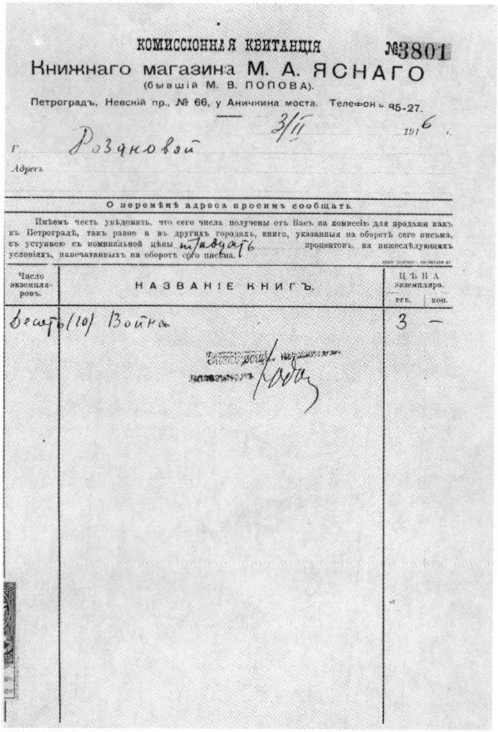

КОМИССІОННАЯ КВИТАНЦІЯ №3801
Книжнаго магазина М. А. ЯСНАГО
(бывшій М. В. ПОПОВА).
Петроградъ, Невскій пр., № 66, у Аничкина моста. Телефонъ 85-27.
3/II 1916.
г. Розановой
Адресъ
О перемѣнѣ адреса просимъ сообщать.
Имѣемъ честь увѣдомить, что сего числа получены отъ Васъ на коммиссію для продажи какъ въ Петроградѣ, такъ равно и въ другихъ городахъ, книги, указанныя на оборотѣ сего письма, съ уступкою съ номинальной цѣны тридцать процентовъ, на нижеслѣдующихъ условіяхъ, напечатанныхъ на оборотѣ сего письма.

Число экземпляровъ.	НАЗВАНІЕ КНИГЪ.	ЦѢНА экземпляра. руб.	коп.
десять (10)	Война	3	—

Квитанция из книжного магазина о приеме альбома О.Розановой «Война» на комиссию для продажи. 1916. Архив А.М.Родченко и В.Ф.Степановой, Москва

Одним из основных принципов поэтики русского авангарда 1910-х годов (как, собственно, и любого новаторского направления, основанного на разрушении общепринятого канона) явилось, по словам И.Клюна, создание «совершенно реального языка для выражения новых чувств и понятий»[6].

В структуре визуального и поэтического языка можно найти целую иерархию понятий-знаков, понятий-символов. В живописи это способствует сложению собственной иконографии и нового канона внутри авангарда — будь то канон целого направления, отдельной школы или отдельного художника. Одно из ряда таких смыслообразующих понятий,

[5] Письмо О.Розановой А.Шемшурину от 15 января 1916 г. (ОР РГБ. Ф. 339. Оп. 5. Ед. хр. 14. Л. 11–14).

[6] *Клюн И.* Примитивы в XX веке // *Кручёных А., Малевич К., Клюн И.* Тайные пороки академиков. М., 1915.

одно из слагаемых общей структуры — понятие войны, борьбы, битвы — в литературе и живописи авангарда модифицировалось не только на сюжетном, но и на формальном уровне. Мифологизация этого понятия была своего рода продолжением романтической утопии, отразившейся в утопии авангарда. Война в поэтике авангарда имела мало общего с конкретикой мировой войны, разразившейся в 1914 году. Понятие войны — важнейшая составная любого эпоса и исторического мифа еще со времен философии искусства эпохи романтизма, утверждавшей право каждого художника на создание собственной мифологии из современного ему материала.

В альбоме современность и мировая война рассматриваются как составные этого синтеза, как ступени развития некоего организма, из собственных недр являющего свой, неведомый миру миф, которому нет аналогий в его исключительности, о значении и смысле которого мы можем только догадываться. Розанова находит оправдание, черпает силу и вдохновение как художник непосредственно в настоящем, ни на йоту не отступая от основной идеи своего творчества: «Творчество — величайший акт презрения ко всему, что извне и изнутри нас, к очевидности, и величайший акт внимания к тому, что намечается, грядет.

Творит только тот, кто предчувствует себя новым, не похожим ни на что.

Чтобы дать гениальное, нужны наличность величайшей остроты сознания реального и исключительная сила воли для того, чтобы, отрекаясь от прошлого, не смешать его ложного, одряхлевшего образа с возникающим новым»[7].

Мировая война заставила вновь переосмыслить нравственные и духовные ценности человеческого бытия, всмотреться в прошлое. Чтобы понять происходящее, необходимо было вырвать сознание из хаоса войны и острее ощутить место современности в истории и «предназначение» войны в этой современности и в собственной судьбе, увидеть «демона времени»: «Поле сражения, поле вторжения истории в жизнь <...> Годы следовали, коснея в своей череде, как бы по привычке. Не по рассеянности ли? Кто знал их в лицо, да и они — различали ли и они чьи-либо лица?

И вот на исходе одного из них, 1914 по счету <...> в огне и дыме явился он вам, и вам одним лишь, — демон времени»[8].

Война — как любое другое событие — не могла изменить или прямо повлиять на внутренние закономерности эволюции художественного процесса, но могла так или иначе косвенно преломиться в мировоззрении художника. Редкие интересные и та-

[7] *Розанова О.* Супрематизм и критика (см. наст. изд. С. 204).

[8] *Пастернак Б.* Черный бокал // *Пастернак Б.* Об искусстве. М., 1990. С. 130.

О.Розанова. Битва. Из кн. А.Кручёных «Война» (СПб., 1916) (кат. 328)

лантливые произведения на военную тему принадлежат тем, кто в этот период нашел в ней определенное «созвучие», возможность реализации сложившейся в их творчестве «сверхзадачи». В этом ряду — уникальный альбом Розановой и Кручёных.

Военная тема получила неожиданное и глубокое преломление в живописи и графике молодого поколения русских авангардистов, которых война коснулась непосредственно, вторгшись в их судьбы, — на фронт были призваны М.Ларионов, М.Ле Дантю, А.Шевченко, В.Чекрыгин, П.Филонов, К.Малевич... Широкую известность получили работы Маяковского, Малевича, А.Лентулова и Чекрыгина, вышедшие в издательстве М.Сабашниковой «Сегодняшний лубок». В жанре, близком лубочной книге, выполнила цикл «Мистические образы войны» Н.Гончарова.

Разразившаяся война предстала для современников не абстрактной темой, а каждодневной действительностью, которая соприкоснулась с их собственной жизнью, в той или иной мере изменив привычный ход времени. Она не могла не задеть тысячи мужчин и женщин, испытавших страх за жизнь своих близких.

Поразительным свидетельством времени является письмо Ольги Розановой, отправленное Кручёных осенью 1914 года:

«О снах своих, я не знаю, как тебе и говорить! Они для тебя вряд ли интересны, а меня именно прежде всего они-то и привели в то состояние, которое ты порицаешь.

К.Малевич. «Глядь, поглядь, уж близко Вислы...». 1914. Литография. Государственный Русский музей, Санкт-Петербург

<... >Видела я тебя, будто ты лежал у нас на дворе, и массу толпившегося народа. Ты болен и не мог встать и идти, вроде как бы без памяти. Нужно было тебя перенести в наш дом, но, кроме меня, не было никого, кто бы желал это сделать. Словом, ты умирал и тебя оставляли умирать.

А из наших окон смотрели и недоумевали, почему я около тебя и кто ты. При этом если тебя внести в дом, то нас всех кто-то должен перебить, расстрелять, а если тебя не внести, то ты умрешь, и вот эту-то задачу я и должна была разрешить. Само собой, одна я не могла унести тебя, а помочь мне никто не хотел, и я только держала тебя за руки и смотрела, как ты умираешь, и отвратить ничего не могла.

Когда же потом была объявлена война и я от тебя долго писем не получала, сон этот меня замучил, и я решила, что ты мне не пишешь, не желая меня беспокоить. И что не нынче-завтра то, что я видела во сне, произойдет наяву <...>

Второй сон приснился вскоре после первого, но уже после объявления войны, хотя до твоего письма, а потому усугубил мой ужас...»[9]

Читая это письмо, нельзя не вспомнить слова другой русской художницы и поэтессы — Елены Гуро, записанные ею в дневнике 1912 года, незадолго до смерти: «...похвальная привычка все возбуждения горечи и горя переплавлять в вдохновенные порывы»[10]. Розанова смогла подчинить ужасы психологических мучений, ночных кошмаров неистребимому творческому импульсу. Все это реализовалось в ее военных линогравюрах как невероятный, напряженный синтез личного переживания и философской отстраненности наблюдателя, художника, — гениальный сплав духовной силы, боли и чистоты дара.

Война как тема перелома, катастрофы и обновления — или отчаянной безоглядной погибели их в огне, как неуловимая грань между жизнью и смертью и высшее откровение, которое является человеку только в этот момент, — все это было в традиции русского искусства и тесно смыкалось с религиозной темой, темой Апокалипсиса.

Десятилетие между двумя русскими революциями (1906–1918) — время, захлестнутое «потоком предчувствий», время поиска и новаторства, — было особенно чувствительно к этим проблемам. Трагизм и уникальность исторической ситуации состояли в том, что со всем этим «предчувствием» некой мистической духовной битвы совпали конкретная жестокость и бессмысленность войны, ставшей на несколько лет еще одной «великой иллюзией» нового искусства. В одной из ранних военных статей Маяковский, по чьим произведениям 1914–1916 годов можно подробно проследить всю эволюцию отношения художественной интеллигенции к войне (от восторга — до разочарования и неприятия), с дерзкой искренностью писал: «Как русскому, мне свято каждое усилие солдата вырвать кусок вражьей земли, но как человек искусства, я должен думать, что, может быть, вся война выдумана только для того, чтоб кто-нибудь написал одно хорошее стихотворение»[11].

[9] Письмо О.Розановой А.Кручёных. <Осень 1914 г.> (Частное собрание, Москва).

[10] *Гуро Е.Г.* Дневники последнего периода (РГАЛИ. Ф. 143. Оп. 1. Ед. хр. 3).

[11] *Маяковский В.В.* Полное собрание сочинений: В 13 т. М., 1955. Т. 1. С. 304.

Большое количество произведений, вдохновленных войной, дал экспрессионизм. Среди них графические и живописные циклы немцев Отто Дикса, Кете Кольвиц, Макса Пехштейна, а также отдельные литографии на эту тему Э.Барлаха; знаменитый цикл «Misèrere» француза Жоржа Руо и, наконец, литографический цикл Натальи Гончаровой «Мистические образы войны» (1914), выполненный в стилистике неопримитивизма — русского варианта экспрессионистского мышления[12].

Итальянский футуризм — Ф.-Т.Маринетти, У.Боччони, Дж.Северини, К.Карра — выдвигал, как известно, не только эстетическую, но и политическую программу, пропагандировавшую войну как путь к возрождению страны. В создании визуального языка этого направления немалую роль сыграли динамика, ритм, «массовый жест» битвы. Проблему самоценности и стремительности времени, так занимавшую итальянских футуристов, правомерно связать с понятием битвы, которая всегда обладает особой шкалой отсчета времени и является сильнейшим проявлением принципа динамизма, симультанизма как нерва жизни. Русский футуризм по духу и восприятию мира часто был полной противоположностью итальянскому. Бердяев, поднимая это чисто эстетическое понятие до уровня мировоззрения, писал: «Нужно принять футуризм, постигнуть его смысл и идти к новому творчеству <...> Мы, русские, наименее футуристичны в этой войне <...> Футуризм должен быть пройден и преодолен и в жизни, и в искусстве. Преодоление же

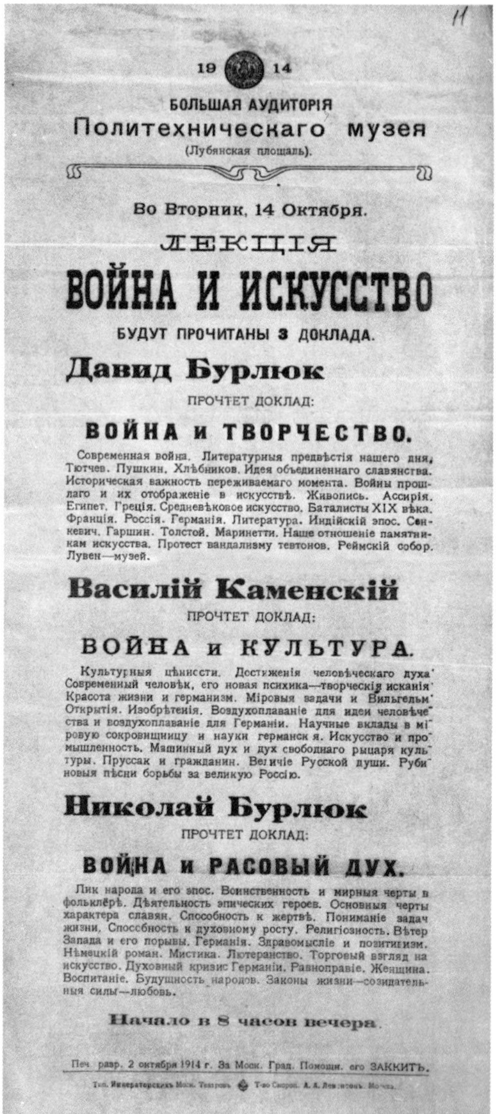

Афиша вечера «Война и искусство» в Политехническом музее в Москве. 14 октября 1914

[12] См. об этом: *Гурьянова Н.А.* Военные графические циклы Гончаровой и Розановой // Панорама искусств. М., 1989. Вып. 12.

возможно через углубление, через движение в другое измерение, измерение глубины, а не плоскости, через знание — не отвлеченное знание, а знание жизненное, знание-бытие»[13]. Альбом цветных линогравюр Ольги Розановой на стихи Кручёных «Война» был задуман в русле именно такого художественного направления, как футуризм, но в своей завершенности он вышел за его границы, «преодолел» его.

Можно сказать, что для нее, как и для поэтов-будетлян — Кручёных, Хлебникова, Маяковского, обращение к теме войны было обусловлено той самой «внутренней необходимостью», которая, как считал Кандинский, и есть главный критерий в искусстве.

Семантика понятия «война» в новом искусстве достаточно сложна — это в большей степени метафора, нежели сюжет. Оно было неразделимо связано с пониманием новаторства, идеей разрушения старых форм во имя созидания нового. Борьба направлений в искусстве настойчиво ассоциировалась с войной — вплоть до устойчивых форм риторики в манифестах начала 1910-х годов (например, в «Пощечине общественному вкусу» 1912 года или в манифесте «Союза молодежи» 1913 года). «Мы будем без конца тревожить сон ленивых, увлекая все новые и новые силы к вечно новой и вечно прекрасной борьбе» (манифест «Союза молодежи»). В.Кандинский одним из первых начал проводить эту параллель: между художником, «творцом», и мифологическим всадником — змееборцем, побеждающим Дракона. Другой лидер «Синего всадника» (группы, во многом ориентировавшейся на новое русское искусство), Франц Марк, в одной из статей связывает войну, воспринимавшуюся им как героический миф классической античности, и развитие новых художественных форм. Столь же сложное понятие войны-борьбы разрабатывается в довоенной поэзии русских «будетлян» В.Хлебникова и А.Кручёных. Своего рода синтетической кульминацией этого явилась опера «Победа над Солнцем», поставленная футуристами.

«ВОЗМУЩАЙТЕСЬ:

даже враги русских футуристов отдают должное их подвигам:

Наши футуристы серьезно, а может быть, и не без причины претендуют на роль пророков в настоящей войне... по пророчеству сам Вильгельм II в опере — главный похититель солнца...

Футуристам свою оперу не мешало бы повторить, чтобы публика могла воочию убедиться, как бред... неожиданно может найти аналогичные отзвуки и краски в нашей сегодняшней кошмарно-кровавой действительности»[14].

[13] *Бердяев Н.* Кризис искусства. М., 1918. С. 23. (репр.: М., 1990).

[14] Этот отрывок из статьи К. Баранцевича был помещен Кручёных на последней странице книги «Тайные пороки академиков» (М., 1915; на обложке — 1916).

Н.Гончарова. Ангелы и аэропланы. Литография из альбома «Мистические образы войны» (М., 1914)

В атаке на буржуазную мораль и академизм многие деятели авангарда использовали «слова-выстрелы» — «революция», «битва», «футуристические бои», подчеркивая эти параллели.

Не случайно Первая мировая война в сознании деятелей нового искусства была не просто войной против конкретного врага, но долгожданным рубежом, предвестием конца, смерти эпохи и преддверием грозного, непознанного нового.

Война в цикле Розановой и Кручёных — не только событие катастрофы уничтожения, но сам факт мучительного рождения неизведанного, страшного своей силой, неистового времени. Они смогли интуитивно выразить предчувствие будущего России, «которая, вырвавшись из одной революции, жадно смотрит в глаза другой, может быть более страшной»[15].

Символика Розановой в этом цикле, как и поэтический язык Кручёных, очень субъективна, неуловима, интуитивна. «Война» ошеломляет внезапным ощущением сопричастности, как свидетельство, возведенное в степень эпического символа: фантастическое сближение реальности, суровой документальности военного быта, газетной хроники и гротеска, самобытной художественной метафоры. В этом цикле, как, впрочем, и в «военных» стихах Хлебникова и Маяковского, можно найти иконографические мотивы, связанные с евангельской темой.

Розанова использует строки из газет непосредственно как основу для двух листов цикла, которые так и названы ею — «Отрывки из газетного сообщения». Слово не поэтическое — нарочито безличное, безымянное слово хроники, документальные и лаконичные строки военной летописи «врываются» в изображение. Вырванные из привычного контекста, они буквально оглушают, заставляют вслушаться в возвращенную строке подлинность, первозвучность и трагичность. В сцене расстрела мирных граж-

[15] *Блок А.* Пламень // День. 1913. 28 окт.

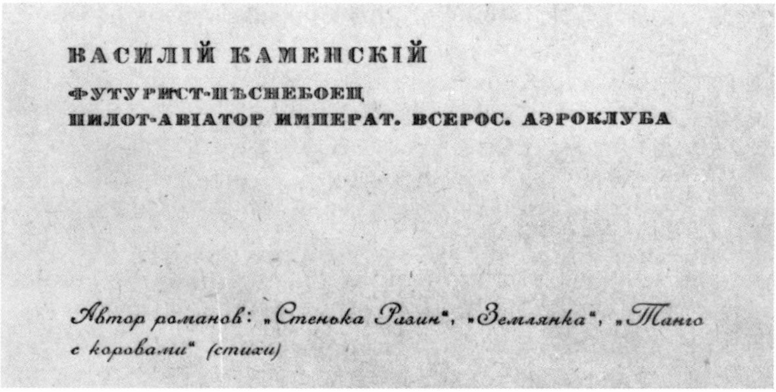
ВАСИЛІЙ КАМЕНСКІЙ

ФУТУРИСТ-ПѢСНЕБОЕЦ

ПИЛОТ-АВІАТОР ИМПЕРАТ. ВСЕРОС. АЭРОКЛУБА

Автор романов: „Стенька Разин", „Землянка", „Танго с коровами" (стихи)

Визитная карточка В.В.Каменского

дан (кат. 332), которую Розанова решает, почти кинематографически монтируя одновременное изображение переднего и заднего планов, она обозначает траекторию полета пули, выпущенной из винтовки, — тем самым как бы подчеркивая бесконечность остановленного мгновения.

Скупой отрывок из газетного сообщения вырастает в зримую — «с ужасом» — трагедию (кат. 331). Сцена смерти превращается в сцену бессмертия. То, что обыденно и привычно безымянно в военной хронике, — по самой сути своей никогда не может быть обыденном и безымянным. Трудно представить себе более сильное, драматическое и простое воплощение этой истины.

Поверженный, жертва — одна из ведущих тем в цикле раскрывается в листе «Аэропланы над городом» (кат. 327). Символика, «образ» аэроплана притягивал многих футуристов. Бурлюк пишет в воспоминаниях, что Хлебников «увлекался авиацией с точки зрения словотворчества». Василий Каменский был летчиком. Малевич несколько раз изображал аэроплан в рисунках и создал известный «Портрет Авиатора». Может быть, для них символика аэроплана отчасти означала свободу новаторства, а в чем-то сплеталась с чисто русской футуристической темой «вочеловеченной», ожившей машины. У Розановой это — «прыгнувший с аэроплана», распластанный человек-иероглиф, странно повторяющий очертания аэроплана — своего двойника, чья поза, данная багряным контуром, напоминает позу распятого человека. Этот символ будет почти дословно повторен Розановой в последующих листах — в «Отрывках...», «Битве в городе» (кат. 334), «Поединке» (кат. 335). Напоминание о евангельской теме Распятия наиболее ясно прочитывается в образах «распятого германцами» и солдата, вонзившего в его сердце штык ли, копье... (кат. 331).

Розанова воздействует на зрителя через двойное отражение реальности: непосредственная констатация факта в газетной строке, и — уже этой газетной строки — субъективное, эмоционально раскрытое прочтение Розановой, собственное ее откровение; подобно «свидетельскому показанию» Кручёных, подхватившему, давшему в стихотворении поэтическую интерпретацию газетной строки:

с закрытыми глазами
видел пулю
она тихонько
кралась к поцелую.

Взяв за основу документальные строки, Розанова избегает документальности и злободневности, находит в себе силы преодолеть ее притяжение, ложный пиетет перед нею, который так или иначе испытывает каждый художник, обратившийся к факту истории.

В открытых «глазах газет» она читает новую трагедию великого мифа: газетной строке придано всесилие библейского текста. Смелость, эмоциональная исповедальность новаторства сближает ее с мировосприятием Маяковского «Войны и мира», у которого «новизна времен была климатически в крови»[16].

Розанова, скорее всего, была знакома с коллажами кубистов и итальянских футуристов, в которых использованы вырезки из газет как объективное свидетельство, имеющее общий привкус материальности, конкретности. Однако она не прямо следует этому приему и делает текст рукотворным, вырезая его на шаблоне, как и изображение. Этот текст ею прочитан, пережит, выстрадан. Подобно тому как поэты-футуристы стремились вернуть в своих стихах слову первоначальную чистоту и силу, самоценность каждого звука, Розанова возвращает зрительному образу слова то ощущение драгоценности, весомости каждой буквы, которое присутствует в ранних образцах старорусского печатного лубка, где текст создает особую, сложную фактуру, организует композиционную и ритмическую изобразительную структуру листа. В лубке на дереве середины и конца XVII века слово и образ равнозначимы и не разделяются в восприятии художника и зрителя, важнейшей

[16] *Пастернак Б.* Избранное. М., 1986. Т. 2. С. 233. В художественной поэтике Маяковского раннего периода и Розановой есть некоторые общие стилистические черты. Н.Стапанян в своей книге «Mayakovsky's Cubo-Futurist Vision» (Rice University Press, 1986) дает любопытный сравнительный анализ стихотворения Маяковского «Порт» и одноименной картины Розановой.

задачей становится участие текста в создании общей композиции, легкочитаемость текста отходит на второй план и не является обязательной. Слова выстраиваются в своеобразные разрастающиеся прямоугольники, они чем-то напоминают каменные резные плиты, стелы, заполненные буквенным орнаментом, будто поставленные в пространстве изображения, — отсутствие интервалов между словами, трудночитаемые переносы способствуют этому впечатлению (кат. 331, 332).

Вспоминаются слова талантливого поэта Николая Бурлюка, который утверждал, что одни и те же слова «звучат различно» на камне или на меди: «...поэтическое слово — *чувственно.* Оно соответственно меняет свои качества в зависимости от того, написано ли оно, или напечатано, или мыслится. Оно воздействует на все наши чувства <...>

Громадное значение имеет расположение написанного на бумажном поле»[17].

О.Розанова. Поединок. Из кн. А.Кручёных «Война» (СПб., 1916) (кат. 335)

В композиционном решении текста на листе и даже в рисунке шрифта Розанова очень близка стилистике старорусского лубка (кат. 326, 330, 333, 336, 338). Фактура некоторых листов почти аналогична фактуре нераскрашенного снимка лубка на дереве — неровная, шероховатая, поглощающая погрешности отпечатков, которые в силу этого не воспринимаются как досадные дефекты и входят в общую структуру, не нарушая ее.

Одной из основных неудач альбома она считала лист с оглавлением и несколькими стихотворениями Кручёных, по недоразумению отпечатанный в типографии. Тема битвы, единоборства, противостояния стихий становится у Розановой лейтмотивом цикла. Эту тему она повторяет, каждый раз акцентируя какой-нибудь один аспект: от разрушительной «Битвы в городе» (кат. 334), сконцентрировавшей в себе динамику жизни, динамику мгновения, в жестких разорванных контурах и сбоях

[17] *Бурлюк Н.* Поэтические начала // Футуристы: Первый журнал русских футуристов. М., 1914. № 1–2.

О.Розанова. Разрушение города. Из кн. А.Кручёных «Война» (СПб., 1916) (кат. 325)

ритма, — до единоборства в символическом «Поединке» (кат. 335), застывшем, вечном, неразрешимом в треугольной арке радуг (художница включает в изображение абстрактные геометрические формы). До торжественной полифонии «Битвы в трех сферах» (кат. 337), где красный — цвет и смерти, и новой жизни, перерождения, грядущего и обретенного в битве, звучащей как апофеоз.

Самоценность и стремительность времени правомерно связать с понятием битвы — сильнейшего проявления динамизма как нерва жизни.

Эта тема тесно переплелась с темой города и темой машины, во многом адекватными в интерпретации футуристов, поэтизировавших лаконичную функциональность и одновременно стихийную неподвластность человеку внутренней силы машины, города, сражения, всегда подчиненных одним и тем же собственным законам.

Розановский город пуст, фантастичен и мрачен.

В одном из собственных поэтических набросков Розановой это звучит так:

Трупом застылым
Глядит незримо
Мертвое око окон
Черной гривой
Покрыл землю аспидный конь[18].

Гибель города трагична — столь же трагична, как убийство человека; в ней есть что-то от саморазрушения: глаз зрителя не

[18] Благодарю А.Н.Лаврентьева за предоставленные мне машинописные оригиналы стихотворений Розановой (Архив А.М.Родченко. и В.Ф.Степановой). См. наст. изд. С. 216.

сразу выделяет пушки из общей картины, они тоже кажутся частью города, его организма – неостановимой, роковой языческой силы бунтующей машины, бунтующего оружия (кат. 325). Здесь нет места человеку – только ядрам, выдыхаемым пушками, только оседающим плоскостям домов. Это борьба машин, борьба стихий, переданная в стихах Кручёных через консонанс согласных звуков «ж», «з», «с», напоминающий скрежет металла.

Железо звенит, железо
Свистит
Дайте пожить и железу.

Розанова создает не столько образ города, изначально обреченного на войну, сколько изображает войну в городе, ставшем «мышеловкой» и для человека.

Стремясь к универсальному запечатлению мотива, который вновь и вновь возвращается к ней и столь созвучен ее душе и ее «credo», Ольга Розанова, параллельно живописному «Поединку», создает звучащий поэтический образ. В своих стихах 1917 года она вступает уже в поэтический «диалог» с Кручёных:

Из убравно скатерно
Дымно четких плит
  Звук копыт
  Лязгает
Под подковами ломко
  Свод
  Гнет
  Стелет
Накренясь камнем шамкает
Ломит вызкую мглу
Сумерек гнилистых
  Низ
  Верх
Стонет заревом
Стынет багряно
Рвя занавес
В небе обрызганных звезд
Рвет гам криков[19].

Ее стихи подчинены тому же канону, что и гравюры: в них еще есть изобразительность и предметность, вызывающая «вибрацию» полуосознанных воспоминаний, намеков, видений, – но все это невесомо, имматериально, как неясное отражение на ряби воды. Привычная связь между предметами – в изображении и словами – в стихах разрушена.

[19] См. наст. изд. С. 215–216.

В альбоме и предмет, и слово, соединенные по принципу «неправильности», «подразумевания», подчиняются одному формообразующему элементу — ритму, и эта связь создает целостную органическую динамику стихов и рисунка.

Розанова находит и другие пути для реализации, претворения своего субъективного ви́дения: линию вытесняет коллаж (цветные наклейки из бумаги), и с помощью этих цветовых плоскостей возникает новое «измерение» пространства.

Эти наклейки (на обложке и листе «Аэропланы над городом» (кат. 323, 327)) Розанова выполнила после того, как работа над гравюрами уже была практически завершена.

Одновременно с этим она тщательно готовилась к «Последней футуристической выставке 0,10», запланированной на начало декабря 1915 года.

1915 год. Алогизм. Коллаж

1915 год задал новый, еще более стремительный ритм и темп жизни и искусству русского авангарда, «заставляя мозг врываться в границы вчера неведомого»[1]. Начало этого года застает Ольгу Розанову в Петрограде. В художественной хронике Петрограда этот год был как бы «обрамлен» двумя выставками: мартовской «Первой футуристической выставкой картин Трамвай В», которая, по сути, была «последним прощанием» с устоявшейся и исчерпанной эстетикой кубофутуризма последних двух лет, и «Последней футуристической выставкой 0,10», целиком устремленной в будущее и открывшей сезон 1915–1916 годов. На этой чуть ли не самой известной из авангардистских выставок впервые был показан супрематизм Малевича и его соратников И.Пуни, И.Клю-

Афиша выставки «Трамвай В». 1915

Афиша выставки «0,10». 1915

[1] *Маяковский В.В.* Полное собрание сочинений: В 13 т. М., 1955. Т. 1. С. 397.

на, М.Менькова, К.Богуславской и О.Розановой, декларировавших «борьбу за освобождение вещей от обязанности искусства». Выставке «Трамвай В» по духу соответствовала прошедшая одновременно с ней московская «Выставка живописи 1915», где в контррельефах Татлина, объектах Ларионова, Д.Бурлюка, Маяковского и Каменского в полный голос прозвучал отказ от станковизма.

О.Розанова. Комната. (Interieur). 1915 (кат. 59)

Один календарный год аккумулировал в себе многосложный этап перехода не только к качественно новой эстетике, но и к совершенно иной философии искусства, отразившейся во взаимоисключающих на первый взгляд и ныне хорошо известных теориях Малевича и Татлина. Одним словом, этот год как бы дал исторический срез, в котором проявились главные пути будущего развития авангардной идеи от кубофутуризма к супрематизму и конструктивизму.

Если рассмотреть последовательно появление работ Розановой на выставках этого года, то нельзя не заметить настоящую метаморфозу ее искусства: от вполне «ортодоксального» кубофутуризма в произведениях, представленных на выставке «Трамвай В», к неожиданным и исключительным в ее творчестве рельефам «Автомобиль» (кат. 98) и «Велосипедист» (кат. 99) на выставке «0,10», в которых футуристическая идея ритма и динамизма воплощается в лаконичных, супрематических по духу формах (полусфера, треугольник, прямоугольник), обогащенных пространственной и объемной реальностью рельефа. Экспонированные на последней выставке три живописные композиции — «Шкаф с посудой» (кат. 57), «Рабочая шкатулка» (кат. 63), «Письменный стол» (кат. 62) — вместе с картинами «Парфюмерный магазин» («Парикмахерская») (кат. 61), «Часы и карты» (кат. 64), «Комната» (кат. 59) составляют единый ряд, обладающий собственной жанровой и стилистической общностью. Обособленный и от предшествующих работ 1913–1914 годов, и от ее «классического» супрематизма последующего периода, этот «ряд» явился как бы связующим звеном между ними[2].

Эксперименты в области новой для Розановой техники, освоение незнакомого материала шли параллельно работе над коллажами для цикла «Война». Обо всех своих творческих сомнениях, находках и неудачах Розанова писала Кручёных, посылая ему в Баталпашинск эскизы своих коллажей и гравюр, советуясь с ним:

«Немало работы над композициями для выставки. И притом работы физически и технической, иногда очень трудной благодаря отсутствию некоторых инструментов. Очень рада, что наклейки мои тебе понравились. Нарисуй мне, какие ты выдумал.

Кроме композиций из разных материалов, буду писать картины масляные. Но, вероятно, сделаю не больше 5 штук <...>

Думаю Пуни на днях все-таки написать письмо, так как они моего первого, конечно, не получили...»[3]

Это было настоящее сотрудничество «в письмах».

«...Здесь у меня время не пропадает даром, и если все кончится благополучно, то я много вынесу из Баталпашинска!

Получил от О.Р. часть гравюр. В общем, они прямо великолепны! А я в частной жизни строгий критик...» — делился Кручёных своей оценкой с Шемшуриным[4]. Кручёных, «заряженный» теориями Малевича о беспредметности, с которыми он познакомился еще летом, был занят теми же проблемами. Его собственная работа над наклейками из цветной бумаги к «Вселенской войне» (именно их упоминает Розанова: «Нарисуй мне, какие ты выдумал?») продвигалась. («Много работаю над живописной стороной книги», — сообщает он Шемшурину в конце сентября.)

Несмотря на отдаленность от столицы, Кручёных старается быть в курсе всех литературных и художественных новостей — у него, как всегда, множество планов и затей: он разрабатывает новые идеи, задумывает издания новых книг, готовит статью для сборника «Тайные пороки академиков» и активно переписывается с друзьями.

[2] Произведения Розановой конца 1914–1915 г., на первый взгляд приближенные к кубофутуризму Малевича 1913–1914 гг., имеют с ними ряд глубоких расхождений. Это соединение противоречивых, неожиданных черт позволяет выделить работы Розановой 1915 г. в единую стилистическую общность.

[3] Письмо О.Розановой А. Кручёных. <1915 г.> (Частное собрание, Москва).

[4] Письмо А.Кручёных А.Шемшурину от 19 декабря 1915 г. (ОР РГБ. Ф. 339. Оп. 4. Ед. хр. 1. Л. 16).

Этот важный сборник, в котором в качестве авторов приняли участие Казимир Малевич и Иван Клюн[5], был напечатан летом в Москве. В это время Кручёных, приехавший на каникулы, и Малевич вместе жили на подмосковной даче в Кунцеве. «Свою статейку уже печатаю, о стиле – еще добавил...» – сообщает Кручёных Шемшурину в письме от 2 августа 1915 года[6].

О.Розанова. Сонные свистуны. 1915. Эскиз обложки к кн. А.Крученых «Тайные пороки академиков» (кат. 149)

На обложке своего издания соавторы решили поставить другую дату – «1916», что символизировало бы их устремленность в будущее. В это время Малевич уже начал разрабатывать свою теорию супрематизма (хотя сам термин еще не существовал) о новой, абсолютной беспредметности в искусстве. Он тщательно скрывал эти идеи от соперников, но делился ими со старыми, испытанными сотворчеством друзьями – Кручёных, Матюшиным, Клюном. «То, что было сделано бессознательно, теперь дает необычайные плоды», – пишет Малевич Матюшину в конце мая 1915 года о своем известном рисунке занавеси к опере «Победа над Солнцем». В нем он теперь увидел прообраз супрематизма, предчувствие «Черного квадрата»[7].

Этот процесс рождения новой теории проходил на глазах у Кручёных – его беседы с Малевичем (нашедшие свое частичное отражение в их переписке 1915–1917 годов и посвященные поискам структурных параллелей в поэзии и живописи) и совместная работа над сборником имели огромное влияние на поэта.

[5] И.Клюну принадлежит не только напечатанная в сборнике статья, но и оформление книги. По первоначальному замыслу Кручёных, ее должна была оформлять Розанова – сохранился акварельный эскиз обложки с надписью «Сонные свистуны», выполненный художницей (РГАЛИ. Ф. 1334. Оп. 1. Ед. хр. 1309). Возможно, Кручёных именно так предполагал назвать весь сборник (по названию своей статьи, напечатанной в нем), но затем остановился на другом варианте заглавия.

[6] Кручёных имеет в виду один из разделов своей статьи с подзаголовком «Тель але стиль литераторов». Письмо находится в ОР РГБ (Ф. 339. Оп. 4. Ед. хр. 1. Л. 4).

[7] *Малевич К.С.* Письма к М.В.Матюшину / Публ. Е.Ф.Ковтуна // Ежегодник рукописного отдела Пушкинского Дома на 1974 год. Л., 1976. С. 186.

Рядом с идеей абсолютной беспредметности в живописи развивались и его собственные тезисы о беспредметности в поэзии. Все это нашло отражение в статье «Сонные свистуны», в «Тайных пороках академиков» и в дерзком замысле создания уникального альбома, соединившего заумную поэзию и абстрактные визуальные формы, — «Вселенская война», работу над которой, если судить по одному из его писем к Шемшурину, Кручёных начинает именно в это время[8].

Кажется, что сам «воздух» этого лета был заряжен огромной энергией Малевича. Он снова ищет поддержки и хочет объединить старую «футуристическую троицу»: себя, Матюшина и Кручёных. В период подготовки к печати «Тайных пороков академиков» он задумывает журнал и призывает к участию в нем Матюшина:

«Мы затеваем выпустить журнал и начинаем обсуждать, как и что. Ввиду того, что в нем собираемся свести все к нулю, то порешили его наз<вать> “Нулем”. Сами же позже перейдем за нуль.

Очень было бы хорошо, если бы Вы смогли приехать, — есть комната и тихо вокруг. Только обеды — из березы, ландыша, воздушное на третье. Примитив коровенный. Тогда бы еще сильнее пошло у нас дело. Жму Вам руку. Ваш К.М.»[9]

Журнал издан не был, но его идея «выхода за нуль» частично реализовалась в декларативных текстах сборника «Тайные пороки академиков»:

«За ненадобностью я отказываюсь от души и интуиции, 19 февраля в 1914 году я отказался на публичной лекции от разума.

Предупреждаю об опасности — сейчас разум заключил искусство в 4-стенную коробку измерений; предвидя опасность 5-го и 6-го измерений, я бежал, так как 5-е и 6-е измер. образуют куб, в котором задохнется искусство.

Бегите, пока не поздно» (К.Малевич).

«Перед нами встала во всем своем величии грандиозная задача создания форм из ничего.

Приняв за точку отправления нашего прямую линию, мы пришли к идеально простой форме: прямым и круглым плоскостям (в слове — звук и буква). Простота формы обусловливается также глубиной и сложностью наших задач.

Глубоко ошибаются те, кто полагают, что мы творим (посвоему, конечно) в кругу искусства нашего времени, — нет, мы вышли из этого круга и стоим уже на пороге новой эры, новых понятий...» (И.Клюн).

[8] «Сейчас готовлю будущую книгу – может, к Рождеству; делаю рисунки, наклейки и проч.» (Письмо А.Кручёных А.Шемшурину. <1915 г.> ОР РГБ. Ф. 339. Оп. 4. Ед. хр. 1. Л. 8).

[9] *Малевич К.С.* Указ. соч. С. 186. По мнению Е.Ковтуна, из этого замысла выросла идея создания журнала «Супремус» – печатного органа группы супрематистов.

«Человек уже видит, что бывшие до него слова умерли, и пытается подновить, вывернуть наизнанку, положить заплатку...

Поэзия зашла в тупик, и единственный для нее почетный выход — не употреблять выживших образов-эпитетов — перейти к заумному языку» (А.Кручёных).

О.Розанова. Беспредметная композиция. 1915 (кат. 153)

Одной из главных тем переписки Розановой и Кручёных становится обсуждение новых идей Малевича. О самостоятельности взглядов Розановой можно судить по ее несколько скептической реакции на тексты Малевича и Клюна, опубликованные в «Тайных пороках академиков». В том же письме к Кручёных, в ответ на посланный ей экземпляр книги, она пишет:

«Плоскостная живопись (исключающая рельеф) была знакома даже древним грекам (вазы). *Она — основа* почти всех *панно.* Во всяком случае, рельеф там в своих правах ограничивается. Японская, китайская живопись и французские художники XIX века — Морис Дени, Пювис де Шаванн, Вюйар и другие — проводят те же стремления.

О Малевиче можно сказать: “они хотят казаться образованными и говорят о чем-то непонятном”. И еще: в его творчестве рассудочности и умничанья больше, чем в чьем-либо другом. Но для другого это не порок, а для человека, “отрекшегося на публичной лекции от разума”, как будто и не “таэ”»[10].

В то же время суть, «ядро», скрытое в этих идеях, Розанова, бесспорно, разделяла. В середине декабря, как это следует

[10] Письмо О.Розановой А.Кручёных. <1915 г.> (Частное собрание, Москва).

из ее писем, вернувшись из Владимира в Петроград, она сделала окончательные варианты наклеек для «Войны», несомненно ориентируясь в них на новый опыт геометрической абстракции супрематизма Малевича[11].

В «Аэропланах над городом» (кат. 327) традиционно футуристическая ментальность еще преобладает; несомненно, это один из самых сюжетных, «содержательных» листов цикла, обогащенный новыми техническими завоеваниями в области формы и фактуры: на сиреневом листе картона кроваво-красный прямоугольник соединяет три небольших отпечатка — одновременное изображение летящего аэроплана над городом, будто данное в негативе, и маленьких знаковых фигурок человека и аэроплана. Но черный круг, вырезанный из бумаги, «стягивает» композицию, воспринимается как объем, черный шар, огромная точка в мертвом пространстве — своего рода парафраз «Квадрата» Малевича.

О.Розанова. На улице. (Театр модерн). 1915 (кат. 60)

Обложка альбома (кат. 323) остается на сегодняшний день первым — и классическим — опытом супрематизма в печатной книжной графике. Лаконичность, законченность и торжественная строгость цвета (белый, синий, черный на желтоватом фоне обложки) и формы (прямоугольник, квадрат, круг и треугольник) позволяют сравнить эту композицию Розановой с самыми совершенными полотнами Малевича из представленных им на выставке «0,10». Тем не менее, на этой выставке не было ни одной картины Розановой, которую можно было бы безусловно назвать супрематической.

[11] Ссылаясь на письма Малевича, Е.Ковтун считает, что до открытия в декабре 1915 г. «Последней футуристической выставки 0,10» художник никому не показывал свои супрематические работы. Только Пуни случайно увидел их в его мастерской осенью (*Малевич К.С.* Указ. соч. С. 189).

В натюрмортах и интерьерах 1915 года — «Шкаф с посудой» (кат. 57), «Рабочая шкатулка» (кат. 63), «Парфюмерный магазин» (кат. 61), «Письменный стол» (кат. 62), «Комната» (кат. 59), «На улице» («Театр модерн») (кат. 60) — предмет, трактованный примитивно-иллюзорно, уже выступает в особом качестве: как знак, самоценная супрематическая форма.

Вообще в работах 1915 года как будто «спроецированы» все возможные пути дальнейшего развития творчества Розановой. В них заложена и возможность супрематизма (автономность плоскостных цветоформ, из которых, как правило, складывается «фон» в этих композициях), и «ростки» цветописи, проглядывающие в пристальном интересе к просвечивающим полупрозрачным плоскостям (изображению стекла) и во введении в композиции фрагмента светового луча, разложенного на цветовой радужный спектр (как, например, в «На улице» «Театр модерн»). Здесь есть и предчувствие будущего дада — в «перекодировке» предмета, вещи, поставленной в неожиданный контекст.

Пейзаж и портрет в это время практически отсутствуют в ее живописи, или лишаются своей жанровой природы. Так, например, это произошло в полотне «На улице» («Театр модерн»), сведенном к живописной конструкции, составленной из цветовых плоскостей, служащих фоном для «случайных» предметов, деталей, выхваченных взглядом прохожего, — однако при этом начисто отсутствует кубофутуристическая интонация, акцентирующая динамизм и симультанность мгновения. Эта композиция заставляет вспомнить «алогический» период кубофутуризма Малевича 1914 года, в частности такие вещи, как «Дама у афишного столба» или «Англичанин в Москве». Конструкция Розановой воспринимается как умозрительная картинка, как некий «заумный» ребус, предлагаемый зрителю, разгадка которого легка — она тут же, рядом:

Часы золотосе
реброкамнипри
ним
почи
роял
вело
иов

В этой картине законы построения живописной композиции и включенной в нее надписи-вывески, прочитанной как «заумное» стихотворение, — идентичны. Здесь запечатлен процесс перехода *слова* как семантической единицы речи в *звук*, в конкретной ситуации лишенный всякой семантики формообразующий элемент: «Сначала не было букв, был только звук <...> Из звука получилось слово. Теперь из слова получился звук. Этот возврат не есть идти назад. Здесь поэт оставил все слова и их назначение <...> И буква уже не знак для выражения вещей, а звуковая нота»[12]. Этот глубокий анализ «зауми», данный Малевичем в одном из писем к Матюшину, фиксирует неуловимый переход мира предметного, подчиненного законам логического смысла, в область абстрактной формы, поэтического, интуитивного. Он вполне применим и к живописи этого переходного этапа — этапа алогизма. Та же эволюция происходит и в «зауми» Кручёных этих лет, все больше тяготеющей к чисто эвфоническому письму. В полотнах конца 1914–1915 года Розанова пользуется изображением предмета, лишая его при этом смыслового контекста, как бы возвращая первозданность и самоценность его формы и цвета. Один из характерных натюрмортов такого рода — «Письменный стол» (кат. 62) — построен на двойственной иллюзии. Работая только маслом, не используя другие материалы, Розанова легко «подделывает» фактуру дерева, ткани, бумаги, подобно тому как это делалось в «обманках» XVIII–XIX веков. В отличие от них, эта имитация была выполнена именно в духе «подделки», легко разоблачаемой зрителем.

О.Розанова. Письменный стол. 1915 (кат. 62)

«Интересно, что и в русском искусстве XX века можно указать похожие на иллюзионистические натюрморты 18 века по композиционным принципам и набору предметов (но не по мане-

[12] Там же. С. 191.

ре исполнения) произведения, например Розановой», — признает исследовательница русского натюрморта И.С.Болотина. Имея в виду работу Розановой «Рабочая шкатулка» (кат. 63), она пишет: «Сходство это скорее внешнего свойства <...> Изображение плоских предметов в <...> распластанной композиции (как у Розановой) было способом вывести изображение на плоскость и преследовало отнюдь не иллюзионистические цели, но формальные: декоративные, игра материалами на грани подлинного (наклейка) и иллюзорного; смысл как раз — уничтожение иллюзорного мира, "старой" картины»[13].

Письменный стол воспринимается как соединение разных предметов, неизменно связанных в нашем восприятии с письменным столом: книга в старинной пестрой обложке, листы бумаги с печатным и рукописным текстом, измерительная линейка, барометр, большой черный вензель — подпись, знак владельца, личности; фрагмент надписи, составивший новое «заумное» слово, — излюбленный ход Розановой (кат. 62). Все эти предметы будто разыгрывают пред нами «сюжет» под названием «Письменный стол».

В чисто живописном отношении тончайшая нюансировка позволяет добиться иллюзии не в копировании предметов, а в интерпретации фактур, свойственных разным материалам. В таком подходе и скрываются корни собственно розановского подхода к проблеме абстракции в искусстве. Ее вариант супрематизма существенно отличается от супрематизма Малевича. Розанова приходит к беспредметности через предмет, вещь, через пристальное, внимательное отношение к вещи, точнее, к материалу... «Изобразительное искусство рождено любовью к вещи. Беспредметное искусство рождено любовью к цвету», — пишет Розанова в статье «Кубизм. Футуризм. Супрематизм» (1917). Абстрагировав само понятие «вещи», лишив ее бытовой конкретности и логической оправданности ее присутствия в полотнах 1915 года, Розанова пришла к замене ее цветоформами в супрематизме. Супрематическая живопись Малевича, напротив, во многом сознательно оторванная им от конкретности «ремесла», определялась в большей степени рациональными, искусственными логическими построениями. Можно сказать, что по своей первоначальной идее супрематизм Малевича был его собственной взрывной реакцией на «алогизм» предыдущих лет, реакцией, вылившейся в форму «интуитивного разума» супрематизма. Так как Розанова достигает этого чисто живописными средствами, не прибегая к коллажу, всё сводится к фактуре раз-

[13] *Болотина И.С.* Проблемы русского и советского натюрморта. М., 1989. С. 53, 57.

ных красочных пигментов, к взаимодействию цветовых плоскостей. В этой картине, как бы в предчувствии последующих цветовых композиций, категория цветоформы у Розановой выходит на первый план. Цвет компонует пространство, и на консонансе крупных цветовых плоскостей фо-на – черный квадрат справа внизу, красный прямоугольник, общий зеленоватый фон – строится композиция натюрморта.

В отличие от футуристической «Пивной» (1914, кат. 50) с ее динамикой и сложным ритмическим решением, во всех произведениях этого ряда присутствует математически точное построение статичной композиции, приближающейся к чертежу, что особенно заметно в таких вещах, как «Шкаф с посудой» (кат. 57) или «Часы и карты» (кат. 64). Предметы, изображенные в них, максимально приближены к простым геометрическим фигурам. Они окрашены в локальные тона, без намека на светотень или глубину, что создает ощущение отталкивающей лакированной поверхности, подобно фактуре наклеек из глянцевой бумаги. В них

О.Розанова. Пивная. (Аукцион). 1914 (кат. 50)

О.Розанова. Шкаф с посудой. (Буфет с посудой). 1915 (кат. 57)

нет ничего от традиционного натюрморта: их видимая «предметность», которая ввела в заблуждение даже такого проницательного критика, как Эфрос, обманна[14]. Их действительность, скорее, метафорическая действительность сновидения, остановленного, преодоленного времени, в котором отдельные предметы и их гипертрофированные, приобретающие самостоятельную значимость формы, детали «подвешены» в пустоте, но в пустоте названной, обозначенной — «комната», «улица» и т.д.

«Вещи имеют в себе массу моментов времени, вид их разный и, следовательно, живопись их разная. Все эти виды времени вещей и анатомия (слой дерева) стали важнее их сути и смысла. И эти новые положения были взяты кубистами как средства для постройки картин. Причем конструировались эти средства так, чтобы неожиданность встречи двух форм дала диссонанс наибольшей силы напряжения», — писал Малевич о роли вещи в кубофутуризме[15].

Детализация и видимая иллюзорность в изображении вещи в соединении с кубофутуристической стилистикой «разрыва» и «сдвига» форм дает необходимый художнику диссонанс «алогизма». Утверждение Эфроса об «интимности», «камерности» розановского таланта, которые он видит даже в выборе тем, легко опровергнуть — каждой из этих тем можно найти соответствие в кубофутуристической живописи Малевича (талант которого трудно назвать «интимным»). Так, «Рабочей шкатулке» Розановой соответствует «Туалетная шкатулка» Малевича (1913), «Письменному столу» — «Конторка и комната» и т.д.

Выбор этих похожих тем и их трактовка объясняются не «мужественностью» или «женственностью» художника, что чрезмерно подчеркивает Эфрос, а использованием таких, казалось бы, камерных, так тесно связанных с предметом и вещью мотивов, которые необходимы для разрешения живописных задач, нацеленных на разрушение предметности в искусстве.

Следующий шаг в развитии этой конструкции — замена предметов абстрактными формами.

Это и произошло в живописных супрематических композициях Малевича, в наклейках Розановой 1915 года (кат. 206–216) и в альбоме наклеек Кручёных «Вселенская война», в Предисловии к которому он написал:

«Эти наклейки рождены тем же, что и заумный язык, — освобождением твори от ненужных удобств (через беспредметность). Заумная живопись становится преобладающей. Раньше О.Розанова дала образцы ее, теперь разрабатывают еще несколь-

[14] См.: *Эфрос А.* Профили. М., 1930.

[15] *Малевич К.С.* От кубизма и футуризма к супрематизму // *Малевич К.* Собр. соч.: В 5 т. М., 1995. Т. 1. С. 50–51.

ко художников, в том числе К.Малевич, Пуни и др., дав малоговорящее название: супрематизма.

Но меня радует победа живописи как таковой, в пику прошлецам и газетчине итальянцев.

Заумный язык, первым представителем коего являюсь я, подает руку заумной живописи»[16].

«Вселенская война» Кручёных, в которой были использованы геометрические абстрактные формы, явилась своеобразным манифестом, равным по значению «Последней футуристической выставке 0,10», где был представлен супрематизм К.Малевича — чисто живописное «искусство красок», «новый живописный реализм», «абсолютное творчество», преобразившее каждую раскрашенную плоскость в живую реальную форму[17].

О.Розанова. Беспредметная композиция. 1915 (кат. 213)

Характерно, что поэт воспринял супрематизм как «заумную живопись», отталкиваясь от положения Малевича: «каждая форма есть мир». Форма, неразрывно связанная со структурой материала, выступает в его искусстве подобно «самовитому слову» в «заумной» поэзии. Строй альбома никак не связан с конструкцией футуристических книг, уже рассмотренных нами. Их объединяет, пожалуй, только утрирование характерного оттенка рукотворности, «делания», которое приводит к идее о том, что все, к чему прикасается рука художника, уже есть произведение искусства. Нарастание этого принципа точно подметил Шемшурин: «У Гончаровой футурист

[16] *Кручёных А.* Вселенская война. Пг., 1916.

[17] *Малевич К.С.* От кубизма к супрематизму // *Малевич К.* Собр. соч. Т. 1. С. 27.

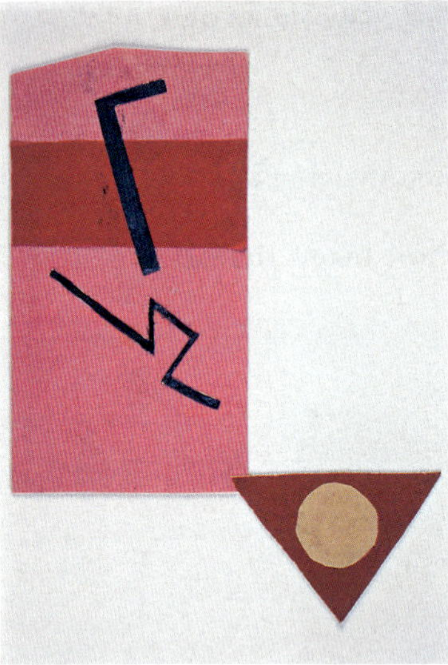

О.Розанова. Беспредметная композиция. 1915 (кат. 206)

О.Розанова. Беспредметная композиция. 1915 (кат. 208)

всецело зависит от типографии <...> У Розановой – типография уже изгнана, но механическое все еще есть, т. к. краска набивается в один и тот же шаблон. У Вас же – из механики остались только ножницы»[18]. Единство слова и изображения выражено не во «взаимопроникновении» их, а в параллельном существовании в качестве эквивалентных систем, подчиненных единому ритму и соединенных под одной обложкой. «Заумное» поэтическое слово и звук, заключенный в нем, ищут себе точный эквивалент в беспредметной геометрической форме, в цвете, в соответствии конструктивных единиц – единичная «цветоформа» строится по аналогии с фонемой. В уточнении по поводу общего замысла альбома, данном Кручёных в одном из писем, он утверждает: «...я писал не о союзе заумной живописи и поэзии, а о родственном сходстве»[19].

Слова Кручёных о «заумной» живописи – «раньше О.Розанова дала образцы ее» – вполне можно отнести к наклейкам художницы, о которых уже шла речь. Работа над коллажем у Розановой в какой-то степени предваряла переход к супрематизму и совпала с ним; она имела первостепенное значение для художницы как творческая лаборатория, в малых формах дающая возможности и условия для художественного эксперимента.

Качественно новым вариантом стали коллажи Розановой из прозрачной цветной бумаги (послужившие образцом для работы Кручёных), уже не связанные с оформлением книги, которые она создает осенью и зимой 1915–1916 годов (кат. 206–216, 220–231).

В наклейках из цветной бумаги она разрушает традиционную схему, в которой пластические формы подразумевают определенное тематическое содержание.

Принцип коллажа, актуальный для всего искусства XX века, лежит в основе самой философии искусства авангарда, в

[18] Из литературного наследия Кручёных / Ред. Н.А.Гурьянова. Berkeley, 1999. С. 453.

[19] Письмо А.Кручёных А.Шемшурину От 19 августа 1916 г. (ОР РГБ. Ф. 339. Оп. 4. Ед. хр. 2. Л. 31).

стремлении к познанию мира на уровне активного изучения собственно художественных структур, в некотором роде исследовательского, «лингвистического сознания» художника, когда внутренние закономерности искусства постигаются через внутренние законы материала «как такового».

О.Розанова. Беспредметная композиция. 1915 (кат. 209)

Первый шаг в развитии коллажа был сделан кубистами, которые акцентировали свое внимание на принципе сопоставления живописной иллюзии и реального предмета, а также разнородных фактур и элементов и в коллаже на бумаге исходили из тех же принципов, что и в живописи, — в многочисленных натюрмортах Ж.Брака наклейка (чаще всего используются карты или обрывки этикеток, обоев) прежде всего выступает в роли вещи, предмета, введенного в контекст авторского рисунка. Кубистический вариант коллажа является наиболее ортодоксальным, «классическим» воплощением этого метода. В нем есть определенное семантическое родство с «обманками» XVIII–XIX веков с их увеличением вещной реальности и уменьшением реальности пространственной, высокой семантической нагрузкой общего текста.

О.Розанова. Беспредметная композиция. 1915 (кат. 210)

В футуристических коллажах эта нагрузка еще более увеличивается и появляется тенденция не просто к соположению изображения и реального предмета, но к соположению изображения и слова, текста в буквальном смысле. Изображения букв и цифр в кубистических коллажах превратились в использование целых газетных полос в футуристических композициях.

Главное новшество футуристической поэзии — широкое, тотальное применение ономатопеи — по-своему преломилось и в области визуальных искусств, в этих коллажах, с их стремлением к сверхреальному воплощению «сегодняшнего дня». Типографский знак выступает в роли совершенного рисунка, созданного машиной. В коллажах Дж.Северини

1915 года, в военном коллаже К.Карра 1914 года «Manifestazione interventista» композиция строится уже исключительно из газетных вырезок (по словам Кручёных, «газетчина итальянцев»), рисунок присутствует только в виде сделанных от руки надписей с патриотическими лозунгами.

Такой подход характеризовал, говоря условно, первую стадию развития принципа коллажа, когда еще не был завершен отрыв от предметности.

Следующий этап в развитии этого принципа правомерно связать с идеями, воплощенными в ready-made М.Дюшана и контррельефах В.Татлина, с дадаистскими коллажами, в частности Х.Арпа (который, как известно, был и талантливым поэтом), впервые представленными на выставке в Цюрихе в 1915 году, и подобными им работами Мана Рея и М.Эрнста. Эти вещи обладают совершенно особым качеством, отличным от фотомонтажей дадаистов, появившихся позже и знаменовавших абсолютно новый период в развитии коллажа. Наклейки Арпа (как и работы Розановой и ее первого последователя Кручёных) совершенно беспредметны — они построены на сочетании прямоугольников цветной бумаги, выложенных на листе, подобно мозаике. По признанию художника, ценность этих работ в том, что в них «искусство состоит только из легкого прикосновения руки» или ножниц, все остальное — естественный, природный материал, объект, который приобретает статус предмета искусства: «...коллажи прекрасны, как природа, и безукоризненны, как она...»[20]. Кусочек бумаги наделяется силой простейшего символа, первичного элемента.

Эти наклейки, никак не связанные с возникновением параллельных им по времени коллажей Розановой, имеют с ними много общего — они уже не подразумевают «риторический эффект», традиционный в коллаже кубистов и футуристов. В основу работ и Арпа, и Розановой легли новые теории цвета: правда, Арп исходил из «симультанизма» Робера Делоне, а Розанова — из супрематизма Малевича. (Интересно и другое совпадение — ни тот, ни другой художник не стали ортодоксальными последователями этих течений.)

В жанре коллажа Розанова решила чисто живописные задачи, близкие тем, которые ставили перед собой в беспредметных композициях 1916–1917 годов К.Малевич, И.Пуни, Н.Удальцова, И.Клюн, Л.Попова: выявление свойств цветовых плоскостей, эффекта их взаимодействия, доминанты освобожденного от предметности ритма. По сути, в наклейках Розановой (она не случайно выбирает цветную прозрачную бумагу) красочные пигмен-

[20] *Arp H.* Les temps des papiérs dechires. Paris, 1983. P. 11–12.

ты заменены обладающим собственной окраской материалом, цвет уже не только абстрагируется от предмета, но сам «опредмечивается»; фактура бумаги или ткани используется исключительно для характеристики цвета (или взаимопросвечивающих планов) и в законченном коллаже характер собственно материала нивелируется, бумага теряет качества «вещи». Коллажи Розановой никогда не имели прикладного характера, как это было, к примеру, у Л.Поповой в ее супрематических наклейках из глянцевой бумаги (с ее отражающей поверхностью и декоративной фактурой), выполнявших роль эскизов для орнаментов, вышивок и аппликаций артели «Вербовка».

Собственная теория цвета Розановой нашла свое логическое завершение в открытии «цветописи» — нового, «преображенного» колорита.

Возможно, этот подход Розановой к коллажу послужил образцом для работ Алексея Кручёных, кстати весьма критически оценивавшего свой труд: «Во “Вселенской войне” малосовершенны твори, потому что это первый опыт в новом (для меня) стиле, да и провинция дала знать!»[21] Однако он вскоре, по признанию К.Зданевича, занял «из русских художников-футуристов в области цветной наклейки первое место»[22].

Пристально рассматривая композицию «Вселенской войны», можно отметить два разных приема в ее конструировании. Коллажи, несмотря на общее абстрактное выражение, все же тяготеют к определенной аллегории, возможности ассоциативной связи с каким-то предметом, образом или явлением. Их главная выразительная деталь — контур, очертания цветовой плоскости, похожие то на человека, то на корону: композиционно эти наклейки наименее монолитны и точны. Три из самых «текстовых» (в широком смысле)

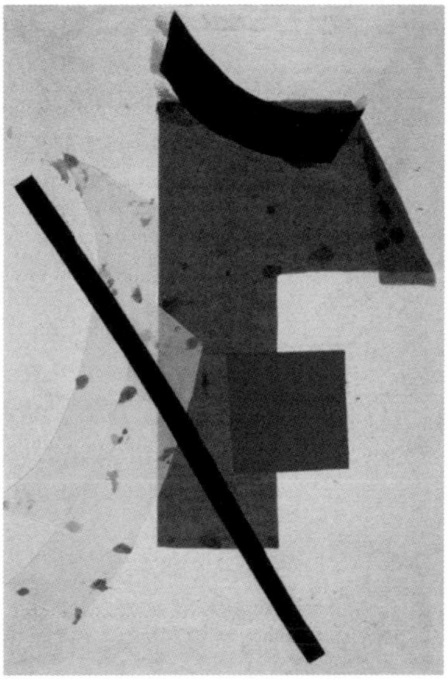

О.Розанова. Беспредметная композиция. 1915 (кат. 211)

О.Розанова. Беспредметная композиция. 1915 (кат. 212)

[21] Письмо А.Кручёных А.Шемшурину. <1916 г.> (ОР РГБ. Ф. 339. Оп. 4. Ед. хр. 2. Л. 31).

[22] *Зданевич К.* А.Кручёных как художник // Куранты. 1919. № 3-4.

примеров такого рода среди образов «грядущих мировых и межпланетных войн» — это последние листы альбома с сюжетикой современности — «Германия в задоре», «Германия во прахе», «Военное государство».

«Военное государство — то есть Германия — изображена (довольно условно): медная корона-каска и тень от нее, как черная пантера <...> “Германия во прахе” и “Германия в задоре” — изображен в примитиве прямолинейный воин с головой как деревянная болванка. Сперва он вызывающе плясал, потом упал ниц и сверху придавлен шрапнельным снарядом»[23].

Внутренняя потребность такой сюжетики, «литературной» оправданности изображения противоречит законам построения коллажа у Розановой. Ряд других вещей — «Битва будетлянина», «Битва с экватором», «Разрушение садов» — типологически соответствует розановским наклейкам. Один из лучших листов альбома — «Тяжелое орудие» — целиком сконструирован на сопоставлении классических геометрических форм и решен как лаконичное, монументальное построение.

В данной ситуации важно стремление к взаиморасширению сфер языка поэтического и изобразительного, их сближению, и как следствие — выявление глубокой самосвойственности каждой из них, связанное с общей проблемой постижения искусством собственного языка. К.Малевич, высоко ценивший «заумные» стихи Кручёных, в 1919 году опубликовал статью «О поэзии», основные положения которой построены на тезисе о единстве категорий в живописи, поэзии и музыке: «Есть поэзия, где остается чистый ритм и темп как движение и время; здесь ритм и темп опираются на буквы, как знаки, заключающие в себе тот или иной звук <...> То же в живописи и музыке»[24].

[23] *Кручёных А.* О войне // Из литературного наследия Кручёных. С. 213–214.

[24] *Малевич К.* О поэзии // *Малевич К.* Собр. соч. Т. 1. С. 142.

«Супремус»

В конце 1916 года, после свершившегося переезда в Москву, Розанова становится активным сотрудником группы Малевича «Супремус» (с этого времени на всех выставках она выступает «под флагом» этой группы). Такая лояльность объясняется, скорее всего, стечением обстоятельств, а не личными устремлениями Розановой. Ее отношения с супрематистами, и в первую очередь с Малевичем, которого она в какой-то момент чуть ли не обвинила в плагиате, были довольно натянутыми еще в начале 1916 года. Так, в письме Кручёных в декабре 1915 года она передает ту напряженную атмосферу, в которой готовилась выставка «0,10»:

«Он <Пуни> снял мой Автомобиль и Чертову панель <Велосипедист>. Когда вещи были принесены на выставку, мои оказались <...> оригинальнее <...> Пуни. С Оксан<ой> <Богуславской> у меня отношение обостренное до крайности. С Иван<ом> Альберт<овичем Пуни> нет, но Оксана ведет себя как глупая баба и, кроме Малевича, на стороне Пуни нет *решительно* никого <...>

Весь супрематизм это — целиком *мои наклейки*, сочетание плоскостей, линий, дисков (особенно дисков) и абсолютно без

О.Розанова, К.Богуславская и К.Малевич на выставке «0,10» в Петрограде. 1915

присоединения реальн<ых> предм<етов>. И после всего этого вся эта сволочь скрывает мое имя <...>

Показывал ли ты Малевичу мои наклейки и когда именно? <...> Малевич передо мной имеет виноватый вид, сбавил спеси, лезет с любезными услугами, неузнаваем. В первый день я к нему демонстративно повернулась спиной»[1].

О.Розанова. Эскиз к автопортрету. 1917 (кат. 169)

Здесь стоит отметить тот любопытный факт, что в 1916 году Розанова была приглашена участвовать в известной московской выставке «Магазин», где сформировалось «конкурирующее» с супрематистами «ядро» татлинской группы, но не успела выслать на нее работы: «Москвичи приглашали меня участвовать на их выставке “Магазин”, но теперь очень долго идут вещи по железной дороге и я не могла прислать картин»[2]. Судя по всему, супрематисты чувствовали неустойчивость своей группы, в которой не хватало известных на тот день имен и сильных художников, и доминирующая роль Малевича значительно перевешивала вклад остальных участников. Малевич и Клюн были крайне заинтересованы в розановском участии в группе. В 1916 году Розанова пишет Кручёных: «Получила я недавно пространное письмо от Клюнкова <Клюна>. Льстивое и тревожное.

Боятся, что группа Бруни, Татлина и других выйдет значительней по размерам и в смысле успеха у публики, чем супрематистская.

Взывает ко мне.

Говорит, супрематистки должны тесно и дружно работать и пр., и называет меня “редкой” худож<ницей> и пр. ...»[3]

В 1917 году Розанова выступает как постоянный делегат от общества «Супремус» на собраниях художников, ставивших своей целью организацию профсоюза художников-живописцев Москвы. В группе Малевича Розанова была, пожалуй, единственной, которую он сам считал «истинной» супрематисткой. В отзыве на выставку левой федерации профсоюза художников-живо-

[1] Письмо О.Розановой А.Кручёных. <1915 г., декабрь> (Культурный фонд «Центр Харджиева–Чаги, Стеделийк музей, Амстердам).

[2] Письмо О.Розановой А.Шемшурину От 31 марта 1916 г. (ОР РГБ. Ф. 339. Оп. 1. Ед. хр. 14. Л. 20).

[3] Письмо О.Розановой А.Кручёных. <1916 г.> (Культурный фонд «Центр Харджиева–Чаги, Стеделийк музей, Амстердам).

писцев в 1918 году он категорично утверждал: «То, что выставлено под беспредметным, в отчетах отмеченное как супрематическое, не соответствует правде, кроме Розановой»[4]. После образования профсоюза в мае того же года группа «Супремус» была зарегистрирована и вошла в молодую (левую) федерацию профсоюза. Розанова писала А.Шемшурину в мае: «В пятницу у нас будет собрание (у супрематистов), так что в этот день не смогу трезво мыслить и говорить: хронически устала и устаю. А в общем, идея этого журнала и новорожденное общество “Супремус” для меня стремительная радость!»[5]

О.Розанова. Эскиз супрематической композиции. 1916 (кат. 159)

И в своей живописи, и в статьях она увлеченно разрабатывает новые идеи «творчества из ничего», как иронически метко определил пафос супрематизма Н.Бердяев: «...в таких самоновейших течениях, как супрематизм, остро ставится давно уже назревшая задача окончательного освобождения чистого творческого акта от власти природно-предметного мира <...> Это не есть только освобождение искусства от сюжетности, это – освобождение от всего сотворенного мира, упирающееся в творчество из ничего»[6].

В философии супрематизма (если вообще позволительно соединить эти два понятия) снова возродилась «великая иллюзия» жизнестроительства, и в этом было в немалой степени развитие идей кубофутуризма 1914–1915 годов, стремившегося обрести законы единства новой, «освобожденной», живописи, поэзии, музыки.

В журнале «Супремус», задуманном группой Малевича, должны были произрасти первые побеги универсализма, «творчества новой жизни». В письме 1917 года Матюшину, которого Розанова, будучи секретарем редакции «Супремуса», пыталась привлечь к участию в номере, она подробно характеризует этот журнал.

Первый номер его так и не увидел свет, несмотря на то что весь материал (и не только для первого, но и для второго вы-

[4] *Малевич К.* Выставка профсоюза художников-живописцев. Левая федерация (молодая фракция) // Анархия. 1918. № 89.

[5] Письмо О.Розановой А.Шемшурину от 4 апреля 1917 г. (ОР РГБ. Ф. 339. Оп. 1 Ед. хр. 14. Л. 34).

[6] *Бердяев Н.* Кризис искусства. М., 1918. С. 14–15.

О.Розанова. Эскиз супрематической композиции. 1916 (кат. 160)

пуска) был практически подготовлен Розановой[7]. К середине 1917 года И.Пуни и А.Экстер уже не числились участниками группы, к которой присоединились Н.Удальцова, Н.Рославец, Юркевич, А.Кручёных, М.Матюшин и др. В первый номер должны были войти «Приветствие супрематистов» Малевича и несколько его статей, в том числе о кубизме. В своем «Приветствии» Малевич писал:

«Вот уже многие годы сложились в десятки, а мы, как и прежде, остались верны своему духу.

Неустанно движемся, сгорая в новых и новых добытых материалах, или, как печи, переплавляем новые заключения и формуем выводы.

Я восторгаюсь нашей встречей на страницах дома-лаборатории Супремуса.

Мы не раз встречались на общей дороге станков. Там, где были наши встречи, горели костры, вздымая пламя горы.

Бубновый Валет, Ослиный Хвост, Мишень, Союз молодежи. Трамвай В, 0,10, Магазин.

Вот места костров сгоревших, уже прошедших наших дней»[8].

Были также подготовлены статьи Матюшина «О Старом и Новом в музыке», Розановой — «Кубизм. Футуризм. Супрема-

[7] См.: *Гурьянова Н.* Дом-лаборатория «супремуса»: к реконструкции журнала // Вопросы искусствознания. 2001. Вып. 2. С. 456–475.

[8] Experiment / Эксперимент: A Journal of Russian Culture. Los Angeles, 1999. Vol. 5. P. 86.

[9] Письмо О.Розановой Н.Удальцовой. <1917 г.>. (Частное собрание, Москва).

тизм», материалы Удальцовой – ее статья о беспредметном искусстве и «Мысли о живописи», статьи Рославца и Юркевича, а также стихи Кручёных и переработанная им тогда же, в 1917 году, «Декларация слова как такового».

«Весь этот материал уже готов к печати, – сообщала Розанова Надежде Удальцовой. – 1) моя статья, 2) пьеса Кручёных, 3) Декларация слова, 4) сборник стихов Балос и 5) Голубые яйца, – из этих двух сборников Кручёных предлагал напечатать то, что найдут возможным.

Тут есть и два моих стихотворения, передайте Малевичу, что я ничего не имею против, чтобы их поместили в журнале...»[9]

В стихах Розановой, о которых идет речь, доминирует «обнаженный» прием эвфонической зауми, соответствующей «интуитивному разуму» супрематизма. Любопытно, что по количеству знаков звукоряд розановских стихов соответствует цветовому спектру ряда ее полотен 1916 года – это чаще всего 15–17 звуков (или цветов), к которым она прибегает в беспредметной поэтической или живописной композиции.

Эти композиции необыкновенно музыкальны. В основе ее «заумной» поэзии всегда лежат две или три фонемы, которыми она варьирует, аранжирует их, обыгрывая «гласные» и «согласные» рифмы, как это происходит со звуком в музыкальном этюде. В ее супрематизме то же самое происходит с цветом, но уже не во временны́х, а в пространственных координатах. В супрематических полотнах – та же композиционная законченность и единство ритма: основные цветосочетания, цветоформы бесконечно отражаются в дополнительных, фрагментарных формах, заполняющих пространство.

Здесь, переходя к непосредственному анализу супрематической живописи Розановой, необходимо заметить, что эта живопись неоднородна: «внутри» ее супрематического периода конца 1915–1917 года можно выделить несколько основных типологических групп, которые объединены между собой стилистическим единством.

Наиболее обширный ряд в розановском супрематизме составляют полотна, в которых индивидуальность ее колористического дара нашла свое полное воплощение. Именно в таких произведениях, как супрематические композиции (кат. 78, 81, 83–86), был создан ее собственный вариант супрематизма, основанный на признании главенствующей роли цвета. Если мы проведем сравнительный анализ двух композиций – Малевича и Розановой, объединенных одной живописной темой и, более того,

О.Розанова. Супрематизм. 1916 (кат. 83)

О.Розанова. Супрематизм. 1916 (кат. 85)

одинаковым названием — «Полет аэроплана» (кат. 78), то сразу увидим всю разность метода этих живописцев.

В работе Малевича фигурируют три цвета: красный, желтый и черный на белом фоне, символизирующем «ничто» космического пространства; им соответствуют вариации трех форм, парящих в этом пространстве, — прямоугольник, квадрат и почти вытянутая в линию узкая полоса. Только в единственном случае одна форма пересекает другую.

В композиции Розановой «звучат» семнадцать цветов: основных, дополнительных, смешанных, причем фактура закрашенных поверхностей неоднородна, кое-где различим мазок, наплывы краски. Разнообразные геометризованные формы, созданные путем соединения частей треугольников, кругов, прямоугольников, сегментов, пересекают друг друга в ритмическом диссонансе, который, кажется, с огромной центробежной силой взорвал, «раскидал» их вокруг центра. Многообразие цвета оправдывает многообразие живописных форм. На втором плане, служащем своеобразным фоном этой динамической композиции, в единую статическую «фигуру» сведены три огромные цветовые плоскости — синяя, голубая и желтая. Они как будто «вытеснили» собой белый фон, оставшийся в виде узких полосок лишь по краям полотна. Построение этих трех плоскостей чем-то напоминает принцип живописных архитекто-

О.Розанова. Полет аэроплана. 1916 (кат. 78)

Л.Попова. Живописная архитектоника. Черное, красное, серое. 1916. Государственная Третьяковская галерея, Москва

ник Л.Поповой, в частности ее картину «Живописная архитектоника. Черное, красное, серое» (1916, ГТГ), о которой Д.Сарабьянов пишет: «Попова избрала три “фигуры”, но при этом соединила их в некое нерасторжимое целое, “связала узлом” <...> Попова, в отличие от Малевича, концентрирует живописные плоскости, уплотняет формы. Общая “фигура”, состоящая из трех частей, располагается в самом центре. Края каждой из них отстоят от рамы на некотором расстоянии <...> Они останавливаются, можно сказать, стоят, опираясь на углы, образуя нечто вроде пирамиды...»[10].

В то же время первый план картины Розановой составляет сильный контраст всей этой статике, и диссонанс, главенствующий в ее построениях, является главным отличием ее работ от «архитектоник» Поповой, «как бы превозмогающих хаос реальности за счет утопий, восстанавливающих гармонию»[11]. В отличие от Поповой, у которой цвет возникает в соответствии с пластической, почти скульптурной формой архитектоник, и Малевича, подчиняющего цвет масштабу и размеру пространства своих картин, Розанова добивается особого живописного эффек-

[10] *Сарабьянов Д.В.* Станковая живопись и графика Л.С.Поповой // Л.С.Попова / Каталог выставки произведений к столетию со дня рождения. М., 1990. С. 56.

[11] Там же. С. 57.

О.Розанова. Супрематизм. 1916 (кат. 84)

та благодаря контрасту, диссонансу и внезапно возникающему созвучию цветовых сочетаний, которые определяют ритм, динамику и настроение ее беспредметных произведений.

Такие произведения Розановой, как «Супрематизм» (кат. 81, 83), являются классическими примерами этого. Последнюю композицию – одну из самых атектонических по своей конструкции, ритмически напряженную и выразительную, – можно было бы условно назвать примером «романтического» супрематизма. С помощью цветовых «гипербол» и «метафор» сочетаний ярких светлых и глухих темных тонов Розанова вводит качественно новое «измерение» в геометрию супрематизма; эта работа в полной мере воплощает ее идею о том, что именно свойства цвета создают динамизм, и «он рождает стиль и оправдывает конструкцию»[12].

В некоторых супрематических работах Розанова экспериментирует с использованием прямой и обратной перспективы в создании атектонической живописной конструкции. Она вводит элемент объема с помощью соединения своеобразных цветовых «граней», добиваясь иллюзии взаимотрансформирующих плоскости и трехмерной формы (кат. 88). Но и этот иллюзорный объем Розанова незаметно трансформирует и вновь возвращает в плоскостное измерение с помощью применения обратной перспективы, в глазах зрителя разрушающей, буквально ломающей иллюзию трехмерности. Очерчивая эти грани, она как будто «вы-

[12] *Розанова О.* Кубизм. Футуризм. Супрематизм. См. наст. изд. С. 202.

ворачивает» объем наизнанку. Оборвав линии фронтальных граней, она продолжает боковые, которые, соединяясь с фоном, вновь, как цветовые прямоугольники, органично входят в его плоскость.

Тот же «эффект ленты Мёбиуса» происходит и в композиции из Слободского музейно-выставочного центра (кат. 84), которую можно было бы считать «классическим» вариантом супрематизма, если бы не цветовые полоски в нижней части, диссонирующие с общей цельностью композиции, разрушающие ее плоскостность. Розанова вновь использует как бы два фона: на «беззвучии», индифферентности белого возникает своего рода центрифуга, втягивающая в себя остальные формы и цвета, – круглая «дыра» сине-зеленого, холодного тона. Вокруг нее образуется еще больший круг – глубокого темно-зеленого, почти черного цвета. Эти зеленые круги, занимающие бо́льшую часть холста, по контрасту ограничены золотистым тонким ободком, отражающим свет, как будто кружащимся по поверхности. Светлые цветовые лучики-полосы на первом плане пронзают глубину зеленых кругов и отражаются в ней, но уже изменив свой тон на более темный.

Можно сказать, что тема каждой ее супрематической композиции – это рождение цвета, как в поэзии – рождение звука в диссонансных контрастных сочетаниях светлого и темного, тяжелого и легкого, созвучного и атонального. Светоносность ее живописного цвета соответствует открытости и чистоте звука в ее «заумной» поэзии. В супрематической картине 1916 года (кат. 86) на наших глазах как бы происходит эта метаморфоза. В композиции «действуют» только шесть цветов: черный, белый, желтый, синий и два оттенка серого. Это – противоположности, дополняющие друг друга. На фоне серого – цвета небытия, аморфной праматерии (так, к примеру, воспринимал его Кандинский) – белый прямоугольник и в цвете, и в форме воплощает полноту и завершенность абсолютного беззвучия. Эту форму как будто пронзает «до-цветовой» хаос черного. Контраст черного и белого – сильнейший диссонанс, в какой-то степени уже архетип в нашем сознании. (Характерно, что один из коллажей Розановой 1916 года назывался «Перпендикуляр полноты и отрицания дополнительных в сфере нейтральных», при этом она поясняла в надписи, что «белый – полнота, черный – отрицание»[13]). Синий и желтый – столь же контрастная пара, но уже наполненная цветом. В цветовой композиции доминирует разрыв, почти готическая устремленность – вспышка желто-золотого, похожая на молнию, рассыпается на остывающие осколки синего. В сочетаниях

[13] Коллаж Розановой с надписью находится в архиве А.М.Родченко и В.Ф.Степановой.

художница добивается почти невозможной, пронзительной остроты цвета, и это создает физическое ощущение преодоления косности материи, некоего духовного действия. Это преодоление, равно значимое и в живописи, и в поэзии, и в музыке, остро подметил Матюшин в статье «О Старом и Новом в музыке» как качественно новую черту беспредметного искусства:

«Душа творца всю видимую близость перевертывает вверх ногами и отбрасывает ее силой своей преображаемости в беспредельность, где громадные пласты грубой материи сияют звездами, восприятие же “шумов” делает могучим, уносящим, заставляющим верить красоте реального...»[14]

О.Розанова. Эскиз супрематической композиции. 1916 (кат. 163)

Дисгармония, контраст формы и ритм в этих композициях главенствуют, подобно звуковому диссонансу в поэзии или в новой музыке.

Под прямым влиянием Малевича (не забывая и об опыте «знаковой» поэзии Маринетти) Кручёных в этот период увлекается идеей не-звуковой поэзии, рассчитанной на визуальное восприятие. Он экспериментирует с этим в таких изданиях тифлисского периода, как «1918», «Учитесь художи!». Еще в 1916 году Малевич писал о том, что «новые поэты повели борьбу с мыслью, которая порабощала свободную букву <...> буква уже не знак для выражения вещей, а звуковая нота (не музыкальная). И эта нота-буква, пожалуй, тоньше, яснее и выразительнее нот музыкальных <...> мы вырываем букву из строки, из одного направления, и даем ей возможность свободного движения <...> Следовательно, мы приходим к <...> распределению буквенно-звуковых масс в пространстве подобно живописному супрематизму»[15]. Важно отметить, что Малевич говорит о супрематизме только в связи с визуальным оформ-

[14] *Матюшин М.* О Старом и Новом в музыке. 1916. (Государственный музей В.В.Маяковского в Москве, инв. № 11865).

[15] Малевич К.С. Письма М.В.Матюшину / Публ. Е.Ф.Ковтуна // Ежегодник рукописного отдела Пушкинского Дома на 1974 год. Л., 1976. С. 190–191.

лением поэзии. Он, как и Кручёных, подразумевает аналогию фонемы с цветоформой, цвета — со звуком, буквы — с краской. Говоря о поэзии, Малевич мыслит не во времени, а в пространстве, уподобляя страницу книги живописной плоскости холста, на которой расположены «композиции словесных масс» (слова Малевича). Он сообщает Кручёных свои мысли о поэзии: «...буквы лишаются в новой поэзии своих первобытных назначений, и поэт наполняет их, эти группы накоплений дают “бумгч” “бумлонг“ “оллос” “ачки” “облыгглямглы”. В последнем Вашем “облыге” лежит большая масса звука, которая может развертываться, и конечные буквы дают сильный удар <...> так что возможно появление на страницах буквенных групп в разных направлениях, подобно живописному супрематизму»[16]. Это очень показательно, так как в своих мыслях о «заумной» (или супрематической) поэзии Малевич отводит не звуку, а именно букве ту главенствующую роль, которую в живописи отводит краске, а не цвету.

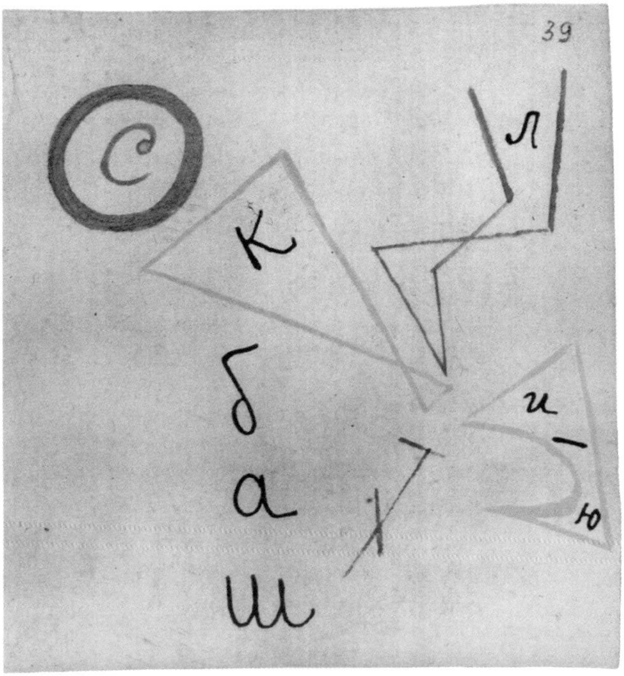

О.Розанова. Композиция на тему заумной поэзии А.Е.Кручёных. 1916 (кат. 155)

В обновленную «Декларацию слова» Кручёных добавил два новых пункта: в одном из них утверждалась «высшая и окончательная всемирность и экономия» «заумной» поэзии, а в другом он попытался проиллюстрировать процесс творческого поэтического акта, заключив его в последовательную формулу:

> «в музыке — звук, в живописи — краска, в поэзии — буква (мысль = прозрение + звук + начертание + краска)»[17].

Свою теорию он попытался опробовать на нескольких образцах такого рода визуальной поэзии, призвав к помощи Розанову. Он предлагал ей собственные графические эскизы стихотворений, а ее роль заключалась в том, что она — «цветописец» —

[16] Письмо К.Малевича А.Кручёных. <1916 г.> (Частное собрание, Москва).

[17] Цит. по автографу декларации из письма А.Кручёных М.Матюшину. Май 1917 г. (ОР ГТГ. Ф. 25/7. Л. 6). См.: Из литературного наследия Кручёных. С. 203, 395. См. также: «Теория Кручёных о заумном языке и заумной поэзии имеет несколько этапов своего развития <...> В пору совместной работы Кручёных с художниками, которые обосновали беспредметное (Малевич, Розанова), Кручёных мотивировал с помощью идей и примеров этого течения» (*Циглер Р.* Алексей Е.Кручёных // Russian Literature. 1986. XIX. P. 86).

вносила в них цвет. В архиве Шемшурина сохранилось несколько уникальных листков «цветной поэзии, где слово и начертание и рисунок сплелись, впечатления от одного и другого не разделены временем и пространством»[18]. Присланные ему эскизы страниц предназначались для будущей совместной книги стихов и наклеек Кручёных и Розановой, которую так и не удалось издать (кат. 154–157). (Некоторые композиции в черно-белом варианте Кручёных использовал в своей книге «Учитесь художи!», оформленной Зданевичем.) Кручёных писал, что сам он «только набросал приблизительный характер того, как рисунок связать с буквами. О.Розанова тщательно перерисовала это, раскрасила — и вот Вам эскизы моих черновиков <...> Может, в таком виде (красочном) и удастся как-нибудь напечатать»[19].

В 1916–1917 годах Розанова создает ряд цветовых абстракций с «ограниченным» колоритом, использованием простых, лапидарных форм (чаще всего прямоугольников), вернее, цветовых плоскостей, очерченных нарочито небрежно, экспрессивно, без излишней геометризации силуэта, и как бы «лежащих» на поверхности холста. Такова супрематическая композиция из Нижнего Тагила (кат. 89; в ней разыгрывается элементарное построение цветоформ трех основных цветов — синего, красного и желтого) и две «Беспредметные композиции» («Цветопись») 1917 г. (кат. 91, 92), живописная тема которых заключается в диссонансном звучании насыщенных контрастных тонов (диссонанс стал одним из ключевых понятий в супрематизме Малевича). В этих работах очень сильно ощущение плотной, тяжелой цветовой «массы». Другой характерной чертой является их принципиальная плоскостность, двухмерность, в отличие от пространственности Малевича.

Работа над коллажами 1915 года стала для Розановой лабораторией, опыты в которой привели к воплощению ее новаторских идей в двух, на первый взгляд совершенно разных направлениях: в создании «цветописи», или, по ее собственным словам, «далекой от утилитарных целей» живописи преображенного колорита, и в области честного ремесла, дерзко превращающего повседневность в «среду обитания» искусства.

Как никто, Розанова сумела с непринужденной элегантностью соединить универсализм и суровую грандиозность теоретического супрематизма с измерением красоты, измерением человеческим; духовное, мистическое — с эмоциональным, ироничным, чувственным; *беспредметность* супрематизма воплотить в *предметы* искусства.

[18] Письмо А.Кручёных А.Шемшурину. 1916 г. (ОР РГБ. Ф. 339. Оп. 4. Ед. хр. 2. Л. 38).

[19] Там же.

О.Розанова. Беспредметная композиция. (Цветопись). 1917 (кат. 92)

В 1916–1917 годах она создала целый ряд эскизов женских платьев, шляп, сумочек и вышивок для артели «Вербовка» (кат. 170–201). По сути, интерес к прикладному искусству и, в частности, к искусству костюма проявился у нее уже в 1915 году. Любопытное свидетельство этому содержит одно из ее писем Кручёных, отправленное летом 1915 года:

«Цель костюма: 1) скрывать недостатки тела хитростью покроя, 2) выявлять характерные особенности сложения, 3) утрировать их. Костюм — Личина, костюм — Зеркало, костюм — кривое зеркало?

Плохо одеваются женщины, у которых костюм служит только для прикрытия наготы, и не больше, и еще те, которые не имеют представления о себе в голом виде. Что же касается мужчин, то они одеваются слишком однообразно, однотонно, безрадостно, но практично и немарко. В брюках легче вспрыгнуть на ходу в трамвай, чем в узкой юбке, и на материях, употребляемых на мужские туалеты, легче вывести пятно, чем на изящных и кокетливых бальных платьях.

Я лично нахожу, что современный женский костюм мало приспособлен к условиям жизни, а современный мужской в смысле изобретательности — в тупике»[20].

Артель крестьянок, вышивавших по образцам-эскизам современных художников, была организована в украинском селе Вербовка еще в 1912 году с помощью и участием Александры Экстер.

[20] Письмо О. Розановой А.Кручёных. <1915 г.> (Частный архив, Москва).

О.Розанова. Эскиз платья. 1916–1917 (кат. 172)

На первой выставке «Современное декоративное искусство. Вышивки и ковры по эскизам художников», состоявшейся в галерее Лемерсье в Москве в ноябре 1915 года (за месяц до открытия знаменитой выставки «0,10» в Петрограде), экспонировались работы, выполненные вышивальщицами из Скопцов и Вербовки по эскизам Малевича, Ивана Пуни, Ксении Богуславской, Александры Экстер и Георгия Якулова[21]. Розанова в ней участия не принимала.

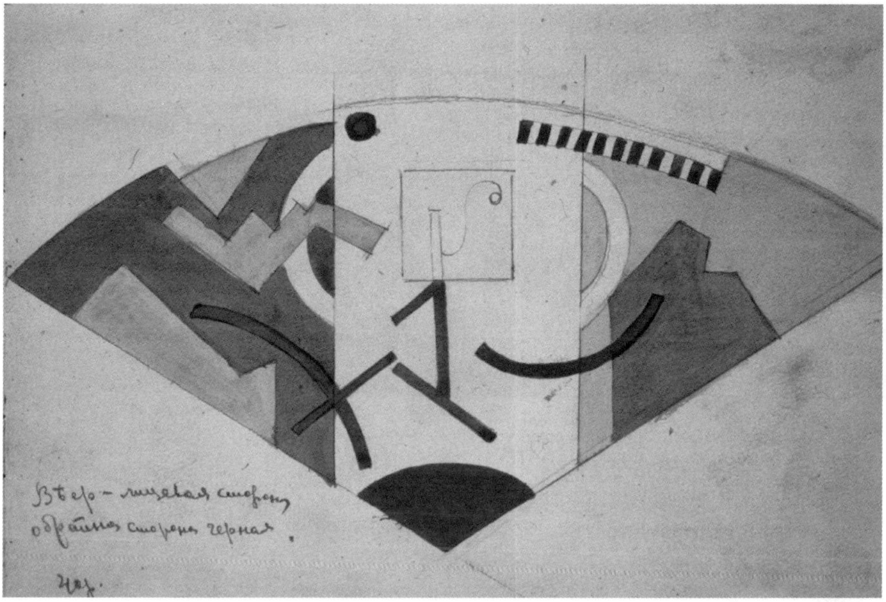

О.Розанова. Веер. Декоративный эскиз для артели «Вербовка». 1917 (кат. 181)

На второй выставке современного декоративного искусства «Вербовка», состоявшейся в Москве в декабре 1917 года, было представлено около 400 произведений прикладного искусства, в основном вышивки и аппликации на ткани. Наряду с немногочисленными изделиями народных мастеров (крестьян Е.Пшеченко и др.), декорированными традиционным растительным орнаментом, большая часть экспонированных работ была исполнена по эскизам профессиональных художников, входивших в группу «Супремус»: Малевича, Поповой, Экстер, Пуни, Розановой, Удальцовой и др. Устроительница и участница второй выставки «Вербовка» Наталья Михайловна Давыдова, как и многие другие экспоненты, была членом группы Малевича «Супремус».

[21] См. об этом: *Дуглас Ш.* Беспредметность и декоративность // Вопросы искусствознания. 1993. № 2/3. С. 103–104.

По свидетельству анонимного рецензента из газеты «Раннее утро», на выставке «Вербовка» 1917 года «нет пошлого штампа, каждая вещь носит отпечаток личного вкуса художника», почти все работы, исполненные по эскизам художников крестьянами села Вербовка, представляли собой «чуть ли не точную ко-

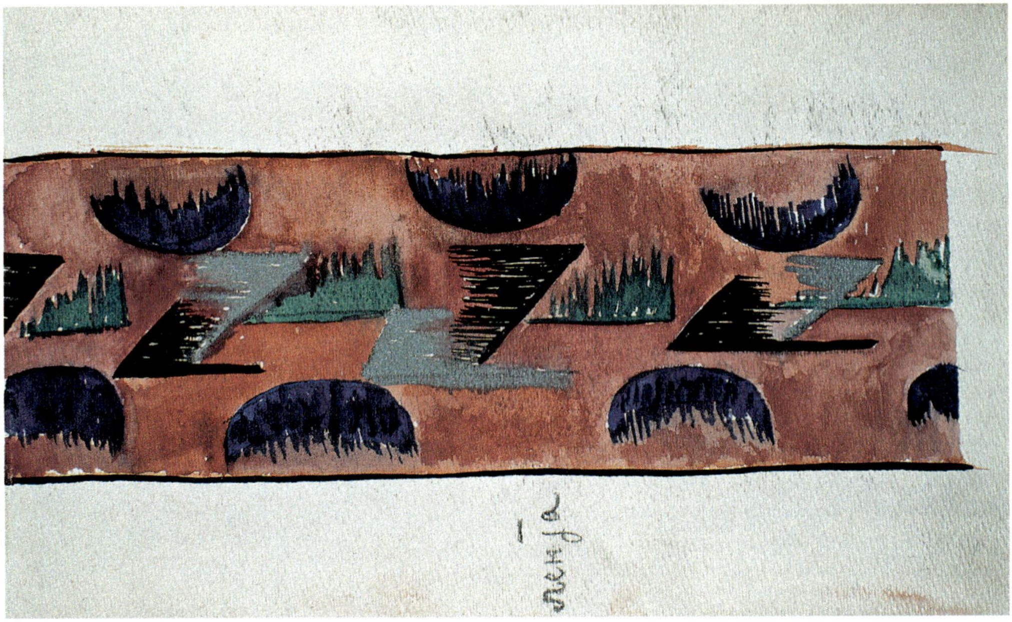

О.Розанова. Лента. Эскиз вышивки для артели «Вербовка». 1917 (кат. 184)

пию картин супрематистов <...> – ликующий блеск ослепительных красок, шелков, скомбинированных в самых смелых сочетаниях»[22]. Особенно украсили экспозицию работы по эскизам Экстер, среди которых были куклы, а также «супрематические» подушки по рисункам Малевича, Пуни и Давыдовой. Экспозиция была размещена в Художественном салоне (Б. Дмитровка, 11), в помещении, где не раз проходили нашумевшие выставки нового искусства. 17 декабря (ст. ст.) на второй выставке «Вербовки» с докладом выступил Владимир Маяковский. По свидетельству современников, эта выставка стала одним из самых значительных художественных событий года. На ней Розанова представила более 60 работ – в том числе набойки, ленты, переплеты, сумочки.

Многие работы были раскуплены на аукционе, устроенном во время выставки, и ныне местонахождение их установить

[22] По выставкам // Раннее утро. 1917. 8 дек.

практически невозможно, однако сохранились авторские эскизы к ним. Недавно найденные блокноты с эскизами композиций для «Вербовки», насчитывающие более 30 листов (собрание А.Федоровского, Берлин) являются настоящей сенсацией для исследователей, поскольку до сих пор было известно лишь несколько набросков Розановой подобного рода. Среди берлинских работ находится ряд вариантов дизайна сумочек с подробным указанием материалов, вплоть до цвета и качества подкладочного материала, свидетельствующих о постоянной заботе Розановой о фактуре конструируемого ею предмета. Судя по ее инструкциям, она дополняла геометрические комбинации разноцветных шелков разными декоративными элементами, используя, например, шелковые кисти и стеклярус.

О.Розанова. Переплет. Эскиз вышивки для артели «Вербовка». 1917 (кат. 188)

В эскизах лент (кат. 183–187) Розанова создает один из наиболее интересных и законченных вариантов абстрактного орнамента, оперируя не только с чисто геометрической абстракцией супрематических форм, но и включая в них элементы традиционного древнегреческого орнамента, а также геометризованные растительные мотивы. В других эскизах, рассчитанных на вышивку гладью по шелку, а не на аппликационные работы, она, как и в своей цветописи, стремится как бы к растворению формы в цвете, избегая четко очерченных границ контура, играя на переливах тонов.

Особого внимания заслуживают эскизы переплетов (кат. 188, 189), так как в их композиционных построениях Розанова наиболее приближается к законам живописных построений и многие из них напоминают эскизы картин, чему, вероятно, способствует и их прямоугольный формат. Более того, эти эскизы дают основание предположить, что какие-то из них послужили импульсом к созданию некоторых ее супрематических полотен. В одном из эскизов Розанова в качестве орнаментального элемента остроумно использует не что иное, как мотив своей абстрактной живописной композиции (кат. 92). В данном случае трудно судить о первичности живописной композиции по отношению к супрематическому орнаменту, так как оба эти вида работы в эстетическом отношении абсолютно равноправны.

О.Розанова. Эскиз ткани. 1917–1918 (кат. 203)

В том же собрании есть несколько эскизов дизайна текстиля, выполненных, очевидно, около 1917 года (кат. 202–205). Два листа повторяют один и тот же шаблон, варьируя его цветовую разработку (кат. 203, 205). Любопытно, что такой же шаблон (с совершенно иным цветовым решением) встречается в работах Любови Поповой, что позволяет говорить не только о продолжающемся в эти годы их тесном творческом контакте, но и о возможности «цехового», коллективного духа работы в среде художников, сплотившихся вокруг Вербовки. Во всех эскизах чувствуется огромный творческий потенциал, получивший развитие впоследствии в работах В.Степановой, Л.Поповой и других мастеров текстильного дизайна уже в 1920-е годы.

Цветопись

Творческая методология Ольги Розановой, ее поэтического и в то же время рационального, глубоко профессионального, вдумчивого толкования ключевых проблем живописи авангарда дает возможность по-новому взглянуть на универсальную линию развития теории цвета в абстрактном искусстве XX века. Это, слишком, может быть, прямолинейно намекая на ее типологическую «связь» с послевоенным абстрактным экспрессионизмом, выразил в своем каталоге известный собиратель русского искусства Георгий Костаки, когда написал о ней: «Именно ее работа открыла мне глаза на притягательную силу, на существование авангарда <...> Розанова, умершая в 1918 году, создала произведения, абсолютно выходящие за пределы своего времени. Их можно рассматривать как пророческое предвидение развития послевоенного (сороковых годов) американского искусства»[1].

Типологические параллели розановских цветосветовых композиций с мистическими цветовыми абстракциями Марка Ротко и Барнетта Ньюмана 1950–1960-х годов, кажущиеся на первый взгляд несколько преувеличенными, по сути, вполне обоснованны и заслуживают отдельного исследования.

Ее собственная теория цвета, в которой Розанова отталкивалась от супрематизма Малевича, нашла свое логическое завершение в открытии *цветописи*, связанной с новыми колористическими изысканиями 1916–1917 годов. Под этим названием демонстрировалась серия полотен на посмертной выставке художницы (декабрь 1918 – январь 1919 г.). Вероятно, к ним относятся те беспредметные композиции, в которых с новым, «освобожденным», цветом (слова Розановой) соединены глубокая философская символика и аскетизм супрематизма.

О.Розанова. Эскиз беспредметной композиции. 1916 (оборот кат. 161)

[1] The George Costakis Collection: Art of the Avant-garde in Russia. New York, 1981. P. 49.

А.Родченко. Беспредметная композиция на желтом фоне. 1918. Фанера, масло. Областной художественный музей, Киров

Трудно сказать, принадлежало ли Розановой изобретение термина «цветопись». Любопытно, что это слово в отношении живописи (наряду со «светописью» в отношении фотографии) встречается в рукописях Хлебникова 1910-х годов. Интерес Розановой к теории цвета в этот период был вполне закономерен: проблема цвета всегда остается одной из главных в теории и практике абстрактной живописи. Достаточно вспомнить эксперименты в этой области К.Малевича, В.Кандинского, Р.Делоне, Г.Якулова, Е.Гуро и М.Матюшина, И.Клюна в 1910–1920-е годы. Думается, что обращение в частности, Клюна и Родченко к этой теме произошло не без влияния розановской живописи. Можно найти очевидные параллели между приемами розановской цветописи и цветовыми композициями, созданными этими художниками на рубеже 1910–1920-х годов. На Десятой государственной выставке «Беспредметное творчество и супрематизм», состоявшейся в конце 1918 года (уже после смерти Розановой), была проведена граница между супрематизмом и цветовыми абстракциями. Интересно, что даже Малевич посвятил свою заметку в каталоге выставки проблеме цвета в супрематизме. На этой выставке, помимо цветописи Розановой, были представлены «цветовые композиции» Л.Веснина, И.Клюна, М.Менькова и А.Родченко. Последователи Малевича – Меньков и Клюн – представили также и супрематические работы, отграничив их в каталоге от своих же цветовых абстракций.

В.Степанова, характеризуя посмертную выставку Розановой с профессионально-художнической точки зрения, заметила, что «супрематизм Розановой противоположен супрематизму Малевича, который строит свои работы на композиции квадратных форм, в то время как Розанова – на цвете <...> У Малевича цвет существует только для того, чтобы отличить одну плоскость от другой, – у Розановой композиция служит для выявления всех возможностей цвета на плоскости. В супрематизме она дала супрематизм живописи, а не квадрата. Особенно интересна комната, где собраны ее супрематические произведения и вещи последнего периода. Здесь цвет не играет, как в предыдущих периодах, блеском своих граней, а обнажен до последнего предела. Строения картин основаны здесь на цветовых взаимоотношениях»[2].

В статье «Кубизм. Футуризм. Супрематизм» частично раскрыты мысли художницы о природе цвета и его назначении в беспредметной живописи:

«На всякую выкрашенную плоскость мы оптически реагируем как на цвет, но при созерцании окрашенных предметов мы видим тот или иной цвет в размере занимаемой им плоскости (румянец этого яблока, эти зеленые крыши) и в связи с материальной природой предмета (его строение, качество пигмента и пр<очее>), тем самым материализуя нематериальную сущность цвета вообще <...>

Фактура материала засоряет более или менее природу цвета и является суррогатом чистой живописи <...> фактура, имитирующая материал...», мешала «созданию той живописи, в которой цвет – задача и цель, а не подражание»[3].

Этот отрывок ясно раскрывает причины обращения Розановой к коллажу из такого материала, как прозрачная цветная бумага, обладающая минимально выраженной фактурой. В наклейках, где, как правило, она избегает разнофактурных элементов, возникает особое ощущение пластического единства, цельности, созданной соединением цветовых плоскостей. Как уже отмечалось в предыдущих главах, в построении коллажа Розанова в чем-то приближается и к рельефу (тогда же она пробовала работать в этой области)[4]. Более того, на обороте одного из коллажей 1915 года (кат. 206) она сделала следующую запись: «Цель этих картин – освобождение от шаблонного типа рамы в виде четыр<ехугольника> или квадрата»[5].

Один из акварельных эскизов – с изображением некоей полусферической трехмерной фигурки (кат. 162), который вполне мог служить наброском к рельефу, проливает свет на работу Ро-

[2] *Степанова В. (Варст).* О выставке Розановой // Искусство. 1919. № 4. 22 февр.

[3] *Розанова О.* Кубизм. Футуризм. Супрематизм. См. наст. изд. С. 199, 200.

[4] Имеются в виду рельефы «Автомобиль» и «Велосипедист», эскизы к которым помещены в каталоге коллекции Г.Костаки, а также две несохранившиеся композиции: из глиняных предметов и из хрустальных предметов (см.: Выставка левых течений: Каталог. М., 1915. № 91, 92).

[5] См. кат. 206.

зановой в этом жанре. Композиция, тяготеющая к трехмерности и состоящая, помимо полусферического черно-белого центра, из плоскостей светло-зеленого, темно-зеленого, черного, фиолетового и коричневых тонов, как бы полупрозрачных, парящих и соприкасающихся в пространстве, очень напоминает ее коллажи из цветной бумаги. Поля рисунка испещрены надписями, в том числе такого рода: «фигурку выделить и поднять».

О.Розанова. Эскиз супрематического рельефа (?). 1916 (кат. 162)

В то же время, принципиально подчеркивая «двухмерность» своего живописного супрематизма (в отличие от пространственного «выхода» в «новое измерение» живописи Малевича), Розанова не отрицала, но и не акцентировала тот момент, что сумма живописных плоскостей разнородных форм дает иллюзию скульптурного рельефа — иллюзию, рождающуюся как бы «внутри» самой плоскостной системы.

В отличие от «общей поверхности» Малевича, ее прежде всего интересуют композиции структур и отдельной цветоформы, в которой художница выявляет внутреннюю кинетическую напряженность.

В статье «Кубизм. Футуризм. Супрематизм», основная часть которой была посвящена проблеме цвета в беспредметной живописи, Розанова вступает в «диалог» с Малевичем[6], во многом исходя из его теории и повторяя ряд его положений об истоках эволюции изобразительного и беспредметного искусства. Но если для Малевича «краска есть главное», то для Розановой все беспредметное искусство рождено «любовью к цвету». В этих двух словах — «краска» и «цвет» — отнюдь не синонимах, как может показаться на первый взгляд, сконцентрирован смысл разных, противоречивых подходов Малевича и Розановой к беспредметности.

[6] Здесь и далее в тексте цитируются положения К.Малевича из его книги «От кубизма и футуризма к супрематизму. Новый живописный реализм» (Пг., 1916).

Малевич считает главным в супрематизме краску, подразумевая вещественность и конкретную материальность красочного пигмента как главного выразительного средства (наряду с формой и линией), «инструмента» живописца. В его системе эти средства превращаются в цель, становятся субъектами, «действующими лицами» его живописи. И даже упоминая в своих трудах «цвет» («самоценное в живописном творчестве есть цвет и фактура»), Малевич все равно подразумевает «краску» — материальность цвета, — обусловленную фактурой. Более того, говоря в одной из своих статей о гамме супрематических цветов, которые он делит на основные и дополнительные, художник в большинстве случаев дает просто название конкретного пигмента.

К.Малевич. Супрематизм. (Желтое на белом). 1917–1918. Холст, масло. Стеделийк музей, Амстердам

Для Розановой, напротив, сущность цвета «нематериальна вообще». Цвет — это не инструмент, а универсальная цель, к достижению которой стремится художник, используя все подручные выразительные средства: «Живописная форма есть характер реализации (воплощения) цвета на плоскости при помощи материальных красок...». Такой подход к проблеме заставляет вспомнить многие положения теории Кандинского о цвете, с его идеей «отвлеченного», символического цвета. В своей статье Розанова говорит о цвете, понятом не как свойство или форма предмета, а как о самостоятельной, самозначимой данности, не связанной с каким-либо предметом. Отсюда логически вытекают ее утверждения о том, что фактура материала, как и объем, и воздушная атмосфера, засоряет природу цвета: «Реальная живопись имеет дело именно с тоном, а не с цветом». Художница оправдывает отказ супрематизма от «реальных форм» как раз тем, что они «не держат цвет, который расползается и меркнет», и видит заслугу предшествующих этапов кубизма и футуризма не столько в «красоте скорости» и «новом выражении совре-

О.Розанова. Беспредметная композиция. Цветопись. 1917 (кат. 96)

менной жизни» (итальянские футуристы, а вслед за ними и Малевич), сколько в том, что эти направления «вывели цвет из пределов тривиальных форм». Задачу супрематизма Розанова определяет как «создание качества формы в связи с качеством цвета», а не наоборот, считая форму лишь производной от цвета (и в дальнейшем, в живописи последнего периода – «цветописи» конца 1917–1918 года (кат. 93, 96, 97), она придет к уничтожению геометрической формы). В этом еще одно важное отличие от теории Малевича, признающего доминирующую роль «живописной формы как таковой».

Уникальный колористический талант Розановой признавали все. Она обладала редким даром не только декларировать свои идеи, но и творчески осмыслять их, – этот самостоятельный склад мышления в ней очень ценил Малевич. Ее мысли о роли цвета в супрематизме, суммированные в статье «Кубизм. Футуризм. Супрематизм», возможно, натолкнули Малевича на пересмотр собственной позиции. В конце 1916–1917 году цветовой спектр его супрематических работ расширяется, в композициях появляются созвучные тона. В мае 1917 года Малевич пишет статью о цветописи и даже в «Приветствии супрематистов» уделяет особое внимание роли цвета:

«Преобразовавшись в быстрине смен бегущих колец горизонта, мы выпрыгнули за пределы нуля повторений, стали непосредственно лицом к лицу цвета.

Цвет, и только он единый, касается нашего творческого центра.

Он вращает его и центробежная сила творит новые планы цветовых масс, голых беспредметных вершин соединения граней»[7].

Розанова как будто сделала в супрематизм сильную «прививку» цвета: «Предполагается, что будет на Пасхе супрематическая выставка в частном доме <...> Если успею, напишу для выставки картины с “преображенным колоритом”»[8]. И продолжает в другом письме: «Я нашла для себя <...> новый путь к колористическим

[7] *Малевич К.* Приветствие супрематистов. Рукопись. (Культурный фонд «Центр Харджиева–Чаги». Стеделийк музей, Амстердам).

[8] Письмо О.Розановой А.Шемшурину от 16 февраля 1917 г. (ОР РГБ. Ф. 339. Оп. 1. Ед. хр. 14. Л. 27-28).

изысканиям, если он с "преображенным" путем не разошелся, то, значит, он возможен и в супрематической живописи»[9].

Можно сказать, что в живописи своих последних двух лет Розанова пыталась практически соединить основы двух ведущих современных ей теорий беспредметности — Малевича и Кандинского.

Все супрематические композиции Малевича построены на его собственном тезисе: «Искусство — это умение создать конструкцию, вытекающую не из взаимоотношений форм и цвета <...> а на основании веса, скорости и направления движения»[10].

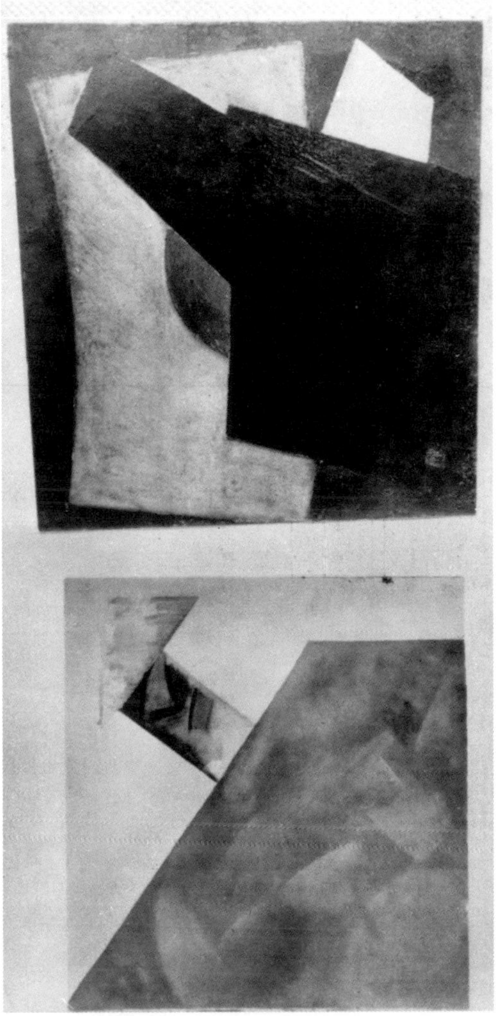

Фотография двух беспредметных композиций О.Розановой из альбома А.Кручёных. 1917. РГАЛИ, Москва. Нижняя — кат. 96, верхняя неизвестна

В его восприятии искусства как «созданной конструкции» лежит противоречивое соединение рационального и, одновременно, интуитивно-утопического подхода, так метко определенного самим Малевичем в словах «интуитивный разум» (супрематизма).

Для Розановой — это несколько расплывчатый «закон реальной неизбежности», который она выводит из всех своих теоретических посылок явно под влиянием «закона внутренней необходимости» Кандинского, согласно которому формы «не измышляются и не конструируются», а художник лишь направляет и контролирует то, что является его воображению. Можно сказать, что феномен позднего розановского живописного супрематизма и цветописи скрыт в этой попытке соединить интуитивизм, духовное мистическое начало теории цвета Кандинского с утопической философией формы и пространства у Малевича. Ее идеал — передать в живописи имматериальную природу цвета,

[9] Письмо О.Розановой А.Шемшурину от 9 июля 1917 г. (ОР РГБ. Ф. 339. Оп. 1. Ед. хр. 14. Л. 36–37).

[10] *Малевич К.* От кубизма и футуризма к супрематизму // *Малевич К.* Собр. соч. Т. 1. С. 40.

его внутреннюю «энергетику», светоносность – реализовался в цветописи.

«Тут можно проследить переход от плоскостей супрематизма в широкий разбел и расцветку краски, который освобождает цвет от зависимости формы и плоскости», – писала В.Степанова[11]. В полотнах 1917 года (кат. 93, 97) светоносная прозрачность цвета настолько велика, что у зрителя создается феноменальное впечатление проекции цветного светового луча, который преломляется на белом фоне загрунтованного холста. В бакинской цветовой композиции этот луч как будто «сфокусирован» на поверхности холста-«экрана», и мы видим расширяющийся голубой «конус» света, пересекающий супрематические цветоформы. Этот эффект вызывает в памяти ассоциацию с проекцией на стену цветного диапозитива или с экспериментами с раскрашенной кинопленкой Ханса Рихтера и Викинга Эггелинга в немецком киноавангарде 1920-х годов. В своем новаторском максимализме Розанова в какой-то момент пошла еще дальше, чем Малевич, и предвосхитила многие идеи, получившие развитие только в 1920-е годы.

О.Розанова. Беспредметная композиция. Цветопись. 1917 (кат. 97)

Уже в одном из писем 1916 года она приходит к идее уничтожения станковой картины: «Я <...> теперь могу делать в живописи вещи или только *целиком* реальные <реалистические>, или целиком *беспредметные,* а срединных не допускаю, так как, по-моему, у этих *двух* искусств нет связующих звеньев, нет конкуренции и нет ничего общего, так же как между сапожным ремеслом и портняжн<ым> и пр<очее>. Даже дальше от сходства. Я теперь исповедую, что предметность и беспредм<етность> (в живописи) не два различн<ых> *направ<ления>* в одном искусстве, а *два разных искусства!*

Даже материальные краски для беспредм<етной> живописи нахожу единственно разумным заменить экраном! Никакой связи!!!»[12]

[11] *Степанова В. (Варст)*. Указ. соч.

[12] Письмо О.Розановой А.Кручёных. <1916 г.> (Культурный фонд «Центр Харджиева–Чаги». Стеделийк музей, Амстердам).

В своем «посмертном слове» о Розановой Родченко писал в 1918 году:

«Не ты ли хотела озарить мир каскадами цвета.

Не ты ли проектировала прожекторами творить цветовые композиции в воздухе...

<...> Ты думала творить цвет – светом...»[13].

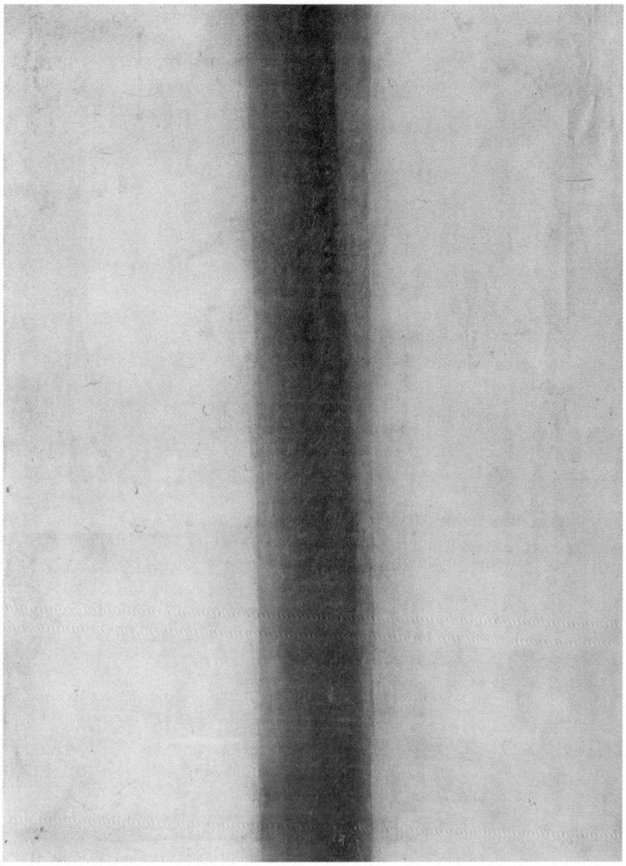

О.Розанова. Зеленая полоса. 1917 (кат. 93)

Эти строки свидетельствуют о последних проектах Розановой, к сожалению, неосуществленных, об идеях, которым она предполагала в будущем посвятить свое творчество. Несомненно, именно они частично повлияли на живопись Александра Родченко этого периода – в 1918–1919 годах он создал целую серию полотен под названием «Цветопись».

В композициях конца 1916–1917 года Розанова добивается максимальной светоносности фактуры за счет прозрачных цветовых лессировок, тончайшим слоем наложенных на белила грунта, резко отражающего свет. Она уходит от «материальности» строго очерченных на плоскости супрематических форм: в цветовых наплывах синего в ее «Цветовой композиции» (1917, кат. 96)[14] контур уже размывается, он как будто растворен в свете. Как будто в этом свете растворена и краска как вещественная субстанция.

Подобный эффект появляется и в супрематических работах Малевича конца 1917–1919 года, таких как композиция белого на белом, желтого на белом (Стеделийк музей, Амстердам).

[13] Автограф хранится в архиве А.М.Родченко и В.Ф.Степановой.

[14] Эта работа ошибочно числилась в музее как произведение Б.Шапошникова. Атрибутировать ее мне позволила, в частности, фотография этой композиции, сделанная в 1920-е годы (РГАЛИ, фонд А.Кручёных). На ее обороте рукой Кручёных сделана запись об авторстве Розановой. Фотография воспроизведена в кн.: Неизвестный русский авангард в музеях и частных коллекциях. М., 1992. С. 243.

В «преображенном колорите» Розановой главным качеством цвета становится его светоносность, подобная прозрачной красочной гармонии средневековых фресок. Кажется, что и в изобретенном Розановой названии живописи «преображенного колорита» она подразумевает преображение цвета в свет. Происходит «развитие одного цвета в самостоятельную картину» (по словам Степановой). Ее «Зеленую полосу» (кат. 93) можно назвать одним из шедевров беспредметной живописи XX века. «Зеленая полоса» кажется неизбывным, бесконечным, льющимся на холст и источающим свет сиянием, иконно-трепетным и неуловимым. Судя по некоторым данным, эта композиция является частью триптиха, в который также входили «Желтая полоса» (местонахождение неизвестно, можно предположить, что композиция, известная как «Зеленая полоса», из собрания Костаки (кат. 94), выполненная, в отличие от кат. 93, в теплых, желто-зеленых, тонах, является одним из вариантов, если не самой «Желтой полосой») и «Пурпурная полоса» (кат. 95). Последняя композиция, представлявшая собой диагональную пурпурную полосу на белом фоне, хранилась с начала 1920-х годов в Ростово-Ярославском музее-заповеднике, затем, как указано в инвентарных записях музейного архива, она была исключена из коллекции как «произведение, не имеющее художественной ценности». Местонахождение ее ныне также неизвестно.

О.Розанова. Цветопись. Эскиз. 1917 (кат. 165)

Розанова, как никто, восприняла идею супрематизма Малевича во всей ее глубине и объеме, как «новую религию» творчества, духовный поиск синтеза – а не просто новый метод в живописи.

В своей теории беспредметности в искусстве Малевич продолжает поиски новых форм, уже выйдя за рамки живописи. В статьях о поэзии и музыке, в брошюрах и даже в письмах он мучительно ищет новый критический язык, способный выразить тяжесть его идей. В нем нет и намека на романтический пафос футуристических манифестов или на стиль абсурдистских парадоксов и самопародийности периода алогизма – русского варианта дада. Именно литературный стиль Малевича, его язык, а не запутанные теоретические тезисы и идеи, помогает понять суть его теории. Его супрематический стиль категоричен и императивно догматичен. Экстатический слог его статей напоминает страстную, фанатическую проповедь. В этом истовом отношении к искусству и слову есть что-то религиозное, точнее, еретическое: можно сказать, что в его теории прежде всего «надо верить»:

«Кто оставит книгу новых законов наших таблиц? <...> Новое Евангелие в искусстве <...> Подобно Христу, заключившему себя в эту книгу тысячелетий, без этой книги заперты бы были ворота к небу <...> Христос раскрыл на земле небо, создав конец пространству, установил два предела, два полюса <...> Мы же пойдем мимо тысячи полюсов <...> Пространство больше неба, сильнее, могучее, и наша новая книга – учение о пространстве пустыни»[15].

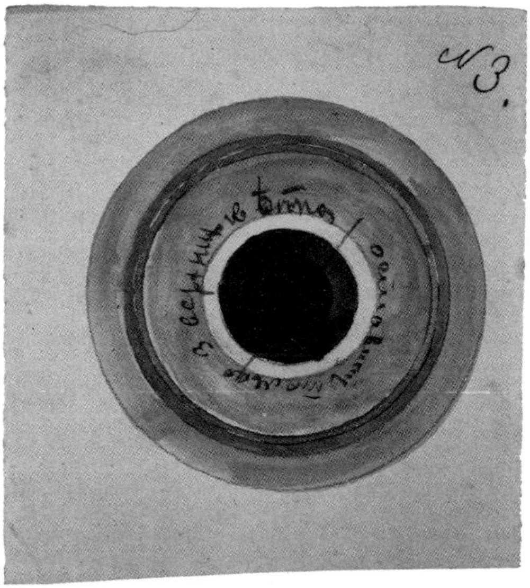

О.Розанова. Цветопись. Эскиз. 1917 (кат. 166)

Стремление Малевича к космическому духу, порой окрашенное столь наивным фанатизмом, было трагедийным, по-своему иконоборческим, лишенное образа, которому взамен дано было царственное и безысходное «Ничто» – «пространство пустыни».

В своей цветописи Розанова, пожалуй единственная из супрематистов, сумела соединить эту «космическую» дисгармонию с измерением человеческим; духовное, мистическое и «душевное» – эмоциональное, интуитивное, чувственное – начала.

В живописи последних лет она нашла – сознательно или интуитивно – свой выход из супрематического «тупика»: в работах художницы еще не явлен образ, но вместо «безобразного» Ничто уже возникает мистическое сияние света, пронизывающее ее краски. Если Казимир Малевич видел в бескомпромиссности, даже тоталитарности своего новаторства «новую религию», а поэты-заумники искали в этом возможность безграничной творческой свободы, – Розанова совершенно неожиданно заговорила о новой вочеловеченной красоте:

[15] *Малевич К.С.* Письма М.В.Матюшину / Публ. Е.Ф.Ковтуна // Ежегодник рукописного отдела Пушкинского Дома на 1974 год. Л., 1976. С. 195.

«Если большинство привыкло смотреть на произведения живописи как на предметы домашнего обихода — пока роскошь для немногих и в идеале для общего пользования, то мы протестуем против такой грубой утилитаризации. Произведения чистой живописи имеют право на самостоятельное существование <...> И если <...> попытки предшествующих нам эпох — кубизма, футуризма — толкнуть живопись на путь самоопределения кажутся еще многим смешными <...> мы все же верим, что будет время, когда наше искусство, оправданное бескорыстным стремлением явить новую красоту, сделается для многих эстетической потребностью»[16]. Последние слова, как и часто повторяющаяся в ее письмах фраза о «преображенном» колорите, невольно вызывают в памяти другую цитату — Е.Н.Трубецкого, писавшего в своем исследовании об иконописи «Умозрение в красках»: «Достоевский сказал, что “красота спасет мир”. Развивая ту же мысль, Соловьев возвестил идеал “теургического искусства” <...> И самая мысль о целящей силе красоты давно уже живет в идее явленной и чудотворной иконы!»[17].

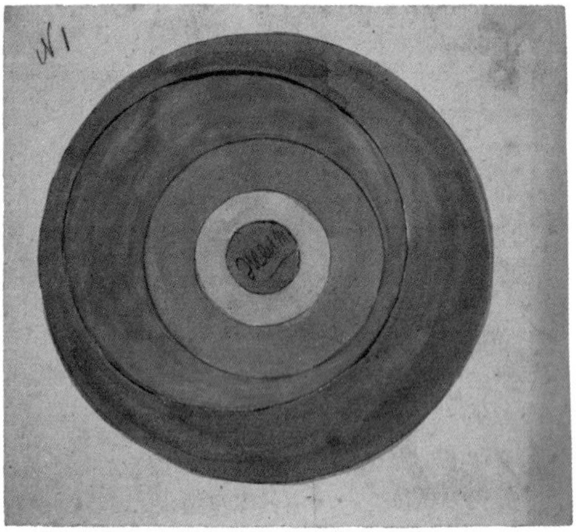

О.Розанова. Цветопись. Эскиз. 1917 (кат. 167)

Как ни парадоксально, но голос Малевича тоже вплетается в этот хор — в своем супрематическом «манифесте» он пишет:

«Здесь Божество, повелевающее выйти кристаллам в другую форму существования.

Здесь чудо...

Чудо должно быть и в творчестве искусства»[18].

[16] *Розанова О.* Кубизм. Футуризм. Супрематизм (см. наст. изд. С. 203).

[17] *Трубецкой Е.* Умозрение в красках. М., 1916. С. 41–42.

[18] *Малевич К.* От кубизма и футуризма к супрематизму // *Малевич К.* Собр. соч. Т. 1. С. 47–48.

Последний год. 1918

Утопическая идея жизнестроительства, характерная для авангарда, трагически совпала с ситуацией революции – еще одной «великой иллюзии» нового искусства. Розанова дает выразительную картину своей московской жизни той поры: «Давно собиралась позвонить Вам, но все дни с начала революции были битком набиты какими-то сумбурными впечатлениями, сюрпризами и забавно важными делами. Конечно, если бы (кроме того, что служу) я сказала Вам по телефону, что я:

член Проф-Клуба,
член Кооператива,
делегатка от об<щества> худ<ожников> Супремус,
секретарь редакции журнала, того же названия и который, по возможности, скоро должен выйти, и т. д., Вы бы зевнули и повесили трубку. А мне каково? Ведь я, придя со службы, должна идти на собрание какое-нибудь и от 7 до 1 ночи слушать, как люди говорят глупости <...>

Вообще, конечно, время интересное, но глубоко несчастные люди свели все к канцелярии»[1], – сообщала она Шемшурину.

Молодая, или «левая», федерация была представлена в профсоюзе именами А.Грищенко, К.Малевича, В.Татлина, Г.Якулова и О.Розановой, которые являлись ее делегатами в Совете профсоюза. Розанова была занята этой работой настолько, что даже лето вынужденно проводила в Москве:

«Союз наш расширяется. Вступают новые члены, даже Бенуа изъявил желание вступить в члены, т.к. петроградские организации его не удовлетворяют.

Союз будет Всероссийским.

Работа идет планомерно. Осенью будет общее собрание. Будут выборы в Совет (60 членов), так как сейчас только временный из 15 человек», – замечала она в письме Матюшину[2].

Помимо этой хлопотливой и неблагодарной работы, она участвует в заседаниях Художественно-просветительской комиссии при Совете рабочих депутатов, занимается изданием журнала «Супремус»... Организационная работа утомляла Розанову и была для нее несомненной обузой, но, будучи «человеком долга», она

[1] Письмо О.Розановой А.Шемшурину от 4 апреля 1917 г. (ОР РГБ. Ф. 339. Оп. 5. Ед. хр. 14. Л. 31–34).

[2] Письмо О.Розановой М.Матюшину от 10 июля 1917 г. (ОР ПД. Ф. 656. Л. 9).

не могла отказаться от поручений, возложенных на нее. Сидение на собраниях и заседаниях было для Розановой истинной каторгой, и в первую очередь потому, что отнимало время от творческой работы. Тем не менее, именно тогда она начала систематически разрабатывать свою теорию «цветописи». Насколько она была далека от всей суетности «прозаседавшихся», свидетельствует сохранившееся приглашение на одно из собраний такого рода. Оно все исписано стихотворными строками, пришедшими в голову необычными метафорами, карандашными набросками.

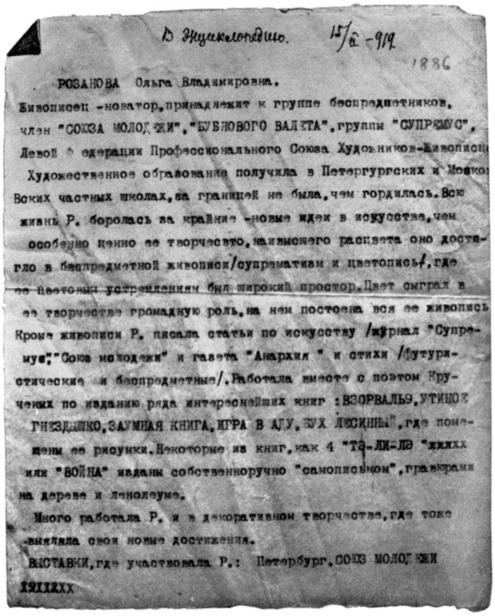
В Энциклопедию. 15/II-919
1886

РОЗАНОВА Ольга Владимировна.
Живописец -новатор,принадлежит к группе беспредметников,
член "СОЮЗА МОЛОДЕЖИ","БУБНОВОГО ВАЛЕТА",группы "СУПРЕМУС",
Левой федерации Профессионального Союза Художников-Живописц
Художественное образование получила в Петергургских и Моско
вских частных школах,за границей не была,чем гордилась.Всю
жизнь Р. боролась за крайние -новые идеи в искусстве,чем
особенно ценно ее творчесвто,наивысшего расцвета оно досте-
гло в беспредметной живописи/супрематизм и цветопись/,где
ее цветовым устремлениям был широкий простор.Цвет сыграл в
ее творчестве громадную роль,на нем постоена вся ее живопись
Кроме живописи Р. писала статьи по искусству /журнал "Супре-
мус","Союз молодежи" и газета "Анархия " и стихи /футури-
стические и беспредметные/.Работала вместе с поэтом Кру-
ченых по изданию ряда интереснейших книг :ВЗОРВАЛЬ9,УТИНОЕ
ГНЕЗДЫШКО,ЗАУМНАЯ КНИГА,ИГРА В АДУ,ТУХ ЛЕСИНЫ",где поме-
щены ее рисунки.Некоторые из книг,как 4 "ТЕ-ЛИ-ЛЭ "хххх
или "ВОЙНА" изданы собственноручно "самописьмом",гравюрами
на дереве и линолеуме.
Много работала Р. и в декоративном творчестве,где тоже
выявляла свои новые достижения.
ВЫСТАВКИ,где участвовала Р.: Петербург,СОЮЗ МОЛОДЕЖИ
ХХХХХХХ

Биографическая заметка В.Степановой о Розановой для энциклопедии. 1919. Архив А.М.Родченко и В.Ф.Степановой, Москва

В июне 1918 года на общем собрании профсоюза художников, после всех тягот создания этой организации, произошел выход из него левой федерации в связи с уничтожением деления внутри профсоюза. На следующий день после собрания газета «Анархия» опубликовала «резолюцию левой федерации» за подписью своего председателя Татлина и секретаря Родченко:

«1) Считая, что профсоюз является организацией, охраняющей правовое и бытовое положение художника, и что деление на автономные федерации является основой жизненности союза, левая федерация усматривает в предложении центральной федерации уничтожения делений <...> начало, гибельное для жизни профсоюза.

2) Левая федерация заявляет, что она остается единственным художественным и общественным центром, объединяющим все существующие группы левых художников»[3].

2 июля в этой же газете была опубликована статья Розановой «Уничтожение 3-федеративной конструкции союза, как причина выхода из нее левой федерации». В этой ежедневной общественно-литературной газете, где постоянно сотрудничали А.Ган, К.Малевич, А.Родченко и другие, Розанова опубликовала еще две полемические статьи: «Супрематизм и критика» и «Искусство — только в независимости и безграничной свободе!». Назва-

[3] Резолюция Левой федерации на общем собрании профсоюза // Анархия. 1918. № 95.

ние последней символично. Если 1917 год так и не стал «эпохальной датой» в смене «вех» отечественного искусства, то в истории он стал новой «точкой отсчета». Как известно, новаторы приняли Февральскую, а потом и Октябрьскую революции, искренне веря в долгожданную возможность реального «действия», воссоединения пространства искусства и жизни. Но первоначальная эйфория быстро прошла — внутренне чувство свободы и анархическое сознание «футуристов духа» все острее входило в конфликт с действительностью, исподволь подчиненной новым «хозяевам жизни», так разительно не похожим на идеал «творцов-изобретателей новой жизни».

В живописи Розанова старается «загружать» себя почти до предела, однако с начала 1918 года она практически не имеет возможности работать как живописец. Отсутствие мастерской (свою первую в жизни мастерскую она получила за неделю до смерти), нужда и сложности со здоровьем, общее истощение сказались в этой ситуации. Однако главной причиной была все больше и больше затягивающая деятельность в промышленном подотделе ИЗО Наркомпроса, которая отвлекала от творчества.

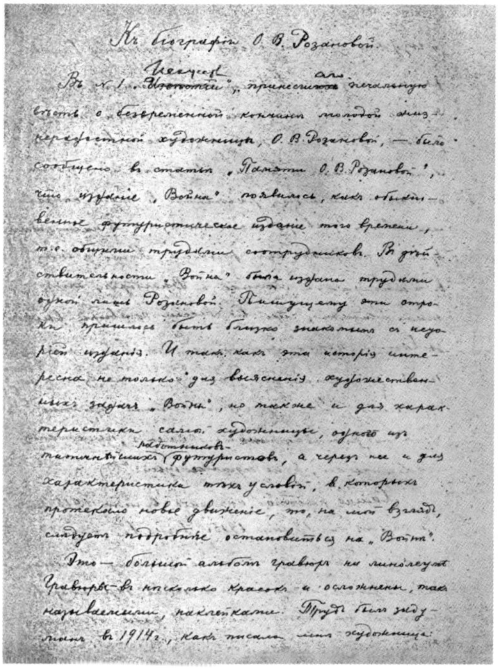
Къ біографіи О.В.Розановой.
Въ № 1 „Искусства", принесшемъ печальную
вѣсть о безвременной кончинѣ молодой и из-
вѣстной художницы, О.В.Розановой, — было
сообщено въ статьѣ „Памяти О.В.Розановой",
что изданіе „Война" появилось, какъ обыкно-
венное футуристическое изданіе того времени,
т.е. общими трудами сотрудниковъ. Въ дѣй-
ствительности „Война" была издана трудами
одной лишь Розановой. Пишущему эти стро-
ки пришлось быть близко знакомымъ съ исто-
ріей изданія. И такъ какъ эта исторія инте-
ресна не только для выясненія художествен-
ныхъ задачъ „Войны", но также и для харак-
теристики самой художницы, одного изъ
талантливѣйшихъ работниковъ-футуристовъ, а черезъ нее и для
характеристики тѣхъ условій, въ которыхъ
протекало новое движеніе, то, на мой взглядъ,
слѣдуетъ подробнѣе остановиться на „Войнѣ".
Это — большой альбомъ гравюръ на линолеумѣ.
Гравюры въ нѣсколько красокъ и осложнены, так
называемыми, наклейками. Трудъ былъ издуманъ въ 1914 г., какъ писала мнѣ художница:

Первая страница рукописи А.Шемшурина «К биографии О.В.Розановой». 1918. Архив А.М.Родченко и В.Ф.Степановой, Москва

Весной художница вошла во вновь созданную московскую Коллегию по делам искусства, а 24 мая она была принята на должность заведующей Художественно-промышленной секцией при отделе ИЗО, в которой проработала менее полугода. В ведении Розановой, «никогда не занимавшей должностей» (как она указала в анкете[4]), оказались вопросы, связанные с художественной промышленностью всей страны. В ее обязанности входило «управление художественной стороной стекольных, фарфоровых и керамических фабрик, заводов и мастерских», «организация кустарного производства», «создание художественно-ремесленных школ в стране» и даже «заведование оборудованием и меблировкой Народных домов», а также «разре-

[4] Личное дело О.В.Розановой. 24 мая — ноябрь 1918 г. (ЦГА РФ. Ф. 2306. Оп. 55. Ед. хр. 204).

шение вопросов художественного выполнения предметов утвари, обихода, игрушек и проч.»[5]. За три летних месяца Розанова объездила почти всё Подмосковье и Владимирскую губернию, она побывала в Сергиевом Посаде, Иваново-Вознесенске, Мстёре. В своих отчетах о поездках она смогла не только описать бедственное положение крестьянских мастеров, голод, заставлявший их оставлять ремесло и идти в город, но и разработала реальный план самой неотложной помощи, точный и подробный план реконструкции и сохранения промыслов, причем сохранения ненасильственного, без вмешательства производства.

Одной из главных задач для Розановой было восстановление старых технологий и работа по старым образцам, очищение от массовых шаблонов и штампов, разрушающих народное искусство в XX веке, создание ремесленных центров, мастерских в деревнях. И в этом она не могла не видеть продолжение живого начала, заложенного в бытовании абрамцевской мастерской, которая была национализирована в 1918 году. В одной из статей 1920-х годов Я.Тугендхольд не мог не удивиться тому, что, «читая в настоящее время отчет о деятельности отдела ИЗО, изумляешься той грандиозной программе по поднятию художественной промышленности, которая была намечена им на ближайшее время и которая остается едва ли не <...> максимальной и по сию пору. Нельзя не отметить и деятельности пионеров этого дела — Чехонина, Аверинцева, Ваулина, Аркина и особенно покойную художницу Розанову. “На фабрики, на заводы, в промышленные школы и мастерские!” — таков был воинствующий клич первых лет революции»[6].

К сожалению, проекты Розановой по реорганизации центров народных ремесел изначально были обречены оставаться лишь проектами из-за невозможности реализовать их в те сложные годы.

Розанову особенно интересовали текстильные мастерские, вдохновившие ее на создание множества эскизов, в которых элементы

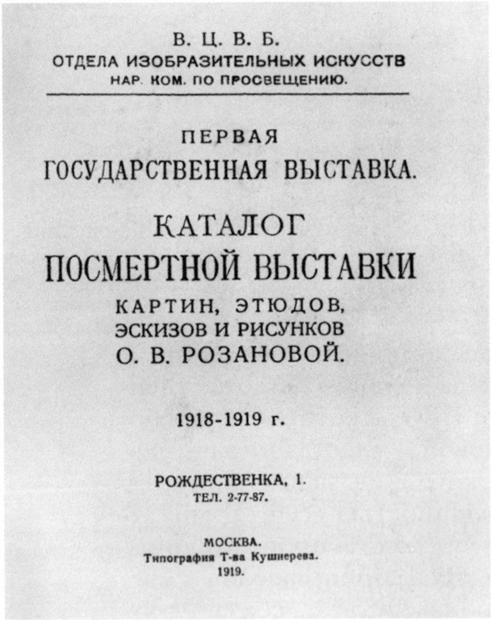
В. Ц. В. Б.
ОТДЕЛА ИЗОБРАЗИТЕЛЬНЫХ ИСКУССТВ
НАР. КОМ. ПО ПРОСВЕЩЕНИЮ.

ПЕРВАЯ
ГОСУДАРСТВЕННАЯ ВЫСТАВКА.

КАТАЛОГ
ПОСМЕРТНОЙ ВЫСТАВКИ
КАРТИН, ЭТЮДОВ,
ЭСКИЗОВ И РИСУНКОВ
О. В. РОЗАНОВОЙ.

1918-1919 г.

РОЖДЕСТВЕНКА, 1.
ТЕЛ. 2-77-87.

МОСКВА.
Типография Т-ва Кушнерева.
1919.

Каталог Посмертной выставки О.В.Розановой. М., 1918–1919

[5] Переписка отдела ИЗО с Управлением делами Н.К.П. по личному составу (ЦГА РФ. Ф. 2306. Оп. 23. Ед. хр. 28. Л. 18).

[6] *Тугендхольд Я.А.* Живопись революционного десятилетия. (1918–1917) // *Тугендхольд Я.А.* Избранные статьи и очерки: Из истории западноевропейского, русского и советского искусства. М., 1987. С. 229. См. также: *Розанова О.* Доклады о деятельности Художественно-промышленного подотдела ИЗО, о поездках в Сергиев Посад и Богородское. 1918. Рукопись. (ЦГА РФ. Ф. 2306. Оп. 23. Ед. хр. 23).

супрематизма сочетаются с элементами народного орнамента. Впрочем, эта тема привлекала ее еще раньше, в 1916–1917 годах, когда она создала целый ряд эскизов для артели «Вербовка».

Часть эскизов и выполненных по ним готовых изделий была еще раз показана на посмертной выставке художницы зимой 1918/1919 годов. Репродукции с некоторых работ Розанова предполагала поместить в декоративный отдел журнала «Супремус». Судя по всему, слова И.Клюна о том, что «на декоративных выставках Н.М.Давыдовой вышивками по эскизам Розановой любовалась вся Москва»[7], не были преувеличением: перед открытием в Москве в октябре Государственных свободных художественных мастерских инициативная группа учащихся составила список руководителей, в котором Розанова числилась заведующей специальной текстильной мастерской[8].

Розанову привлекали самые разные возможности, заложенные во всех «жанрах» творчества, где она могла бы найти место своему воображению и свободному эксперименту.

В конце октября 1918 года художница начинает работу над оформлением аэродрома в Тушине к годовщине революции. Ее притягивает задача выйти за рамки станковой живописи, использовать не только традиционные формы, но и световые лучи прожекторов: овладеть художественным пространством, превратив его в своеобразную «среду обитания», — «измерение» искусства воплотить в реальное «измерение».

7 ноября, в день, к которому были приурочены торжества, Розанова, простудившись на аэродроме, умерла с диагнозом «дифтерит» в Боткинской больнице.

«7 ноября 1918 года в 10 часов умерла Ольга Розанова — Живописец-Изобретатель... Революционер искусства, первый Мастер супрематической живописи...

<...> Кажется, твой мозг томился от изобретательских замыслов...

Ты была вечный Революционер-Изобретатель в композиции и технике <...>

Анархист Творчества, ты была неутомимый, вечно новый Гений Изобретательства...» — писал в некрологе А.Родченко[9].

В декабре в Москве открылась первая персональная — и посмертная — выставка Розановой, с которой начался цикл Государственных выставок. В ее устроении приняли непосредственное участие В.Степанова, В.Стржеминский (они подготовили лекции по выставке), И.Клюн и А.Древин; было экспонировано 250 произведений — от ранних классных этюдов до последних ра-

[7] *Клюн И.* Предисловие // Каталог Посмертной выставки картин, этюдов, эскизов и рисунков О.В.Розановой. М., 1919. С. III.

[8] Переписка отдела ИЗО с Управлением делами Н.К.П. по личному составу (ЦГА РФ. Ф. 2306. Оп. 23. Ед. хр. 28. Л. 7).

[9] *Родченко А.* Ольга Розанова – живописец. 1918 г. (Архив А.М.Родченко и В.Ф.Степановой).

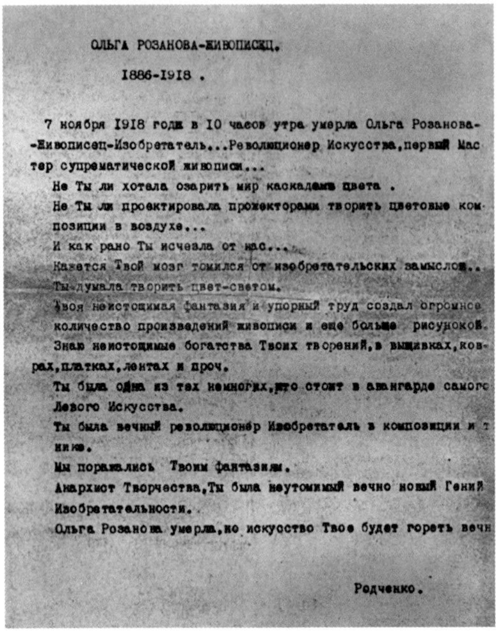

ОЛЬГА РОЗАНОВА-ЖИВОПИСЕЦ.

1886-1918 .

7 ноября 1918 года в 10 часов утра умерла Ольга Розанова--Живописец-Изобретатель...Революционер Искусства,первый Мастер супрематической живописи...

Не Ты ли хотела озарить мир каскадами цвета .

Не Ты ли проектировала прожекторами творить цветовые композиции в воздухе...

И как рано Ты исчезла от нас...

Кажется Твой мозг томился от изобретательских замыслов..

Ты думала творить цвет-светом.

Твоя неистощимая фантазия и упорный труд создал огромное количество произведений живописи и еще больше рисунков.

Знаю неистощимые богатства Твоих творений,в вышивках,коврах,платках,лентах и проч.

Ты была одна из тех немногих,что стоят в авангарде самого Левого Искусства.

Ты была вечный революционер Изобретатель в композиции и т нике.

Мы поражались Твоим фантазиям.

Анархист Творчества,Ты была неутомимый вечно новый Гений Изобретательности.

Ольга Розанова умерла,но искусство Твое будет гореть вечн

Родченко.

Машинописный оригинал статьи А.Родченко «Ольга Розанова – живописец». 1918. Архив А.М.Родченко и В.Ф.Степановой, Москва

И.Клюн. Проект памятника О.В.Розановой. 1918. Собрание Г.Костаки, Афины

бот в области цветописи. За три месяца выставку посетили 7000 человек: она имела заметный резонанс, вышли короткие статьи Степановой, Клюна (подготовившего издание каталога), Эфроса. Отдел ИЗО начал подготовку сборника статей и материалов, посвященных Розановой, издание ее стихов; в них некоторые критики сумели углядеть даже «угрозу существующему строю»[10] (сборник так и не был издан). Именем Розановой были названы первые Свободные художественно-ремесленные мастерские в Иваново-Вознесенске, в формировании которых она участвовала. Почти все произведения Розановой заняли свое место в «музее нового типа» – в Музее живописной культуры в Москве и в Музее художественной культуры в Петрограде.

Но к середине 1920-х годов и политическая, и художественная ситуации изменились. После расформирования этих музеев картины Розановой были рассеяны по стране. Часть из них была списана на ликвидацию и не сохранилась, большинство же полотен пополнили запасники провинциальных музеев.

[10] «В № 138 "Вечерних Известий" т. Фриче горько сетует на то, что в журнале "Искусство" помещены стихи О.Розановой, не понимает их и готов видеть в них чуть ли не угрозу существующему строю» (Искусство. 1919. № 5. С. 2).

О.В.Розанова

Статьи

Стихи

Письма

Манифест «Союза молодежи»[1]

Устраивая раньше художественные выставки, чтения и рефераты по искусству, Мы, Общество Художников «Союз молодежи», хотели тем самым дать возможность интересующейся искусством публике ознакомиться с состоянием Современной Молодой Живописи и раскрыть перед нею свое техническое *Credo*.

Этот практический путь выступления мы оставляем за собою и на будущее время, все более и более расширяя и углубляя его.

Устраивая сегодня уже диспут, а не реферат искусству и привлекая к участию на нем всех наших противников, мы объявляем наше боевое художественное *Credo*.

Мы являем себя в необыкновенное, исключительное время!

Весь нервный характер жизни Искусства нашего времени с убедительностью несомненною доказывает, что Искусству, живописи в настоящий момент принадлежит Доминирующая роль!

Оно привлекает всеобщее внимание, как никогда!

И, близкое уже к освобождению, Новое Искусство имеет столько врагов, как никогда!

Кто они, наши враги, которым мы объявляем борьбу, и в чем нас обвиняют?

Не является ли то, в чем упрекают нас наши противники, залогом нашей победы и силы?!

Или наша любовь к Искусству, заставляющая нас жаждать видеть его освобожденным, заслуживает те комья грязи, которыми бросают в нас!

Мы объявляем борьбу всем тюремщикам Свободного Искусства Живописи, заковавшим его в цепи повседневности: политики, литературы и кошмара психологических эффектов.

Мы объявляем, что живописец может говорить только на языке живописных творческих переживаний, не залезая в чужие карманы.

Мы объявляем борьбу всем культивирующим сентиментальность личных переживаний самовлюбленным Нарциссам, для которых нет ничего дорогого, кроме собственного, без конца ими отражаемого лика!

[1] Листовка «Союза молодежи», напечатанная в типографии «Живое слово». Санкт-Петербург, 23 марта 1913 г.

Мы объявляем борьбу Уголковому Творчеству «Мира искусства», смотрящему на мир через одно окно.

Этот мир мы желаем видеть широко раскрытым!

Вот вызов всем тем, кто нас обвиняет в теоретичности, в декадентстве, в отсутствии непосредственности!

В чем полагают непосредственность эти господа?!

В низменной тирании душевных переживаний! — всегда одних и тех же!

Тем хуже для них!

Мы объявляем, что ограничение творчества — есть отрава Искусства!

Что свобода творчества — есть первое условие самобытности! Отсюда следует, что у Искусства путей много!

Мы объявляем, что все пути хороши, кроме избитых и загрязненных чужими несчетными шагами, и мы ценим только те произведения, которые новизной своей рождают в зрителе нового человека!

Вот вызов тем, кто нас обвиняет в неустойчивости, кто соблазняет нас приютом миролюбивого сна — общим дортуаром, в котором беспробудно покоятся Передвижники, Мирискусники, Союз Русских Художников и прочие, и прочие! любители душных помещений, атмосфера которых уже убаюкивающе действует и на Бубновый валет.

Мы не завидуем их единодушному храпению.

Солнце Искусства светит слишком ярко, чтобы мы могли преступно спать.

Мы объявляем борьбу всем опирающимся на выгодное слово «устои», ибо это почтенное слово хорошо звучит лишь в устах тех людей, которые обречены не поспевать за стремительным бегом времени!

Этому ветхому слову мы противопоставляем слово «обновление».

Вот наш девиз:

«В беспрерывном обновлении Будущее Искусства!»

Мы широко открываем двери всем молодым, кому девиз наш дорог, чьи руки сильны, чтобы высоко держать наше знамя, и оставляем за дверью всех сомневающихся, расчетливых, не знающих куда пристать, ибо этим растерянным, недоуменным отбросам Искусства дан только один рабский удел: чинить чужие дырявые знамена!

Мы презираем слово «Слава», превращающее художника в тупое животное, которое упрямо старается отказываться ступать вперед даже тогда, когда его погоняют кнутом.

От беспрестанных поворотов в сторону прошлого немало людей вывернуло себе шеи.

Нет чести для нас обратиться в подобный нелепый призрак прошедшего, в бесплодный вымысел того, чего уже нет!

Мы не добиваемся того, чтобы нас помнили даже после смерти.

Достаточно Культа кладбищ и мертвецов.

Но мы не дадим забыть себя, пока мы живы, ибо, бодрствующие, мы будем без конца тревожить сон ленивых, увлекая все новые и новые силы к вечно новой и вечно прекрасной борьбе.

Основы Нового Творчества и причины его непонимания[1]

Искусство Живописи есть разложение готовых образов природы на заключенные в них отличительные свойства мировой материи и созидание образов иных путем взаимоотношения этих свойств, установленного личным отношением Творящего. Эти свойства художник определяет зрительной способностью. Мир — мертвая глыба, изнанка зеркала для невосприимчивой души и зеркало непрестанно возникающих отражений для зеркальных душ.

Как раскрывает себя нам мир? Как отражает мир наша душа? Чтобы отражать — надо воспринять. Чтобы воспринять — коснуться — видеть. Только Интуитивное Начало вводит нас в Мир.

И только Абстрактное Начало — Расчет, как следствие активного стремления к передаче мира, строит Картину.

Это устанавливает следующий порядок в процессе творчества.

1) Интуитивное Начало.

2) Личное претворение видимого.

3) Абстрактное творчество.

Очарование видимого, обаяние зрелища приковывает взгляд, и из этого первого столкновения художника с Природой возникает у него впервые стремление к творчеству. Желание проникнуть в Мир и, отражая его, отразить себя — импульс интуитивный, намечающий Тему, понимая это слово в чисто живописном его значении.

Таким образом, Природа является в такой же степени «Темой», как и отвлеченно поставленная живописная задача, и есть тот исходный пункт, то зерно, из которого развивается Произведение Искусства, а интуитивный импульс в процессе творчества является его первою психологической станцией. Как же пользуется художник данными Природы и как претворяет видимый Мир в своем к нему отношении?

Конь, поднявшийся на дыбы, неподвижные скалы, тонкий цветок равно прекрасны, если в равной степени выражают самих себя.

Но что выразит художник, повторивший их?

В лучшем случае это будет плагиат Природы бессозна-

[1] Статья опубликована: Союз молодежи. СПб., 1913. № 3. С. 14–22.

тельный, который простителен художнику, своих целей не ведающему, и в худшем случае – плагиат в прямом значении этого слова, когда от него упрямо не желают отказаться люди, только по причине творческого бессилия.

Так как не пассивным имитатором Природы должен быть художник, но активным выразителем своего к Ней отношения. Из этого возникает вопрос: до каких пор и в какой степени должно выражаться влияние Природы на художника.

Никогда рабское повторение образцов природы не передаст <ее> во всей ее полноте. Пора, наконец, сознаться в этом и открыто и раз навсегда заявить, что нужны иные пути, иные приемы для передачи Мира.

Фотограф и художник – раб, изображая образы природы, их повторит.

Художник с художественной индивидуальностью, изображая их, отразит себя. Из свойств Мира, ему раскрытого, он воздвигнет Новый Мир – Мир Картины и, отрекшись от повторений видимого, он неизбежно создаст иные образы, с которыми вынужден считаться, переходя к практическому их осуществлению на полотне.

Интуитивное Начало как внешний стимул к творчеству и личное претворение – вторая стадия творческого пути – сыграли свою роль, выдвинув значение абстрактного.

Последнее заключает в себе понятие творческого Расчета, целесообразного отношения к живописной задаче и, играя в Новом Творчестве существенную роль, сблизило навсегда понятие художественных средств с понятием художественных целей. Современное искусство не является более копией реальных предметов, оно поставило себя в иную плоскость, оно решительно перевернуло то понятие об Искусстве, которое существовало до сих пор.

Прикованный к Природе художник Прежнего Искусства забывал о Картине как о самостоятельном явлении, и она в результате была только бледным напоминанием того, что он видел, скучным ансамблем готовых недробимых образов Природы, плодом логики неизменного, не эстетического свойства. Природа художника закрепощала.

И если раньше личное претворение природы и выражалось иногда в том, что художник ее изменял согласно личному о ней представлению (творчество архаических эпох, младенческого возраста народов, примитивы), то все же это были примеры неосознанного свойства, это были только попытки свободной речи, и готовый образ в результате чаще торжествовал.

Только теперь художник вполне сознательно творит Картину, не только не копируя природу, но подчиняя первобытное о ней представление представлениям, усложненным всею психикой современного творческого мышления: то, что художник видит, + то, что он знает, + то, что он помнит, и т.д., и результат этого сознания при нанесении на холст он еще подвергает конструктивной переработке, что, собственно говоря, в Творчестве и есть самое главное, ибо только при этом условии возникает самое понятие Картины и самодовлеющей ее ценности.

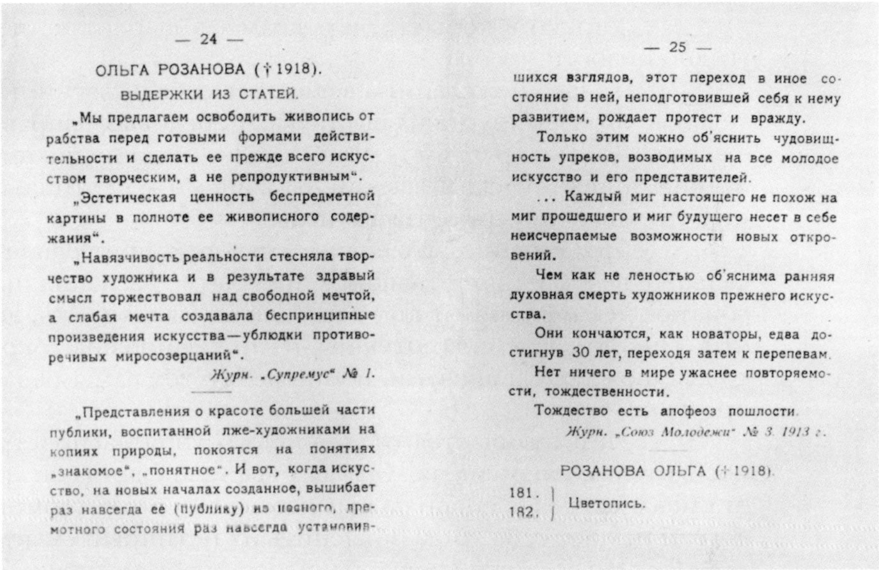

— 24 —

ОЛЬГА РОЗАНОВА († 1918).

ВЫДЕРЖКИ ИЗ СТАТЕЙ.

„Мы предлагаем освободить живопись от рабства перед готовыми формами действительности и сделать ее прежде всего искусством творческим, а не репродуктивным".

„Эстетическая ценность беспредметной картины в полноте ее живописного содержания".

„Навязчивость реальности стесняла творчество художника и в результате здравый смысл торжествовал над свободной мечтой, а слабая мечта создавала беспринципные произведения искусства—ублюдки противоречивых миросозерцаний".

Журн. „Супремус" № 1.

„Представления о красоте большей части публики, воспитанной лже-художниками на копиях природы, покоятся на понятиях „знакомое", „понятное". И вот, когда искусство, на новых началах созданное, вышибает раз навсегда ее (публику) из косного, дремотного состояния раз навсегда установив-

— 25 —

шихся взглядов, этот переход в иное состояние в ней, неподготовившей себя к нему развитием, рождает протест и вражду.

Только этим можно об'яснить чудовищность упреков, возводимых на все молодое искусство и его представителей.

... Каждый миг настоящего не похож на миг прошедшего и миг будущего несет в себе неисчерпаемые возможности новых откровений.

Чем как не леностью об'яснима ранняя духовная смерть художников прежнего искусства.

Они кончаются, как новаторы, едва достигнув 30 лет, переходя затем к перепевам.

Нет ничего в мире ужаснее повторяемости, тождественности.

Тождество есть апофеоз пошлости.

Журн. „Союз Молодежи" № 3. 1913 г.

РОЗАНОВА ОЛЬГА († 1918).

181. } Цветопись.
182. }

Страницы из каталога X Государственной выставки «Беспредметное искусство и супрематизм» (М., 1919)

При идеальном положении вещей художник непосредственно переходит от одного творческого состояния в другое и Начала: Интуитивное, Личное, Абстрактное – органически, а не механически спаяны. Не ставя себе задачей разбор отдельных современных художественных течений, но только определение общего характера Нового творческого Миросозерцания, я буду касаться этих течений лишь постольку, поскольку они являются следствием этой Новой творческой психологии и вызывают то или иное отношение в публике и критике, воспитанной на психологии прежнего представления об искусстве. Прежде всего для таких людей, если они не сделают попытки стать на требуемую точку зрения, искусство наших дней будет фатально непонятно.

Представление о красоте большей части публики, воспитанной лжехудожниками на копиях природы, покоится на понятиях «Знакомое», «Понятное». И вот, когда искусство, на новых началах созданное, вышибает ее (публику) из косного, дремотного состояния раз навсегда установившихся взглядов, этот переход в иное состояние в ней, не подготовившей себя к нему развитием, рождает протест и вражду.

Только этим можно объяснить чудовищность упреков, возводимых на все Молодое Искусство и его представителей.

Упреки в корысти, в рекламе, в шарлатанстве, в какой угодно низости.

Только нежеланием воспитать себя объяснимы отвратительные взрывы хохота на выставках передовых направлений.

Только круглым невежеством — недоумение перед выраженными техническим языком заглавиями к картинам (лейт-линия, цветовая инструментовка и т.п.)

Несомненно, что если бы человек, пришедший на музыкальный вечер и прочитавший в программе названия пьес: «Фуга-соната», «Симфония» и т.п., вдруг начал бы хохотать, доказывая, что эти определения потешны и претенциозны, окружающие только пожали бы плечами, поставив его тем самым в положение простака.

Чем отличается от подобного типа распространенный посетитель современных Молодых выставок, когда он кривляется от смеха, встречая специальные художественные термины в каталоге, и не дает себе труда объяснить их истинный смысл?

Но если отношение некоторой части публики бестактно, отношение критики и собратий по искусству к его Молодым представителям, к сожалению, не только не менее бестактно и невежественно, но и часто даже недобросовестно. Всем, кто следит за художественной жизнью, знакомы статьи Ал.Бенуа на тему Кубизм:

«Кубизм или Кукишизм» — это позорное пятно русской критики. И если такой известный художественный критик обнаруживает полное невежество в вопросах специального характера, что мы можем ожидать от газетных судей, зарабатывающих хлеб на искажении истины в угоду косным взглядам толпы!

Когда нет возможности отвратить победу противника, чтобы обезвредить его, остается одно — умалить его значение.

К этой вылазке и прибегают противники Нового Искусства, отвергая его самодовлеющее значение и объявив «Переходным», не умея даже путем разобраться в понимании этого Искусства, сваливая в одну кучу Кубизм, Футуризм и другие проявления художественной жизни, не выясняя себе ни их существенной разницы, ни связующих их общих положений.

Обратимся к понятиям «Переходное» и «Самодовлеющее». Заключается ли в этих словах разница качественная или количественная? По единственно правильному определению «переходной эпохой» во всех проявлениях культурной жизни и, следовательно, и в искусстве можно назвать только эпоху Старчества и Эпигонства — период замирания жизни.

Всякая новая эпоха в искусстве отличается от предшествовавшей тем, что в ранее выработанный опыт она вносит ряд новых художественных положений и, идя по пути этого развития, вырабатывает новый кодекс художественных формул. Но с течением времени начинается неизбежное понижение творческой энергии.

Новые формулы не вырабатываются, напротив, ранее выработанные поднимают до невероятной изощренности художественную технику, доводя ее до холодного престидижитаторства кисти, которое в крайнем своем выражении застывает в условном повторении готовых форм. И на этой почве выращиваются тлетворные цветы эпигонства. Не заходя в глубину истории искусств и пользуясь примером недалекого прошлого (ибо это отжило), как на пример эпигонства можно указать на выставки «Мира искусства» и особенно «Союз русских художников» в их теперешнем виде, ничего в сокровищницу искусства не вносящие и по существу своему являющиеся только эпигонами передвижничества, с тою лишь разницей, что рабская имитация природы с привкусом социально-народнической идейности (передвижничество) заменена здесь имитацией жизни интимно-аристократического свойства, извращенного культа старины и сентиментальности личных переживаний (Уголковое творчество выставок «Мира искусства» и им подобных).

Указав выше, что все искусство, ранее существовавшее, лишь намеком касалось задач чисто живописного свойства, ограничиваясь в общем повторением видимого, можно сказать, что лишь в 19 веке Школою Импрессионистов впервые выдвинуты были положения, до тех пор неизвестные: условие воздушно-световой атмосферы в картине, цветовой анализ.

Затем следует Ван Гог, давший намек на принцип динамизма, и Сезанн, выдвинувший вопрос о конструкции, плоскостном и поверхностном измерении.

Но Ван Гог и Сезанн — это лишь устья тех широких и стремительных течений, которые являются наиболее определившимися в наше время: Футуризм и Кубизм.

Исходя из этих намеком данных возможностей (динамизм, плоскостное и поверхностное измерение), каждое из этих течений обогатило искусство рядом самостоятельных положений.

Причем, несмотря на диаметральную вначале противоположность (Динамизм, Статизм), они затем взаимно обогатились рядом общих положений. Эти общие положения и придали общий тон всем современным живописным течениям.

Только современное Искусство выдвинуло со всей полнотой серьезность таких принципов, как принципы динамизма, объема и равновесия в картине, принципы тяжести и невесомости, линейного и плоскостного сдвига, ритма как закономерного деления пространства, планировки, плоскостного и поверхностного измерения, фактуры, цветового соотношения и массы других. Достаточно перечислить эти принципы, отличающие Новое искусство от Старого, чтобы убедиться, что они суть то Качественное, а не количественное только Новое Начало, которое и доказывает «Самодовлеющее» значение Нового Искусства. Принципы до сих пор неизвестные, знаменующие возникновение новой эры в творчестве — эры чисто художественных достижений.

Эры окончательного освобождения Великого Искусства Живописи от несвойственных ему черт Литературного, Социального и грубо жизненного характера от нутра. В выработке этого ценного миросозерцания и заключается заслуга нашего времени, независимо от праздного вопроса: как быстро промелькнут созданные им отдельные направления?

Выяснив существенную ценность Нового Искусства, нельзя не отметить еще чрезвычайной повышенности всей творческой жизни нашего времени, небывалого ранее разнообразия и количества художественных путей.

Оставаясь всегда верными себе в своем фатальном страхе перед прекрасным и интенсивно обновляющимся, г-да художественные критики и ветераны старого искусства, пугливые и дрожащие за маленькие сундучки своих скудных художественных достижений, чтобы отстоять на виду эту жалкую собственность и занятое ими положение, не жалеют никаких средств для того, чтобы очернить Молодое Искусство, и для того, чтобы задержать его триумфальное шествие. Они еще упрекают его в несерьезности и неустойчивости.

Пора понять, наконец, что только тогда будущее Искусства обеспечено, когда жажда вечного обновления в душе художника станет неиссякаемой, когда убогий личный вкус потеряет над ним силу, освободив его от необходимости петь перепевы.

Только отсутствие честности и истинной любви к искусству дает наглость иным художникам питаться заготовленными про запас на несколько лет несвежими консервами художественных сбережений и из года в год до 50 лет бормотать о том, о чем они в 20 лет заговорили впервые.

Каждый миг настоящего не похож на миг прошедшего, и миги будущего несут в себе неисчерпаемые возможности новых откровений!

Чем, как не леностью, объяснима ранняя духовная смерть художников Прежнего Искусства!

Они кончаются как новаторы, едва достигнув 30 лет, переходя затем к перепевам.

Нет ничего в Мире ужаснее повторяемости, тождественности.

Тождественность есть апофеоз пошлости.

Нет ничего в Мире ужаснее неизменного Лика художника, по которому друзья и старые покупатели узнают его на выставках, — этой проклятой маски, закрывающей ему взгляд вперед, этой презренной шкуры, в которую облечены все «маститые», все цепляющиеся за свою материальную устойчивость торгаши искусства!

Нет ничего страшнее этой неизменности, когда она не является отпечатком стихийной силы индивидуальности, а лишь испытанным ручательством за верный сбыт!

Пора, наконец, положить предел разгулу критического сквернословия и честно признать, что только Молодые выставки являются залогами обновления искусства. Презрение обратить на тех, кому дорог только спокойный сон и рецидивы переживаний!

Кубизм. Футуризм. Супрематизм[1]

Сознание большинства под словом *живопись* привыкло принимать изобразительное искусство — искусство передачи видимого, воспринятого конкретно, и все прежде всего ищут в картине житейский смысл.

Живопись в течение веков шла по этому пути.

Для изобразительной живописи «феномен» — содержание, а передача его — верховная цель. Я проведу параллель между сущностью изобразительного искусства и сущностью беспредметного искусства, в частности Супрематизм<а>.

Изобразительное искусство рождено любовью к вещи.

Беспредметное искусство рождено любовью к цвету. Это живопись по преимуществу.

Мы предлагаем освободить живопись от рабства перед готовыми формами действительности и сделать ее прежде всего искусством творческим, а не репродуктивным.

Дикаря, чертящего с восторгом на камне контур быка или оленя, примитивиста, академика, античных художников и эпохи Возрождения, импрессионистов, кубистов и даже отчасти футуристов объединяет одно и то же: предмет, природа <этих художников> интригует, восторгает, удивляет, радует, они стараются постичь ее сущность, стремятся обессмертить.

Они идут через предмет, через форму природы — к живописи.

Видимый мир — резиденция их творческой души.

Импрессионисты упразднили композицию не потому, что были

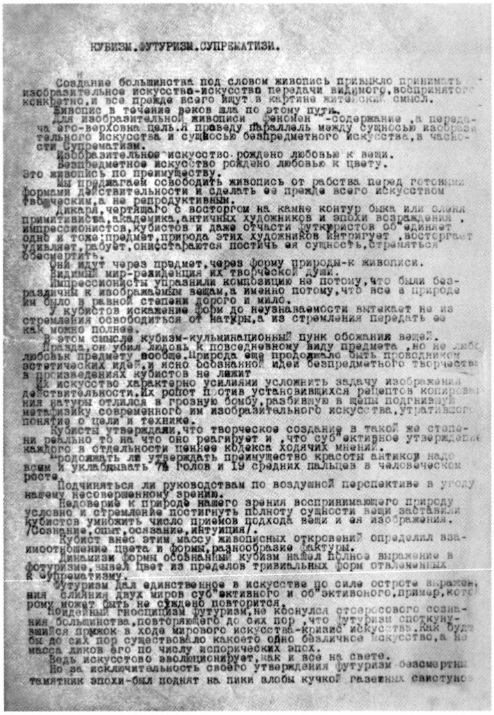
КУБИЗМ.ФУТУРИЗМ.СУПРЕМАТИЗМ.

Создание большинства под словом живопись привыкло принимать изобразительное искусства-искусства передачи видимого,воспринятого конкретно,и все прежде всего ищут в картине житейский смысл.

Живопис в течение веков шла по этому пути.

Для изобразительной живописи "феномен"-содержание ,а передача его-верховна цель.Я проведу параллель между сущносью изобразительного искусства и сущносью безпредметного искусства,в частности Супрематизм.

Изобразительное искусство рождено любовью к вещи.

Безпредметное искусство рождено любовью к цвету.

Это живопись по преимуществу.

Мы предлагаем освободить живопись от рабства перед готовыми формами действительности и сделать ее прежде всего искусством творческим,а не репродуктивным.

Дикаря,чертящего с восторгом на камне контур быка или оленя примитивиста,академика,античных художников и эпохи возраждения , импрессионистов,кубистов и даже отчасти футуристов об"единяет одно и тоже:предмет,природа этих художников интригует ,восторгает удивляет,радует,они стараются постичь ея сущность,стремяться обесмертить.

Они идут через предмет,через форму природы-к живописи.

Видимый мир-резиденция их творческой души.

Импрессионисты упразднили композицию не потому,что были безразличны к изображаемым вещам,а именно потому,что все в природе им было в равной степени дорого и мило.

У кубистов искажение форм до неузнаваемости вытекает не из стремления освободиться от натуры,а из стремления передать ее как можно полнее.

В этом смысле кубизм-кульминационный пунк обожания вещей.

Правда,он убил любовь к повседневному виду предмета ,но не любовь к предмету вообще.Природа еще продолжало быть проводником эстетических идей,и ясно осознанной идеи безпредметного творчества в произведениях кубистов не лежит

Их искусство характерно усилиями усложнить задачу изображения действительности.Их ропот против установившихся рецептов копирования натуры отлился в грозную бомбу,разбившую в щепы подгнившую метафизику современного им изобразительного искусства,утратившого понятие о цели и технике.

Кубисты утверждали,что творческое создание в такой же степени реально то на что оно реагирует и ,что суб"ективное утверждение каждого в отдельности ценнее кодекса ходячих мнений.

Продолжать ли утверждать преимущество красоты антиков надо всем и укладывать 7½ голов и 19 средних пальцев в человеческом росте.

Подчиняться ли руководствам по воздушной перспективе в угоду нашему несовершенному зрению.

Недоверие к природе нашего зрения воспринимающего природу условно и стремление постигнуть полноту сущности вещи заставили кубистов умножить число приемов подхода вещи и ея изображения. /Сознание,опыт,осязание,интуиция/.

Кубист внес этим массу живописных откровений определил взаимоотношение цвета и формы,разнообразие фактуры.

Динамизм формы осознанный кубизм нашел полное выражение в футуризме,вывел цвет из пределов тривиальных форм отвлеченных к Супрематизму.

Футуризм дал единственное в искусстве по силе остроте выражения слияния двух миров суб"ективного и об"эктивного,пример,которому может быть не суждено повторится.

Поидейный гносцицизм футуризм,не коснулся стоеросового сознания большинства,повторяющего до сих пор ,что футуризм споткнувшийся прыжок в ходе мирового искусства-кризис искусства.Как будто бы до сих пор существовало какоето одно безличное искусство,а не масса ликов его по числу исторических эпох.

Ведь искусстово эволюционирует,как и все на свете.

Но за исключительность своего утверждения футуризм-безсмертный памятник эпохи-был поднят на пики злобы кучкой газетных свистунов

Первая страница машинописного оригинала статьи О.Розановой. «Кубизм. Футуризм. Супрематизм». 1917. Частное собрание, Москва

[1] Статья написана для неопубликованного журнала «Супремус». Публикуется по черновому машинописному оригиналу 1917 г. (Частное собрание, Москва).

безразличны к изображаемым вещам, а именно потому, что все в природе им было в равной степени дорого и мило.

У кубистов искажение форм до неузнаваемости вытекает не из стремления освободиться от натуры, а из стремления передать ее как можно полнее. В этом смысле кубизм — кульминационный пункт обожания вещей.

Правда, он убил любовь к повседневному виду предмета, но не любовь к предмету вообще. Природа еще продолжала быть проводником эстетических идей, и ясно осознанной идеи беспредметного творчества в произведениях кубистов не лежит.

Их искусство характерно усилиями усложнить задачу изображения действительности. Их ропот против установившихся рецептов копирования натуры отлился в грозную бомбу, разбившую в щепы подгнившую метафизику современного им изобразительного искусства, утратившего понятие о цели и технике.

Кубисты утверждали, что творческое сознание в такой же степени реально, <как и> то, на что оно реагирует, и что субъективное утверждение каждого в отдельности ценнее кодекса ходячих мнений.

Продолжать ли утверждать преимущество красоты антиков надо всем и укладывать $7\,\frac{1}{2}$ голов и 19 средних пальцев в человеческом росте <?>

Подчиняться ли руководствам по воздушной перспективе в угоду нашему несовершенному зрению <?>

Недоверие к природе нашего зрения, воспринимающего природу условно, и стремление постигнуть полноту сущности вещи заставили кубистов умножить число приемов подхода <к> вещи и ее изображению. (Сознание, опыт, осязание, интуиция.) Кубист внес этим массу живописных откровений, определил взаимоотношение цвета и формы, разнообразие фактуры.

Динамизм формы, осознанный кубизм<ом>, нашел полное выражение в футуризме, вывел цвет из пределов тривиальных форм, отвлеченных к Супрематизму.

Футуризм дал единственное в искусстве по силе, остроте выражения слияние двух миров — субъективного и объективного, пример, которому, может быть, не суждено повториться.

Но идейный гностицизм, футуризм, не коснулся стоеросового сознания большинства, повторяющего до сих пор, что футуризм — споткнувшийся прыжок в ходе мирового искусства — кризис искусства. Как будто бы до сих пор существовало какое-то одно безличное искусство, а не масса ликов его по числу исторических эпох.

Ведь искусство эволюционирует, как и всё на свете.

Но за исключительность своего утверждения футуризм — бессмертный памятник эпохи — был поднят на пики злобы кучкой газетных свистунов и профанов.

Футуризм выразил характер современности с наивысшей проницательностью и полнотой.

В наше металлическое время, душой которого является инициатива и техника, — футуристы довели технику до гениальной полноты.

Футуристы расширили понятие средств изобразительной живописи за пределы фабричной краски (Досекина, Мевеса и др.), ввели наклейки, рельеф, разные материалы, разные фактуры.

Сторонники единства средст<в> не поняли технических завоеваний футуризма, так как не могли их связать с идейным содержанием метода.

Сущность динамизма в кубизме: «схватить» несколько последовательных образов предмета, которые, слитые в один, восстановят его в продолжительности. (Кубизм — Глез — Метценже.)[2] Путем дробления вызвать острую мечту спаянности.

Сущность динамизма в футуризме: путем дробления вызвать ощущение самого чувства динамизма, а не фиксации его.

До футуристов художники условно передавали движение так: наивысшее выражение движения — положение форм на плоскости холста, параллельное диаметру холста, наивысшее выражение статизма — положение форм на плоскости холста, параллельное этой последней.

Зритель не ощущал движение в картине, но видел лишь фиксацию движения. Условное понятие верха и низа устанавливало положение вещей в зависимости от действия на них законов тяготения и от удобства для рассматривания.

Это практическое соображение создало преобладание пластического равновесия, симметрии в мировом искусстве. Академический принцип композиции: один фокус в квадратной раме, 2 или 3 и т.д. в продолговатой, в зависимости от характера размера холста и т.п. Картина была функцией от рамы, от тех тисков, которые очень удобно сделать столяру, но в которые не всегда удобно втиснуть художественный замысел. Уже футуристы, изображая положение вещей в движении и с их точек зрения, дали композицию более свободного характера.

Сдвиг уносящихся в пространство вещей опрокинул заботу о безмятежном удобстве и вызвал асимметричную компози-

[2] *Глез А., Метценже Ж.* О кубизме. СПб., 1913.

цию, построенную на пластических диссонансах, для предубежденных глаз неожиданную, но глубоко реальную в пределах своей цели.

Для супрематистов картина окончательно перестает быть функцией от рамы.

Мы не смотрим на формы, с которыми мы оперируем, как на реальные предметы и не ставим их в зависимость от верха и низа картины, считаясь с их реальным смыслом, — реального смысла у них нет.

Мы считаемся с их живописным содержанием, поэтому и преобладание симметрии или асимметрии, статизма или динамизма есть следствие хода творческой мысли, а не предвзятых соображений житейской логики. Эстетическая ценность беспредметной картины в полноте ее живописного содержания.

Теперь я скажу об отношении к цвету изобразительного искусства и беспредметного, о связи цвета с фактурой и с формой и об отношении того и другого искусства <к> форме.

Мы видим цвет в окраске предметов, в преломлении света (радуга, спектр). Но можем представить себе цвета и независимо от представления о предмете и не в порядке спектральном.

Мысленно видим зеленое, синее, белое.

Эту способность вызывать в воображении цвета можно рассматривать как воспоминание о цвете, выключенном из тела вещей и переставшем быть материальным. На всякую выкрашенную плоскость мы оптически реагируем как на цвет, но при созерцании окрашенных предметов мы видим тот или иной цвет в размере занимаемой им плоскости (румянец этого яблока, эти зеленые крыши) и в связи с материальной природой предмета (его строение, качество пигмента и пр<очее>), тем самым материализуя нематериальную сущность цвета вообще.

Как, например, определить цвет полированного дерева? К цвету алого шелка невозможно подобрать одинаковый цвет алого ситца, шерсти, бумаги.

Цвет спелого персика или апельсина создается не только свойствами их пигмента, но и возвышениями и углублениями, бархатистостью или гладкостью их кожи.

Фактура материала засоряет более или менее природу цвета и является суррогатом чистой живописи.

Изобразительная живопись, поскольку она ставила себе целью воспроизведение действительности, измеряла количество и сущность цвета меркою и качеством готовых форм, и свою фактуру подражала <sic!> фактуре подражаемого предмета. Это была фактура, имитирующая материал, и это мешало созданию той живописи, в которой цвет — задача и цель, а не подражание.

Второй суррогат живописи — скульптурная форма вещей.

Цвет, включенный в природу вещей, является выражением чего-то в материи и меняет свое качество в зависимости от формы и ее освещения.

Красный диск, диаметр которого равен диаметру шара, выкрашенного в ту же краску, обширнее передаст красный цвет, так как передаст его одинаково всею плоскостью с такой силой, с какой шар передает его только в одной ближайшей к нам точке — точке наибольшего освещения.

Эту точку можно рассматривать как плоскость, тождественную плоскости диска, но несравненно меньшего размера. Во всех же остальных точках, по мере удаления от источника света, шар окрашен и все темнее, и все изменчивее и не в первоначальном виде передает цвет.

<Третий> суррогат живописи — воздушная атмосфера.

Эти суррогаты видоизменяют первоначальную сущность цвета и переводят его в тон. Реальная живопись имеет дело именно с тоном, а не с цветом. Реальная живопись мало считалась с качеством материала (краской), которым она оперировала.

Неоимпрессионисты создали оптический колорит для передачи воздушной атмосферы, но они применяли свои законы к реальным формам, а так как всякое изменение цвета влечет за собой изменение формы, то силою этого эстетического закона они разрушили и исказили реальные формы. Но отказ от этих форм не входил в их задачи и они остались на полдороге, они не нашли способа связать обновленный колорит с обновленной фактурой.

Футуристы дали динамизм форм, но так как они также не были независимы от готовых форм и свойственной им среды, то и они тоже через динамизм не освободили цвет от чуждых ему элементов, они просто разрушили форму и цвет в том их значении, в котором ими пользовалось изобразительное искусство.

Кубофутуристическая реальность — продукт самопожирающей погони за реальностью и полнотой передачи вещи сквозь призму чистейшей субъективности, и это было замечено до того, <как> созданное волею художника несуществующее приобрело ценность новой реальности, какого-то абстрактного абсолюта, убившего интерес к конкретно созерцаемому. Кубисты и футуристы не могли освободиться от предметности, но мы уважаем их тоску и предчувствие новых горизонтов.

«Мы признаем, что воспоминание о природных формах не могло бы быть абсолютно игнорировано, по крайней мере в наше время нельзя возвысить искусство вплоть до чистого излияния» (Кубизм — Глез — Метценже). Но мы, супрематисты, говорим, что что-нибудь <sic!> одно из двух: или изящное ремесло воспроизведения действительности, или живопись <как> самоцель. В последнем случае нужно отказаться от посторонних целей, отказаться от готовых форм, т<ак> к<ак> свойства их и атмосфера засоряют цвет. На изобразительной живописи лежало слишком много обязанностей: имитация природы, предвзятая фабула и пр<очее>, и это отвлекало ее от непосредственно важных задач — передачи цвета.

Она передала комплекс впечатлений от феномена.

Правда, история изобразительного искусства дает нам примеры уклонения от натурализма. Уже в условной композиции, ставящей предметы в неестественное, в смысле житейском, положение, — протест против натурализма.

В стремлении обогатить предмет цветом <используются> цветовые гиперболы и метафоры — вплоть до искажения форм.

Но чем более искажается реальная форма, тем непонятнее упорство художника, не желающего от нее отказаться.

Почему не отбросить ее сразу, если она не соответствует и не выражает желательного цвета, содержания. Навязчивость реальности стесняла творчество художника, и в результате здравый смысл торжествовал над свободной мечт<ой>, а слабая мечта создавала беспринципные произведения искусства — ублюдки противоречивых миросозерцани<й>.

Супрематизм отказывается от пользования реальными формами для живописных целей, ибо они, как дырявые сосуды, не держат цвет и он в них расползается и меркнет, придушенный случайностью их простоты или сложности, не всегда соответствующей данному цветовому изображению. Изобразительный знак природы <сам по> себе довлеет, и бессмысленно с ним <соперничать?> для ультраживописных целей.

Мы создаем качество формы в связи с качеством цвета, а не врозь.

Мы устанавливаем передачу цвета на плоскости, т<ак> к<ак> ее отражательная поверхность выгоднее и неизменнее передаст цвет. Ввиду этого рельефы, наклейки и имитирующая материал фактура скульптурности (мазок, напр<имер>) дают тень, <и они,> имеющие место в реальной изобразительной живописи до футуризма включительно, как факторы, влияющие на изменение основной сущности цвета, в двухмерной живописи на плоскости не применимы.

Борьба цветовых качеств в условиях длительности, интенсивности, тяжести влечет за собой вторжение одного цвета в другой, вытеснение одного <цвета> другим.

Живописная форма есть характер реализации (воплощения) цвета на плоскости при помощи материальных красок и в степени крайней необходимости для каждого отдельного случая. Иначе законы соотношения цветов в связи с условиями плоскости выражения создают индивидуализацию живописных форм.

Сумма живописных форм разнородных цветов, сближенных в известных положениях, может создать иллюзию скульптурного рельефа, но для беспредметной живописи на плоскости это эстетического значения не имеет.

Качество форм, включающих цвет<а>, и их взаимоотношение оправдывают свое значение постольку, поскольку эти формы служат выявлению цветовых качеств, а не постольку, поскольку смежностью своих плоскостных сущностей они могут создать впечатление поверхности.

Подобно тому как в природе разность атмосфер создает воздушное течение или <грозное>, опрокидывающее и разрушающее, так и в мире красок свойствами их цветовых ценностей, их тяжестью или легкостью, интенсивностью, длительностью создается динамизм, и он в основе своей реален и властен, он рождает стиль и оправдывает конструкцию.

Он освобождает живопись от <произволов> законов вкуса и устанавливает закон реальной неизбежности.

Он освобождает живопись от утилитарных соображений.

В этом ее <отличие> от прикладного искусства.

Орнаментальная роспись вазы <располагается> в рамке ее практически полезной формы, ей некуда из нее выскочить, связью с ней роспись оправдывает свое существование. Красочный экстаз ковра станет его размером и формой.

Книжный арабеск связан с характером размера листа, приспособлен к шрифту, к размеру книги и пр<очему>.

Обязанностью же приспособляться вызвана повторяемость основного рисунка в декоративной живописи (прикладной). Это очень хорошо в пределах условной цели, но не за пределами безусловной свободы.

Если большинство привыкло смотреть на произведения живописи как на предметы домашнего обихода – пока роскошь для немногих и в идеале для общего пользования, то мы протестуем против такой грубой утилитаризации. Произведения чистой живописи имеют право на самостоятельное существование, а не в связи <с> шаблоном комнатной обстановки. И если наши условия и попытки предшествующих нам эпох – кубизма, футуризма – толкнуть живопись на путь самоопределения кажутся еще многим смешными, благодаря тому что они мало поняты или плохо рекомендованы, мы все же верим, что будет время, когда наше искусство, оправданное бескорыстным стремлением явить новую красоту, сделается для многих эстетической потребностью.

Супрематизм и критика[1]

Бездарный художник сидит и выдумывает, как бы так ухитриться написать картину, какие бы формы взять, чтобы не показаться устарелым или новизной критиков не раздражить: они этого не любят.

И псевдотворческий путь бездарности чертит осторожную кривую...

Осторожность — самый типичный признак бездарности. Ее лакейское клеймо. А критики смотрят — не нарадуются: «Вот, говорят, — культурный художник!»

Творчество — величайший акт презрения ко всему, что извне и изнутри нас, к очевидности, и величайший акт внимания к тому, что намечается, грядет.

Творит только тот, кто предчувствует себя новым, не похожим ни на что.

Чтобы дать гениальное, нужны наличность величайшей остроты сознания реального и исключительная сила воли для того, чтобы, отрекаясь от прошлого, не смешать его ложного, одряхлевшего образа с возникающим новым.

Гениальное — удельный вес того, что есть подлинная жизненность.

Критика больше всего боится того, что «ни на что не похоже».

Она оперирует старым материалом, сидя в покойном кресле с высокой спинкой.

Самое большое удовлетворение в творчестве — быть ни на что не похожим.

Самое острое состояние — возмущение изжитым.

Меняется не только техника, меняется эстетическая психология в целом, но критики этого сразу никогда не замечают. Они путаются в деталях различий и аналогий, прилаживая новое к старому, никак не могут получить ничего целого.

«Если бы такой-то да поучился немного у другого, да заимствовал кое-что у третьего, из него бы толк вышел!» Вышел бы «культурный» художник!

Но бывает безвыходное положение у критиков, когда им приходится, делая умное лицо, говорить или писать о том, в чем ни черта не понимают.

[1] Статья опубликована: Анархия. 1918. № 86.

О футуризме болтать можно.

Последняя точка над i, разлом старого мира, но еще не выход из его рамок.

Правда, целого человека в картине не найдешь, но можно обрести какую-нибудь из конечностей и на ней отвести душу.

Попробуйте-ка с супрематизмом! Ни руки, ни ноги! Квадрат в пространстве!

Без указания на его отношение к законам тяготения!

И для чего это понадобилось писать такие вещи?! Таких вещей ни за границей, ни у Сергея Ивановича Щукина.

Такие вещи ни на что не похожи!

И критики важно и авторитетно заявляют, что это-де не совсем искусство. Это — «лабораторные опыты».

Но полной уверенности в своих словах у них уже нет — чувствуют победу за новым искусством, да и публика стала как будто не та: начинает больше верить художникам.

Обругаешь, да, не ровен час, придется взять свои слова обратно.

Критика только этим, собственно говоря, и занималась.

Прокуратура, а не критика.

Были ли такие случаи, чтобы наши критики сразу оценили и поддержали выдающееся и самобытное дарование или направление в нашем искусстве?

Заморское им импонирует.

И стыдно смотреть на это отсутствие такта и самоуважения, с которым они забегают перед Западом и оплевывают или умалчивают обо всем том самобытном, чем ценно наше родное искусство.

Товарищи критики, хорошо бы вам быть самим на себя непохожими!!!

Искусство — только в независимости и безграничной свободе![1]

К лучшему ли, к худшему ли, человек меняется, мир меняется.

И каждая эпоха, являя новое лицо, являет новое искусство.

Критики всплескивают руками, плюются, усиленно бранятся, но рано или поздно «признают».

Публика «признает» несколько раньше.

А критики-то воображают, что это они способствуют.

Но долго боятся. Не доверяют. Оплакивают ускользающее обаяние прежних веков, как старые бабушки прежние годы.

Страшно, когда душа старая.

Когда веры в будущее нет.

Когда из всех углов, из всех пыльных шкапов и фолиантов строго смотрят лики мертвецов и пугают.

Прошлое вымышлено, населено мертвыми душами. Затор. Завод.

Как творить, повернув голову к старым векам?

Не абсурд ли это? Ребенку понятно. А нам твердят: «традиции», «опыт», «примеры прошлого», старые сапоги...

Человек слишком несложен, чтобы это еще утрировать, чтобы отказываться от нового опыта, от возможности из душной клетки, из плена прошлого вырваться в новый мир. Достаточно экскурсий в ушедшие в вечность дни! Искусство должно быть выражением своей эпохи и ее ценностей.

Наше время характерно жаждой свободы, тоской по свободе, жаждой увидеть мир преображенным.

Наше искусство ломает старые рамки, дерзает.

И наша дореформенная критика все по-прежнему, все по-старому жаждет убить все живое в искусстве, парализовать его развитие, убить в нем душу и разум эпохи.

Консерватизм возвел в закон эту периодическую травлю всего нового.

До каких пор голос критика, альфонсирующего на счет художника, будет доминировать в общественном мнении?!

Разве не художник обновляет жизнь?

Казалось бы, удивление и радость должно было вызвать то, что искусство многогранно, что оно меняет свой лик и несет новые веры.

[1] Статья опубликована: Анархия. 1918. № 91.

Казалось бы, художник-новатор должен быть встречен как храбрый мореплаватель, как дорогой гость.

Но что же мы видим? Хлестаковское похлопывание по плечу или гнусное недоверие, издевательство.

Шамкают: «Призна́ешь молодых, а вдруг зазнаются? Нечего баловать их, пусть гниют в сырых углах...»

Все страшно вам всего — вам, у кого души старые, да недобрые!

Но не страшно тем, кто настоящее ценит выше самого распрекрасного прошлого!

Каково бы ни было прошлое, оно мертво.

Каково бы ни было настоящее, оно живо, динамично, оно — исток надежд и упований.

Искусство не только в технике, оно — само всепроникающее дыхание жизни. И как бы ни казалось вам, трусливым, страшна эпоха, искусство тем выше, чем аналогичнее ей по характеру.

Его утверждение, его основа — в сфере непрерывно возникающих отражений.

Стихи[1]

Испания

Вульгарк ах бульваров
варвары гусары
Вулье ара-бит
А рабы бар арапы
Тарк губят тара
Алжир сугубят.
Ан и енно
Гиенно
Гитана
Жиг и гит тела
Визжит тарантелла
Вира жирн рантье
Антиквар
Штара
Квартомас
Фантом
Илька негра метресса
Гримасы
Гремит
Гимн
Смерти

<1916>
Искусство. 1919. № 4. С. 1.

***

В розовом бреду качаюсь
в уличном
Каплями глаз
Втыкаюсь в молочный фонарь
Хрусталь неба в воздетом пространстве
Купорит янтарная ярь
Убор из бархата
И бубенцы вкруг пояса
Острые смеются резцы

[1] Некоторые из черновых вариантов стихотворений О.В.Розановой см. в разделе «Письма О.В.Розановой А.Е.Кручёных».

В взгляде полет ласточки
Опрокидывает в пропасти
Тонкие крылья во сны
и сны
Хрустящий в волосах колышется бант
И бьется тревожный набат
Пока не поздно
Львице семнадцатилетняго возраста
Спешите воздать поклонение
Аирафанта.

<1916>
Фонд Юдит Ротшильд, Нью-Йорк.
Публикуется впервые по оригиналу.

***

Пешеходы в окне
Паутины
Скук
Прядут
Чуют
Уют
В завершении дня
Высматривают мираж
В дне
Настежь влекущих глаз.

<1916>
Фонд Юдит Ротшильд, Нью-Йорк.
Публикуется впервые по оригиналу.

***

Мы плохие архитекторы
Быть привыкли
шахтерами
Глубоко
закапываться
Подземелье нам
нравится

21 ноября 1916
Запись на пригласительном билете на выставку «Бубновый валет».
Фонд Юдит Ротшильд, Нью-Йорк. Публикуется впервые по оригиналу.

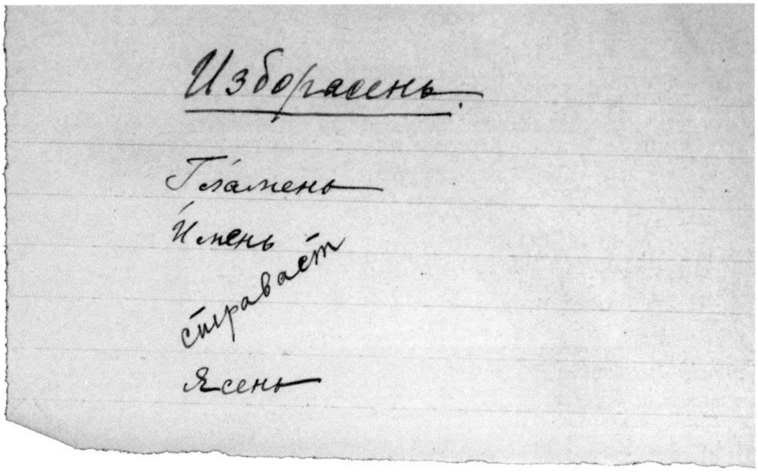

Оригинал стихотворения О.Розановой «Изборасень». <1916>.
Фонд Юдит Ротшильд, Нью-Йорк

Изборасень

Гла́мень
И́мень
стравает
ясень

<1916>
Фонд Юдит Ротшильд, Нью-Йорк. Публикуется впервые по оригиналу.

Кавказская миниатюра

Уч-ал-бы
дамал-быз-бу
ал-он-ы

<Май 1916>
Архив А.М.Родченко и В.Ф.Степановой, Москва.
Публикуется впервые по оригиналу.

Кромкая

УЧ-АЛ-БЫ
ДАМАЛ-БЫТ-У
АЛ-ОНЫ

<Май 1916>
Архив А.М.Родченко и В.Ф.Степановой, Москва.

***

Евстка́мая
купжу́я
амелам
гар
грака
ак атолач
чак
тека
акабадач

<1916>
Оригинал в письме А.Кручёных А.Шемшурину. 1916 г. (ОР РГБ. Ф. 339. Оп. 4. Ед. хр. 2. Л. 50). Публикуется впервые.

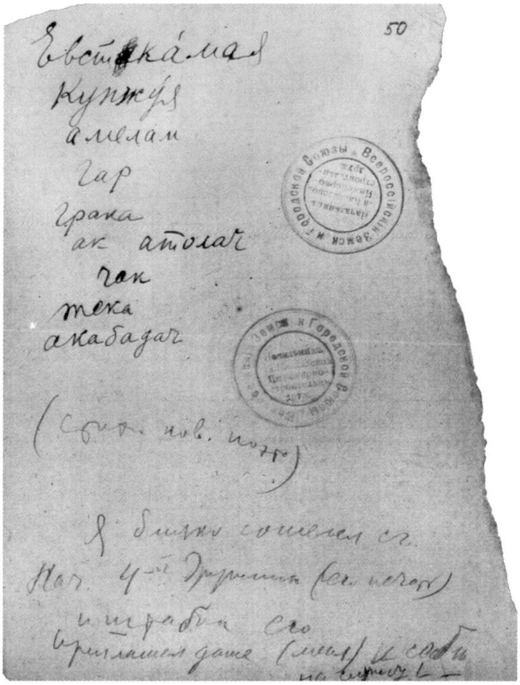
50
Евсткамая
купжуя
амелам
гар
грака
ак атолач
чак
тека
акабадач

Страница из письма А.Кручёных А.Шемшурину со стихотворением О.Розановой. 1916. ОР РГБ, Москва

Согласные и гласные рифмы — кубок созвучий

збржест дзебан
жбзмец дексагатан
жмагауц этта
жмуц дехха
умерец
иттера

8 июня 1916
Архив А.М.Родченко и В.Ф.Степановой, Москва. Публикуется впервые по оригиналу.

Гаста [— алюминиевая чаша]

тха парое к’астам
ис та мам
пие таю
из та нае
та фам
брагавастуем
дак хольт (м)
караби нерта зван
в дож лягост
тием бакхо
да здрават аттанаст
ваем
ист
гаста
гаста

17 сентября 1916
Архив А.М.Родченко и В.Ф.Степановой, Москва. Публикуется впервые по оригиналу.

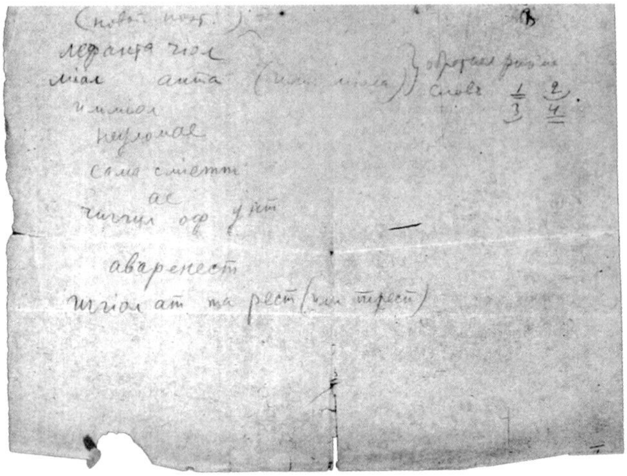
лефанта чиол
миал анта
иммиол
неуломае
сама смиетт
ае
чиггил оф унт
аваренест

Стихотворение О.Розановой в записи А.Кручёных в письме А.Кручёных А.Шемшурину от 19 августа 1916 г. ОР РГБ, Москва

***

лефанта чиол
миал анта
иммиол
неуломае
сама смиетт
ае
чиггил оф унт
аваренест
иггиол ат та рест

1916
Стихотворение О.Розановой в записи А.Кручёных в письме А.Кручёных А.Шемшурину от 19 августа 1916 г. (ОР РГБ. Ф. 339. Оп. 4. Ед. хр. 2. Л. 32).

<Наброски>

1
... сжало горло
как живая
змея. Бледное
лицо –
веселая улыбка
бриллиантом украдкой выпала ...

<1916>

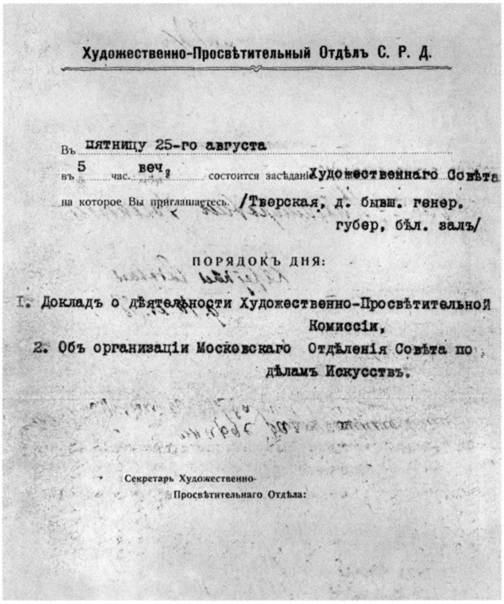

Художественно-Просвѣтительный Отдѣлъ С. Р. Д.

Въ пятницу 25-го августа
въ 5 час. веч. состоится засѣданіе Художественнаго Совѣта
на которое Вы приглашаетесь. /Тверская, д. бывш. генер. губер, бѣл. залъ/

ПОРЯДОКЪ ДНЯ:

1. Докладъ о дѣятельности Художественно-Просвѣтительной Комиссіи,
2. Объ организаціи Московскаго Отдѣленія Совѣта по дѣламъ Искусствъ.

Секретарь Художественно-Просвѣтительнаго Отдѣла:

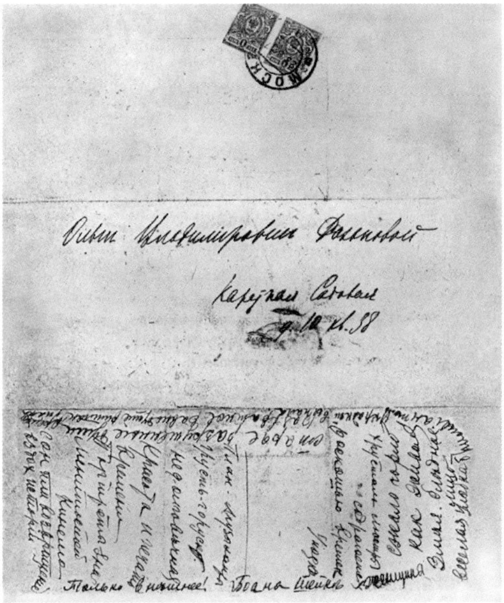

Стихотворные наброски О.Розановой на обороте приглашения Художественно-Просветительного отдела на заседание художественного совета. 25 августа 1917. Архив А.М.Родченко и В.Ф.Степановой, Москва

2

... черные тумбы оцепенения
И удивлению раскосых глаз повара
бланманже мертвого тела

<1916>

3

...Прусский офицер с пуделем из папье-маше
поблескивая
шпагой отрезает нос
тупое удовольствие разворачивает мозги
прохожему.
Уже вагон загорается от прикосновения атласной
стали.

<1916>
Архив А.М.Родченко и В.Ф.Степановой, Москва.
Публикуется впервые по оригиналу.

***

А Клементина!
Уважь ат места!
Твой черный кварум
Горит Якмисто!
диванье море
Увает марем
Играэ звает
О
К
Марэм!
Чарэм!

<1917>
Стихотворение опубликовано: Кручёных А., Петников Г., Хлебников В. Заумники. М., 1922. С. 16. (С пояснением А.Кручёных: «Вот заумь О.Розановой из ее (неопубликованной. — Н.Г.) книги “Превыше всего”».)

Беспредметное

аф-аррест
ард-аг-гест
дар-хим
Ламанес
Шал-ом-езд
Мим

<1917>
Частный архив, Москва.
Публикуется впервые.

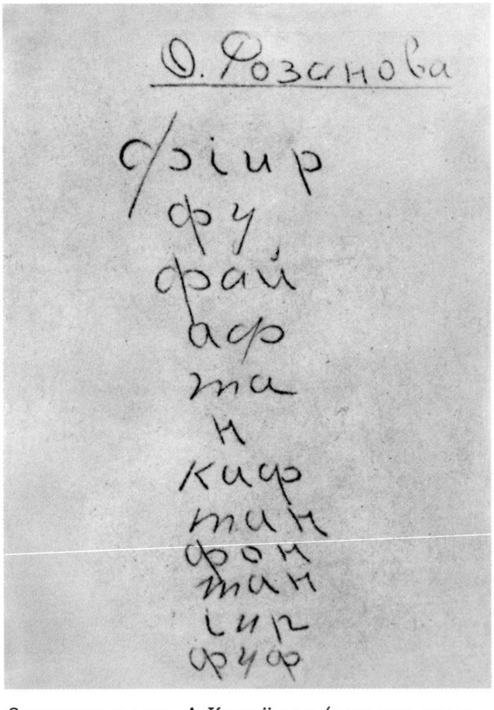
О.Розанова
фіир
фу
фай
аф
та
н
киф
тан
фон
тан
іир
фуф

Страница из кн. А.Кручёных (при участии О.Розановой) «Балос» (Тифлис; Сарыкамыш, 1917). Гектограф

Беспредметное

Фіир
фу
фай
аф
та
н
киф
тан
фон
тан
іир
фуф

<1917>
Кручёных А. (при участии О.Розановой). Балос. Тифлис; Сарыкамыш, 1917. На правах рукописи. Гектограф.

***

Сон ли то...
Люлька ли
В окне красном
Захлопнутом
В пламени захлебнувшемся
Кумача
Огня
Медленно качается
Приветливо баюкает
Пристально укутывает
От взглядов дня.
В огне красном
С фонарем хрустальным
Рубиновый свет заливает, как ядом.
И каждым атом
Хрустально малый
Пронзает светом
Больным и алым.
И каждый малый
Певуч, как жало,
Как жало тонок,
Как жало ранит
И раним
Жалом
Опечалит
Начало
Жизни
Цветочно-алой.

<1917>
Искусство. 1919. № 4. С. 1.

***

Из убравно скатерно
Дымно четких плит
                Звук копыт
                Лязгает
Под подковами ломко
                Свод
                Гнет
                Стелет

Накренясь камнем шамкает
Ломит вызкую мглу
Сумерек гнилистых
            Низ
            Верх
Стонет заревом
Стынет багряно
Рвя занавес
В небе обрызганных звезд
Рвет гам криков.

<1917>
Архив А.М.Родченко и В.Ф.Степановой, Москва.
Публикуется впервые по оригиналу.

***

Трупом застылым
Глядит незримо
Мертвое око окон
      Черной гривой
Покрыл землю аспидный конь

<1917>
Искусство. 1919. № 4. С. 1.

Удручение

Дошло до горла
До муки
Скрипучее
Одна надежда
На милость несчастного случая
Чтобы руки
Раскинуты
И умереть вольно

<1917>
Архив А.М.Родченко и В.Ф.Степановой, Москва.
Публикуется впервые по оригиналу.

Альбом

Бабушки, тетки, племянницы
Глаза точками в желтеющей дымке
Из столетий смотрят
Шуршат робронами
Столетия умерли,
Когда были дети...
В складках времен укутаны
Украдкой высматривают
Делают вид, что живут
Улыбаются не доверяют взглядом
Советуются с дедушками
И втихомолку целуются
В темноте альбома
Сложенные к листу листом.

<1917>
Архив А.М.Родченко и В.Ф.Степановой, Москва.

Наездница

Цветком намазав губы
                    Голубоалая
Глубь падения в колесе жадных глаз изламывая,
Вниз головой
Целуя землю
Напролом опасности
Червонец успеха приемлю.
Триоли ударов копыт
С триолетами стуков сердца спрягая
Лечу вы́шу
Падаю
Вишу
От милости конской завишу

<1917>
Архив А.М.Родченко и В.Ф.Степановой, Москва.
Публикуется впервые. Вариант стихотворения в кн.: Кручёных А. Нестрочье. Тифлис; Сарыкамыш, 1917. На правах рукописи. Гектограф.

Любовная

Богемная песенка
в устах струится
Барон стал
задумчив
удумал
влюбиться

<1917>
Фонд Юдит Ротшильд. Нью-Йорк.
Публикуется впервые по оригиналу.

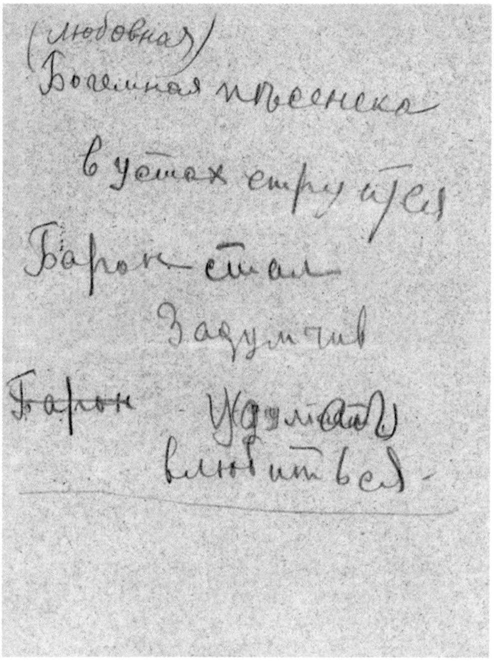
(Любовная)
Богемная пьесенка
в устах струится
Барон стал
задумчив
~~Барон~~ удумал
влюбиться

Оригинал стихотворения О.Розановой.
<1917>. Фонд Юдит Ротшильд, Нью-Йорк

Из писем сестре, Анне Владимировне Розановой. 1911–1917*

1

<Петербург, 1911(?) г.>

<...> Скажу прежде всего свой адрес: Петербург, Дегтярная, угол 5-ой Рождественской, дом 11/35, квартира 14. <...> Сегодня была в мастерской Званцевой <...> увы, за удовольствие проучиться в этой мастерской я должна заплатить 25 р. <...> Нет сомнения, что только эта школа вводит в точку современного искусства.

Позже пришел Добужинский <...>

Благодаря тому что я учусь в шикарной школе и плачу полностью, я не чувствую тяжелой зависимости и попытаюсь всеми силами использовать ее в этот месяц. Петров-Водкин, гвоздь школы, еще не заявлялся. Я натянула холст, но не работала. Публика здесь страшно богатая <...> и большинство претенциозно <...>

О.В.Розанова. 1890-е. Частный архив

2

<Петербург, ноябрь 1912 г.>

Вот тебе мой адрес: Петербург, Петербургская сторона, Малый проспект, дом 26/28, кв. 19 <...>

Вчера была на лекции Бурлюка «О кубизме», было много и чудного, и любопытного.

Виделась с «Союзом молодежи», но не со всеми. Сегодня жду Школьника[1] к себе <...> Картины свои показывала Сулимам, которые от них в восторге, страшно понравился им твой портрет,

* Хранятся в Культурном фонде «Центр Харджиева–Чаги» (Стеделийк музей, Амстердам). Публикуются впервые по копиям с купюрами, сделанными рукой Н.И.Харджиева. По свидетельству Н.И.Харджиева, письма были предоставлены ему для снятия копий Д.Обидиным, получившим их от сестры Розановой, Анны Владимировны, умершей в глубокой старости.

[1] Иосиф Соломонович Школьник (1883–1926), один из организаторов «Союза молодежи» и его бессменный секретарь. Розанова сотрудничала с ним в ряде проектов и постоянно поддерживала дружеские отношения.

«Ростовский переулок», «Кузница» и «Natur mort'ы»[2]. Выставка наша будет до 1-го декабря[3].

3

<Петербург, 9 декабря 1912 г.>

Портрет твой среди художников произвел фурор![4] <...> Сегодня было у меня интереснейшее знакомство с Давидом Бурлюком. Я теперь в него влюблена. Мы жали друг другу руки. Ему очень нравятся мои картины, и он говорит, что открыл во мне звезду. Особенно понравился ему тоже твой портрет. И дома в пейзажах. Бурлюк читает лекции по искусству и хотел сделать снимки с моих картин, чтобы показывать их перед публикой на экране. Читает он лекции по разным городам. Молодец! У него какая грудь красивая! Хотя немножко он нахал. Завтра его лекция в Питере. Он мне дал на нее контрамарки. О Давид! <...>

Критика меня ругает, то есть сволочинские газеты уже даже репродуцировали мою «Кузницу» и хотели и твой портрет, но Школьник запретил.

Если бы ты знала, какое веселье нагоняют эти критики! А Бурлюк смеется и говорит: «Меня тоже ругают и мне очень приятно, что наши имена стоят рядом».

<...> картин моих пока не покупают. Зато успех в среде художников громадный. Один художник из «Мира искусства» сам рекомендовался мне на выставке и сказал, что считает за счастье мне представиться. Ученицы Петрова-Водкина передо мною заискивают, сама m-me Званцева на выставке говорила со мной, и ей нравятся мои картины <...>

У меня разводятся новые знакомые и есть интересные, но художественная среда и художественные интересы поглощают меня и мне ближе всего <...>

Теперь я все читаю по искусству на французском, да шляюсь на выставку. Картины мои висят на самом лучшем месте. А, увы, Давид скоро уедет!!!

4

<Владимир, июнь 1913 г.>

<...> Я по приезде домой сделала около 40 рисунков для поэта Алексея Кручёных (очень хорошего, он футурист), и недавно он прислал мне уже 3 книжки стихов и прозы, иллюстрированные моими рисунками и другими художниками. Книжки эти суть «Возропщем», «Бух лесинный» и «Взорваль» (бомба). В первой из этих книг есть проза, посвященная мне с надписью «Первой ху-

[2] См.: Каталог выставки картин «Союз молодежи». Санкт-Петербург. 1912. № 68–78. См. также наст. изд., кат. 13, 20.

[3] Речь идет о выставке «Союза молодежи» (зимний сезон 1912/1913 гг.).

[4] Портрет Анны Владимировны Розановой, известный также как «Портрет дамы в розовом» (кат. 22).

дожнице Петрограда О.Розановой». Я картин для выставки написала очень пока мало, только 4, и те небольшие, а потому тоже в грустях, ибо как-то устала и вяло работается, а между тем критика на меня уже обратила внимание, и уже толстые журналы, разбирая мою статью[5], треплют мое имя. И Давид Бурлюк в написанной им недавно статье с почтением обо мне отзывается, а у меня картины не идут. Хотя, конечно, начало лета, еще, может, дело и перевернется к лучшему.

Анна Владимировна Розанова, сестра художницы. 1890-е. Частный архив

5

<Владимир, июнь–июль 1913 г.>

<...> Недавно получила от Кручёных 200 штук обложек[6]. Все их нужно раскрасить. 65 сделала и сегодня отсылаю. Я теперь страшно этим занята и рисую с утра и до вечера.

6

<Владимир, 3 октября 1913 г.>

<...> 7, 8 октября приблизительно решила я выехать в Питер <...>

Я написала еще одну большую картину, а на днях, ожидаю, <пришлет> мне Кручёных новую книжку с моими рисунками[7]. В Питере сейчас дела у нас горячие. 20 ноября диспут, а 1 декабря выставка[8] <...>

7

<Петербург, осень 1913 г.>

<...> Мой адрес: Васильевский остров, 9-я линия, дом 59, кв. 21 <...> Картин до выставки надо сделать бездну, я ни у кого не была, никому не сказала, что приехала, и хотя чрезвычайно важно знать мне положение наших художественных дел, сижу дома,

[5] Речь идет о статье Розановой «Основы Нового Творчества и причины его непонимания».

[6] Второе издание «Взорваль» (1913), для которого Розанова сделала обложку и раскрасила от руки часть тиража.

[7] Возможно, речь идет о сборнике Кручёных и Хлебникова «Слово как таковое» (М., 1913).

[8] Последняя выставка «Союза молодежи» (ноябрь 1913 — декабрь 1914).

так как боюсь, что люди принесут мне несчастье, сглазят или отнимут много времени. Завтра, однако, если утро будет продуктивно, зайду вечером к Школьнику, но попрошу, чтобы он никому о моем приезде не сказывал[9] <...> Задумала я картин массу и вообще ничем теперь так не интересуюсь, как творчеством, жаль только, что выставка будет слишком скоро <...> У меня в комнате от массы деревянных игрушек, которые я купила во Владимире, от пестрых подушек на стульях и от красивых образов уютно <...>

8

<Петербург, конец декабря 1913 г.>

<...> Я подавилась делами, приглашена писать декорации в один театр, где будут участвовать даже декораторы Мариинской оперы[10]. Кроме того, раскрашиваем с Алексеем Кручёных в 2 руки книжки, которые продаются очень хорошо, а потому мы за них много выручим[11].

Шляюсь в «Бродячую собаку». Одну ночь как-то там был «вечер апашей», необыкновенная суббота, и просидела я там всю ночь напролет с $12\frac{1}{2}$ вечера до $7\frac{1}{2}$ утра. Так что с последним трамваем туда приехала, а с первым уехала. Таковы труды мои и развлечения!

Сегодня опять иду в Собачку — однако засиживаться там не буду <...>

9

<Петербург, лето 1914 г.>

<...> Я временно ничего не делаю, а занимаюсь вырезыванием и заготовкою гравюр на линолеуме, с которых потом буду делать оттиски для продажи. Гравюры пока сделаны из серии игральных карт[12] <...>

[9] Лето 1913 г. Розанова провела в Крыму. Сохранилось письмо Школьника Розановой, отправленное 30 июля 1913 г.: «Ялта, Крым Сотнинская, 16, дача Друскина, кв. 1
Многоуважаемая Ольга Владимировна, хорошо, вероятно, себя чувствуете среди красивой природы, я очень люблю Крым, все время думаю о нем, но едва ли в этом году попаду туда. Работаете ли — думаете ли писать там? У меня вещей много, но все они скверны, потому плохо себя чувствую, — здесь поживу еще недели три и уеду под Москву. Скоро в Крыму будет Шлейфер, он будет жить в Бахчисарае, советую Вам посмотреть этот город, там много прелестей. На днях я напишу Вам более подробно, пока желаю успеха и всего хорошего. И.Школьник
Пишите мне, как живете, что делаете, буду Вам очень благодарен».
(Архив А.Федоровского, Берлин)

[10] Розанова помогала Школьнику в работе над декорациями к трагедии «Владимир Маяковский» в театре Луна-Парк (бывш. театр В.Д.Комиссаржевской) в Петербурге в декабре 1913 г.

[11] Судя по всему, речь идет о книге «Утиное гнездышко... дурных слов». См. точную дату выхода книги в Книжной летописи (№ 194. 20 декабря 1913 — 1 января 1914).

[12] Линогравюры из серии игральных карт (1914) впоследствии были включены Кручёных в качестве иллюстраций в «Заумную гнигу» (1915).

10

<Владимир, 4 июля 1915 г.>

<...> А я много очень работаю и получу скоро заказ – альбом картин на тему война[13] <...>

11

<Владимир, 22 ноября 1915 г.>

<...> Еду я в Питер в середине декабря, так как выставка наша открывается 17-го декабря[14]. После твоего отъезда написала я еще картин семь да сделала около 900 снимков с гравюр[15]. Работаю страшно много и очень устала <...>

12

<Петербург, 17 сентября 1916 г.>

<...> Я работаю очень много реальных и нереальных вещей, а выставлять буду в этом году в Москве на выставке «Бубновых валетов».

Выставка открывается 1 ноября и по 15 декабря[16] <...>

Выставка „Союза молодежи" („Кубистовъ") въ Петербургѣ.

Страница из журнала «Огонек» (1913. № 1. Январь) с репродукцией картины О.Розановой «Портрет А.В.Розановой», справа внизу

13

<Москва, зима 1917 г.>

<...> с первой недели Великого поста я начну ходить на службу в Союз городов. До сих пор я еще все там не служила, а за это время там прибавили жалованья, и я буду получать 105 руб. в месяц и обед готовый там же и даровой, так что условия великолепные, но работать придется с 10 утра и до 5 вечера.

Сделала еще по приезде с Рождества 20 с лишком декоративных работ для выставки и за них получу, вероятно, рублей 300, а может быть и больше, но только не все сразу, а половину, а другую половину на будущий год <...>

Повторяю тебе свой адрес: Москва, Каретная-Садовая, дом 10, кв. 38.

[13] См. в наст. изд. письма О.Розановой А.Шемшурину.

[14] «Последняя футуристическая выставка 0,10».

[15] Речь идет о линогравюрах к «Войне».

[16] Розанова представила на выставке «Бубновый валет» в салоне Михайловой (Москва, 1916) более 20 работ.

Письма О.В.Розановой А.Е.Кручёных. 1914–1917*

1

<Осень 1914 г.> Частный архив, Москва.

Ты не скуп на нравоучения, только уверяю тебя, что, будь ты не ратником 2-го разр<яда>, а запасным 1-го, и, словом, не сидел бы сейчас в Шувалове[1], а был бы на границе Австрии или Германии, твои нравоучения не имели бы для меня ни малейшей убедительности, теперь же, так и быть, проглотив последние всхлипывания, успокоюсь.

О снах своих, я не знаю, как тебе и говорить[2]! Они для тебя вряд ли интересны, а меня именно прежде всего они-то и привели в то состояние, которое ты порицаешь.

Собственно, важно в них: обстановка, их влияние на меня.

Видела я тебя, будто ты лежал у нас на дворе, и массу толпившегося народа. Ты болен и не мог встать и идти, вроде как бы без памяти. Нужно было тебя перенести в наш дом, но, кроме меня, не было никого, кто бы желал это сделать. Словом, ты умирал и тебя оставляли умирать.

А из наших окон смотрели и недоумевали, почему я около тебя и кто ты. При этом если тебя внести в дом, то нас всех кто-то должен перебить, расстрелять, а если тебя не внести, то ты умрешь, и вот эту-то задачу я и должна была разрешить. Само собой, одна я не могла унести тебя, а помочь мне никто не хотел, и я только держала тебя за руки и смотрела, как ты умираешь, и отвратить ничего не могла.

Когда же потом была объявлена война и я от тебя долго писем не получала, сон этот меня замучил, и я решила, что ты мне не пишешь, не желая меня беспокоить. И что не нынче-завтра то, что я видела во сне, произойдет наяву.

Потом мне сказали, что видеть во сне кого-ниб<удь> умирающим – это значит к долголетию – вообще не страшно.

А потом я от тебя письмо получила.

Второй сон приснился вскоре после первого, но уже после объявления войны, хотя до твоего письма, а потому усугубил мой ужас. Видела я тебя, и опять если не умирающим, то каким-то странным. И сколько я ни хотела повернуть твою голову к себе и

* Публикуются впервые по оригиналам.

[1] Август–сентябрь 1914 г. Кручёных провел на даче в Шувалове, под Петроградом.

[2] В этот период Кручёных особенно интересовался работами З.Фрейда и его теорией сна и подсознательного, что нашло прямое отражение в статье «Сонные свистуны» из книги «Тайные пороки академиков» (М., 1915, на обложке — 1916). В своих письмах он постоянно просит Розанову записывать ее сны.

смотрела на тебя, а твои глаза, обращенные на меня, смотрели не на меня, а как-то через меня, как у слепых с открытыми глазами; как видишь, сны фактически и фантастически не богаты, но психологически кошмарны.

А от этого никто не застрахован. А поэтому и слезы мои были не нытье, и напрасно ты так сурово выговор делаешь и снисходительно. Еще можно сказать, слезы к благополучию были.

2

<Лето 1915 г.> Частный архив, Москва.

<...> Плоскостная живопись (исключающая рельеф) была знакома даже древним грекам (вазы). *Она – основа* почти всех *панно.* Во всяком случае, рельеф там в своих правах ограничивается. Японская, китайская живопись и французские художники 19 века – Морис Дени, Пювис де Шаванн, Вюйар и другие – проводят те же стремления.

О Малевиче можно сказать: «они хотят казаться образованными и говорят о чем-то непонятном». И еще: в его творчестве рассудочности и умничанья больше, чем в чьем-либо другом. Но для другого это не порок, а для человека, «отрекшегося на публичной лекции от разума», как будто и не «таэ»[3]. Вчера принесла от столяра десять дощечек для гравюр. Они лежат на столе и возбуждают во мне аппетит. Гладкие, белые и мягкие, однако спешить вырезывать боюсь. Все хочется рисунки дать какие-нибудь особенные, но воображение разбрасывается в разные стороны. На грех вывернула себе шею и не могу склонять голову. Поэтому целый день сегодня не могла ни за что приняться. Немало работы над композициями для выставки[4]. И притом работы физической и технической, иногда очень трудной благодаря отсутствию некоторых инструментов. Очень рада, что наклейки мои тебе понравились. Нарисуй мне, какие ты выдумал.

Кроме композиций из разных материалов, буду писать картины масляные. Но, вероятно, сделаю не больше 5 штук.

Есть книжка под заглавием «Женская красота с древних времен до наших дней». Издание нового журнала иностранной литературы 1901 года. Там очень много изображений разных красавиц с картин известных художников. Есть и Джоконда, и Мессалина, и Венеры, и красавицы Тициана, и куртизанки Помпадур, Нинон Лакло, Марион Делорм. «Весна» Боттичелли, госпожа Рекамье и Мария-Антуанетта и пр., и пр. Но... только ведь они одетые. Так что здесь только иллюстрирована красота лица, а не тела[5].

[3] Розанова намекает на статью Малевича в «Тайных пороках...», где он заявляет: «За ненадобностью я отказываюсь от души и интуиции, 19 февр. в 1914 году я отказался на публичной лекции от разума» (*Кручёных А., Клюн И., Малевич К.* Тайные пороки академиков. М., 1915. С. 31.

[4] Речь идет о «Последней футуристической выставке 0,10».

[5] В это время Кручёных работал над статьей, посвященной женской красоте, и просил Розанову сообщить ему, что она думает по этому поводу. Брошюра была опубликована значительно позднее, в 1920 г., в Баку.

Венера Милосская – сама мадам математика, как известно, и все у нее пропорционально. А Гойе нравилось изображать женщин с небольшими, но толстыми ногами и с удлиненными торсами (махи). Ноги – столбы. (Далее следует рисунок. – *Н.Г.*) Хотя именно такого рисунка у него никогда не было. У красавиц Тициана, по-моему, апоплексический вид, а в загадочной и «божественной улыбке» Джоконды больше тонкого разврата, чем чего-либо другого. С представлением о бюсте рубенсовских красавиц связывается представление о французских булках.

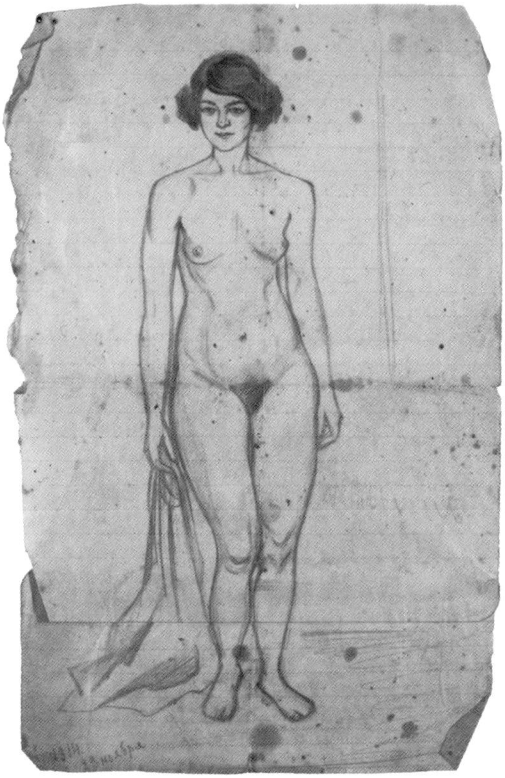

О.Розанова. Автопортрет. (Обнаженная). 1914 (кат. 142)

Кроме красоты естественной, небезынтересна красота, утрированная с помощью белил, румян, откровенно наложенных и нарисованных бровей, крашеных волос, ибо всем этим достигается особая «фактура». Говорят, будто в Америке хотели применить искусственные зубы из бриллиантов. Как будто, насколько мне помнится, небезынтересна как памятник красоте «Песнь Песней». Все, что я тебе наболтала, возможно, что «бесполезная ерунда», не того ты от меня ждал. Но пока что словесно ничего к изложенному прибавить не могу.

Будешь ли исследовать красоту одетую или раздетую, и если одетую, то будешь ли касаться принципов туалета? Цель костюма: 1) скрывать недостатки тела хитростью покроя, 2) выявлять характерные особенности сложения, 3) утрировать их. Костюм – Личина, костюм – Зеркало, костюм – кривое зеркало?

Плохо одеваются женщины, у которых костюм служит только для прикрытия наготы, и не больше, и еще те, которые не имеют представления о себе в голом виде. Что же касается мужчин, то они одеваются слишком однообразно, однотонно, безрадостно, но практично и немарко. В брюках легче вспрыгнуть на ходу в трамвай, чем в узкой юбке, и на материях, употребляемых на мужские туалеты, легче вывести пятно, чем на изящных и кокетливых бальных платьях.

Я лично нахожу, что современный женский костюм мало приспособлен к условиям жизни, а современный мужской в смысле изобретательности – в тупике.

О своем выигрыше судила только по таблице в газете «Русское слово», и там я шиш выиграла. В банке не проверяла, не интересовалась. Но я не счастлива в лотереях. Но если тебя интересует, то схожу в банк и проверю №№, которые ты прислал для проверки. Только не знаю, висят ли еще там таблицы.

Сегодня получила письмо от своей хорошей подруги, училась с ней вместе в Московских художественных школах Юона и Ульянова. Прислала мне карточку своей годовалой дочки, очень миленькой девчушки.

Думаю Пуни на днях все-таки написать письмо, так как они моего первого, конечно, не получили.

Хочу рискнуть и, когда будут готовы рисунки, *сразу* напечатать.

3

<Лето 1915 г.> Культурный фонд «Центр Харджиева–Чаги», Стеделийк музей, Амстердам.

Еще что сотворил, ответь. Получил ли все наклейки. У меня с гравюрами ни шатко ни валко, но и не быстро. Твои стихи лучше моих гравюр[6].

Трудновато сейчас чем бы то ни было вдохновиться. Если тебе их цвета или их отношения на гравюр<ах> (конец строки отсутствует. – *Н.Г.*)

Несколько декоративных эскизов акварелью и наклеек сделать, и тогда все вместе вышлю. Погода опять у нас скверная, холодная, а потому я кисну.

Ужасно, ужасно, ужасно, ужасно скучаю.

Когда получишь мои стихи, сообщи о них беспристрастно. Я все-таки мало над ними работаю, как с первого раза напишу, так почти ничего и не меняю. Хорошо ли это?

Хорошо только разве потому, что благодаря этому они имеют ту «непосредственность», о которой ты упоминал, но грешат в глубине.

Вместо стихов – красочный экспромт. (Далее следует коллаж. – *Н.Г.*)

Целую. Будь здоров. Всего хорошего. Твоя О.

[6] Речь идет о линогравюрах к «Войне».

4

<1915 г.> Культурный фонд «Центр Харджиева–Чаги», Стеделийк музей, Амстердам.

Вчера послала тебе 2 письма со стихами, с рисунками...

Все время нервничаю и поэтому иногда и избегала тебе писать, т.к. боялась своими письмами нагнать скуку на тебя, кроме того, как я уже тебе писала, я сейчас совершенно не могу спокойно что-либо разбирать, определять или работать, и все это еще усиливает издерганность. Все это конечно временное, и думаю, что опять буду человеком, как только исчезнут все причины для беспокойства и пр.

Перечитывала сейчас твои стихи. В «Молохости» есть некоторые очень хорошие места: «Войдет и сядет задыхаясь на ноги», «гляжу дневной совой», «Тот Милостивый, толстая шея набок» (городовой), «а глаза как капуста», но общий тон стихов, а главное аллегоричность делают его скучным. Кроме того, с этим ты, может быть, не согласишься, но, по-моему, было бы лучше, если бы ты избегал такие вещи, как блевота и пр., в стихах, т.к. раньше ты это в таком большом количестве ввел в свою поэзию, что получается слишком однообразно, а иногда такие вещи прямо тяжело читать, если раньше поэзия была сплошное безе и варенье, то из этого не следует, что теперь она должна быть во что бы то ни стало засорена нечистотами. Я потому осуждаю у тебя злоупотребление этими трюками, что у тебя это (и именно это) звучит как-то тенденциозно и деланно. Не сердись. Но мне так кажется.

Наоборот лубок (без свалочных элементов) у тебя непосредственно искристый, подмывающий и очаровательный:

«Но сердце черно как шапо-клякс
Хоть солнце гармошкой на носу играет»

«Офицер сидит в поле с рыжею Полей» (все это стихотв.)

«Путешествие по всему свету» и масса других. Очень хорошо все стихотв<орение> «Весна на площади» и стиль многих последних беспредметных. Чем меньше будет гноя и блевоты, тем лучше. Уверяю тебя. Я лично такие стихи, напр., читаю, зажавши нос, и только потому, что интересуюсь всем, что ты пишешь, но эти места мне в них всегда не нравятся. Исключение составляет только «Победа над Солнцем», в которой я согласна со всеми грубостями, они там как-то уместны. И вообще я летом перечитывала эту пьесу и нашла, что она *замечательна и исключительна* по стилю, своеобразна и значительна своей самобытностью. Но когда ты в массе других стихотв<орений> повторяешь одни и те же грубости, то этим разжижается впечатление, а не сгущается, получается какая-то безвыходность. Если приезжие гости (брат с семейством) не помешают мне завтра, то, может быть, сделаю рисунки с картин и вложу в письмо, а пока целую. Желаю здоровья, всех благ и благополучий.

Твоя О. Пиши!

5

<Декабрь 1915 г.> Культурный фонд «Центр Харджиева–Чаги», Стеделийк музей, Амстердам.

(Начало письма утрачено. – *Н.Г.*)

Он (Пуни. – *Н.Г.*) снял мой Автомобиль и Чертову панель[7]. Когда вещи были принесены на выставку, мои оказались (живопись) оригинальнее (новее) Пуни. С Оксан<ой> у меня отношение обостренное до крайности[8]. С Иван<ом> Альберт<овичем> нет, но Оксана ведет себя как глупая баба и, кроме Малевича, на стороне Пуни нет *решительно* никого. В каталоге Пуни дошел до того, что подписался распорядителем, этого из чувства такта не делал даже Жевержеев, а Оксана говорит, что она имеет право всеми руководить, так как выставка на их капитал и пр. Все это гадко. Не стоит писать.

Ростиславов в восторге от моих вещей и сказал мне, что я даже сама, вероятно, своих достоинств не оцениваю и пр., а вот написал бы это в «Речи», пошляк. Ну да ладно! Я не расстроена, на Оксану плюю.

Теперь дальше. Весь супрематизм это – целиком *мои наклейки*, сочетание плоскостей, линий, дисков (особенно дисков) и абсолютно без присоединения реальн<ых> предм<етов>. И после всего этого вся эта сволочь скрывает мое имя.

Вот точная копия оксаниной картины. (Далее следует рисунок. – *Н.Г.*) Кольцо, клин и неполный клин на белом фоне???

Показывал ли ты Малевичу мои наклейки и когда именно?

К сожалению, я дала только супрематические рельефы (4), а живописи не дала (в чистом виде), но моя *предметная* живопись супрематичнее пунийской бесконечно. Видела на вернисаже Зельманову, обрадовалась мне, звала к себе, я ее к себе, не знаю, что из этого выйдет. Фотографии и отзывы, если будут, пришлю. Жалею, что тебя нет со мной. Целую. Пиши. Кульбина и Матюшина на вернисаже не было. Из-за недостатка времени и из-за горла с букинистами не говорила.

Холстов в $1\frac{1}{2}$ аршина, о к<оторы>х мечтала с вожделением, не нашла. Посылаю этюды и деньги. Жду ответа.

[7] Розанова представила на «Последней футуристической выставке 0,10» 11 живописных работ, из них ни одной супрематической, и два рельефа: «Автомобиль» и «Велосипедист» («Чертова панель»), которые не сохранились.

[8] Ксения Александровна Богуславская (1892–1973), художница, жена Ивана Пуни.

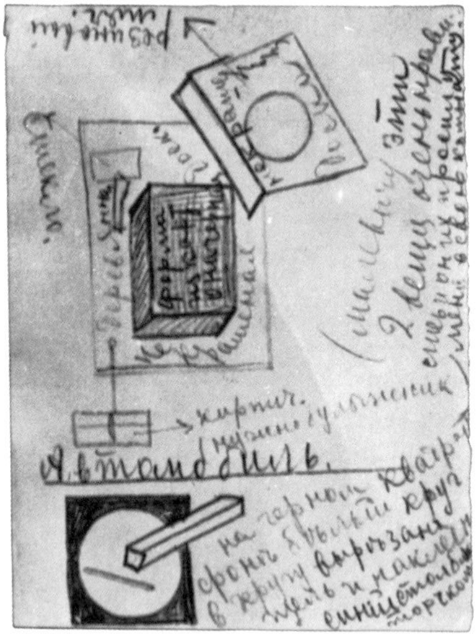

О.Розанова. Эскиз к рельефу «Автомобиль». 1915 (кат. 148)

О.Розанова. Эскиз к рельефу «Велосипедист». 1915 (оборот кат. 148)

Адрес «куплю дороже всех» – в биржевых нашла. Малевич вспоминал, что до сих пор тебе посылку не отправил, за это я ему сделала внушение.

Малевич передо мной имеет виноватый вид, сбавил спеси, лезет с любезными услугами, неузнаваем. В первый день я к нему демонстративно повернулась спиной.

8-й час, а я еще не обедала!

6

<Январь 1916 г.> Культурный фонд «Центр Харджиева–Чаги», Стеделийк музей, Амстердам.

(Начало письма утрачено. – *Н.Г.*)

<...> Поповой, Удальцовой, Пестель хотят предложить участвовать в качестве экспонентов. Но что до сих пор состав московской выставки не определен окончательно, что многое зависит от помещения, и если помещение будет очень маленькое, то выставка будет только из супрематистов.

Под своими картинами они подписали на выставке на стене (а не в каталоге) «супрематизм», а я не подписала, поэтому дурак Ростиславов меня в рецензии[9] не причислил к этой группе, но вообще дал о выставке, и в частности обо мне, отзыв хороший.

[9] Рецензия А.Ростиславлева «О выставке футуристов» (Речь. 1916. Янв.)

К сожалению, имею только один № газеты и не знаю, как тебе послать, попробую купить в редакции другой и тогда пошлю. Были еще совсем глупые и враждеб<ные> реценз<ии> в Петр<оградской> газ<ете>, и Петроградском Листке, и Биржев<ых Ведомостях>, и в Дне, но я их пока не читала. Посещается выставка плохо. На вернисаже было 200 с небольшим человек, это самый убогий вернисаж, который мне когда-либо пришлось переживать. Чтобы удовлетворить твое любопытство, вот тебе копии картин Малевича: Дама в автомобиле (следует зарисовка Розановой. — *Н.Г.*), Катанье на лодке (следует зарисовка Розановой. — *Н.Г.*).

Не купила открыток, так <как> жаль денег. У меня их мало. Картины эти в разных красках, а не черное с белым.

Самое противное во всей этой выставке и в художниках — это то, что все делается исподтишка, и если раньше каждый «заботился только о себе», то здесь сейчас более всего заботятся о том, как бы во что бы то ни стало повредить другому. Поэтому Пуни, пообещав мне сделать рамы, нарочно этого не сделали, чтобы картины имели ободранный вид, исказили каталог, и масса других мелочей, что даже Малевича заставило признать, что это гадко.

В какой степени Оксана гадина, я даже не подозревала. Малевич у них как лакей, и прочность организации зависит от того, долго ли он останется доволен своим «местом», так как, кроме него, хороших (текст обрывается. — *Н.Г.*)

7

<Август 1916 г.> Культурный фонд «Центр Харджиева–Чаги», Стеделийк музей, Амстердам.

Милый Алеша, давно не получала от тебя писем. Получил ли мое заказное? Я начала работать, но внешние причины влияют на состояние. Пиши чаще о себе. Пока картин для выставки написала 5, но серьезная и сложная только одна. Эскизов сделала несколько и думаю, что неплохих. Статью бесконечно пишу и переписываю на литографских мордах немецких ученых. Надоела она мне бесконечно, но становится лучше.

Стихов пока не пишу.

Прочитала недавно в Рус<ском> слове, что призыв отложен и 25-го августа будет только призыв ратн<иков> рож<дения> 1905, 04, 03 годов. А на Кавказе как? Я, против ожидания, наработала этим летом не очень много, хотя беспредметных сделаю, вероятно, около 20, могла бы и больше простых (для счета), но беспокоит мысль о перевозке и о том, возможно ли будет подрамн<ики> для них в Москве сделать. Бубнов<ый> валет предпол<агает> выставку в октябре, но состоится ли она, покажут события[10].

Вот уже Малевича, кажется, 25 авг<уста> заберут, возможно, что и Клюнкова и др<угих>.

Клюнков мне ничего пока об этом определенно не писал.

По поводу рассматривания поэзии как чистой графики: мне кажется это интересно как частный случай. Одна из сторон поэзии, но не все это искусство в целом, так как поэзия не только созерцается, но и читается вслух по книге и наизусть?

Что я такое забыла
    Там на земле
Когда это было
    В марте, феврале?
* Щебнем засыпана
Не скоро опомнилась
в избу юркнула
Все вспомнилось
Вижу в бане на полке
    замороженный
Губы смолой склеены
Лежит розовый чертик
– Мой новорожденный
Сын Сатаны.

* Можно эту строфу так:

Щебнем засыпана
Не скоро оправилась
в избу юркнула
глазам представилось)

Ну, до свиданья, больше ничего приписать не в силах. Это первые длинные стихи, и они меня утомили. Будь здоров, пиши.

Клюнков пишет, что татлинская группа сорганизовалась. Прислал мне квитанцию (вместо членского билета, билеты все вышли) от Бубнового Валета. Супрематисты мечтают тоже отдельные выставки устраивать. 3 человека!

[10] В выставке «Бубнового валета» в 1916 г. приняли участие почти все члены группы супрематистов. Тогда же Розанова вступила в объединение «Бубновый валет» и приняла участие в его выставках в 1916 и 1917 гг.

8

<1916 г.> Культурный фонд «Центр Харджиева–Чаги», Стеделийк музей, Амстердам.

Не пишу тебе часто исключительно потому, что все вожусь с писанием цветов, которые быстро вянут, и потому приходится писать их не отрываясь, дабы успеть свести концы с концами.

Всего написала 4 картины с цветами. А сейчас приехала к нам моя сестра, и буду писать с нее портрет, ибо натурщицы теперь у меня редки.

Конечно, постараюсь письма писать чаще, когда буду свободнее. Бальзака я нигде не нашла, а Емельянова-Коханов<ского> пришлю, только не теряй эту книгу, ибо она принадлежит моему брату, который хотя и не декадент, и не футурист, и не присяжный литератор, но редкие книги любит.

Сейчас еще одно беспредмет<ное> стих<отворсние> прилагаю, есть еще одно реальное, но уж очень в черновике.

Лефанта чиол
Миал – анта
Имиол неуломае
Сама смиотт ае
Чигил – оф – унт
Аваренест
И-г-гиол-ат-та-трест.

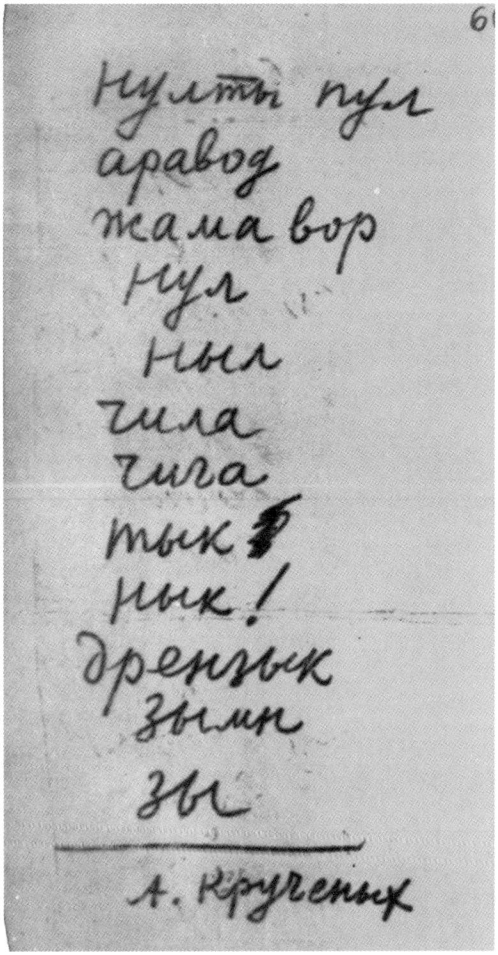

Стихи А.Кручёных из его письма А.Шемшурину. 1916. ОР РГБ, Москва

Конечно, как в этом случае, так и в предыдущих я не задумывалась над тем, как это будет в переводе на тот или другой язык, а потому «три» – «бери» для меня было неожиданностью.

Пишу с удовольствием, даже больше того, но очень возбуждаюсь от этого и плохо сплю, тем больше что целый день или картины пишу, или клею.

Приятно все-таки, что Ваш благосклонный отзыв поощрительно на меня действует.

Пишу это письмо без марки, не забудьте сообщить о том, как оно дошло.

Какие стихи у меня лучше выходят — беспредметные или реальные?

Получила я недавно пространное письмо от Клюнкова. Льстивое и тревожное.

Боятся, что группа Бруни, Татлина и других выйдет значительней по размерам и в смысле успеха у публики, чем супрематистская.

Взывает ко мне.

Говорит, супрематистки должны тесно и дружно работать и пр., и называет меня «редкой» худож<ницей> и пр.

Прислал членский билет от «Буб<нового> валета». Это самое главное.

9

<1916 г.> Культурный фонд «Центр Харджиева–Чаги», Стеделийк музей, Амстердам.

Дела мои пошли удачнее, больше ныть не стану. Почти написала (реальный) натюрморт: розы и розовый колокольчик из породы лилий. Выходит хорошо. Вчера доклеила 40 экземпляров своих наклеек из тех, что ты в Баталпаш<инске> клеил. О будущей книге с наклейками следующее: я со своей стороны даю те 2 вида наклеек, что ты клеил в Баталпаш<инске>, (мои) + те 2, что я тебе недавно послала и которые ты получил уже, и еще сделаю 3 или 2 темы. Причем клеить буду не более как в 76 экземплярах и, следовательно, в этом количестве и книга выйдет[11]. Больше ни в каком случае, иначе не успею картин для выставки сделать. О стихах твоих (к наклейке) скажу следующее: они слишком предметны для беспредметной живописи. (Я не понимаю, зачем тебе печатные рисунки, ведь они же все разные и как же ты их можешь применять для наклеек? За картину из Питера денег не получила до сих пор, глупо будет, если не продам.)

Вообще в силу, очевидно, моей индивидуальной односторонности мне очень трудно эстетически воспринять смешение (в одном и том же стихотвор<ении>) 2-х заданий — беспредметность, с одной стороны:

[11] Упоминаемая Розановой «книга стихов и наклеек» так и не вышла.

Капа ли ким
Крич ба рач (и т.д.) –

и, с другой стороны, эксцентричную предметность:

Толстая колбаса
Вагон с синею муфтою.

Получается какое-то противоречие (для меня лично, так как не случайно же ты совместил эти 2 элемента). Пишу я это, хотя эти рассуждения тебе, быть может, и покажутся неправильными, – просто потому что ты просил высказаться. Я думаю, что эти принципы вообще несовместимы, так как один другой исключает, изгоняет, а совмещение их – компромисс. (Если вводится предметность, то это уже уступка старому.) Я, напр<имер>, теперь могу делать в живописи вещи или только *целиком* реальные <реалистические>, или целиком *беспредметные*, а серединных не допускаю, так как, по-моему, у этих *двух* искусств нет связующих звеньев, нет конкуренции и нет ничего общего, так же как между сапожным ремеслом и портняжн<ым> и пр<очее>. Даже дальше от сходства. Я теперь исповедую, что предметность и беспредм<етность> (в живописи) не *два* различн<ых> *направ<ления>* в одном искусстве, а *два разных искусства*!

Даже материальные краски для беспредм<етной> живописи нахожу единственно разумным заменить экраном! Никакой связи!!!

Сны вижу и забываю. Приблизительно помню один (они не столько литературны, сколько живописны):

Шла я с мамой по главной улице Владимира и спустилась не то в лавочку, не то в пивную (как это ни странно, может быть, фруктовая?), какие-то бутылки на полках стояли, и столики, публики мало. В углу на столе фарфоровые и хрустальные кувшины. Я взяла целый стол и стала его выносить из этого подвальчика, а мама взяла часть посуды с него, и так шли через всю улицу. Отчетливо видела резко вымощенную мостовую.

Шли и дальше до невысокого забора, а когда заглянули через него, увидели, что за ним обрыв, очень глубокий, но не крутой. Калитки не было, и мы с кувшинами и со столом должны были перелезть через забор. Это было очень трудно, и нелепо, и даже страшновато. Земля была покрыта местами травой скользкой, местами снегом, и было странно видеть эту зиму после летней мостовой. Перелезли с трудом и стали спускаться глубоко и бесцельно. Дальше сна не помню. В этом же сне, помню, около нас была большая собака — сенбернар, рыжий с белым. Вообще собак во сне вижу ежедневно.

Другой сон: еду в трамвае. Сижу в одном его конце, а в другом офицер, а рядом с ним на лавке сидит пудель белый с быстрыми черными глазками, странный, как из папье-маше. Смотрит в мою сторону, я его маню, а он рвется, а офицер удерживает. В вагоне скандал какой-<то> и пожар вроде как. К этому утром же в полусне составила стихи:

Офицер с пуделем из папье-маше,
поблескивая шпагой стрезает стекла,
В нос прохожему
Тупое удовольствие разворачивает мозги.
Спасите! *Вагон загорается от удара атласной стали.*
Входят, выходят, прекращая безобразие.

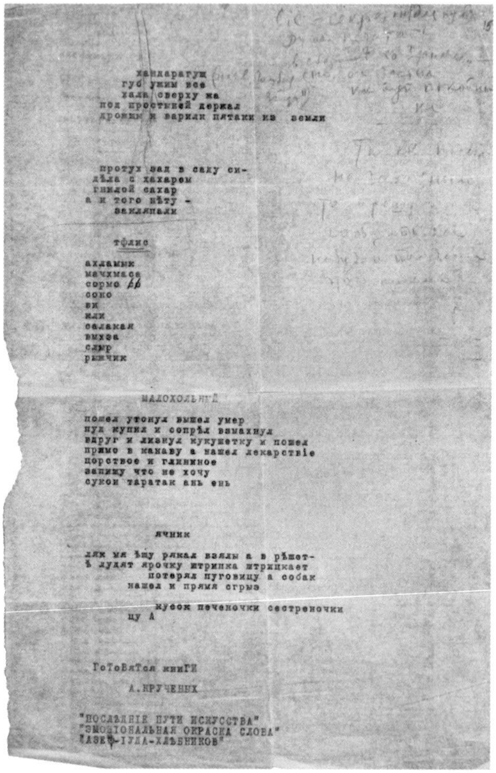
хандарагуш
губ ужим все
хала сверху ма
под простыней держал
дрожки и варили пятаки из земли

протух зад в саку сидела с хахарем
гнилой сахар
а и того нету —
заклялали

тфлис

ахламик
мачхмасе
сормо
соко
ви
или
салакам
вихва
самр
рымчик

МАЛОХОЛЬНЕЙ

пошел утонул вышел умер
пух купил и сопрел вамахнул
вдруг и лизнул кукушетку и пошел
прямо в канаву а нашел лекарствіе
цорствое и глинное
записку что не хочу
сукои таратак ань ень

ячник

лик ми ъшу рякал вялы а в рѣшетѣ лудят ярочку штрипка штрицкает
потерял пуговицу а собак
нашел и прямя сгрыз

кусок печеночки сестреночки
цу А

ГоТоВяТся киИГИ
А.КРУЧЕНЫХ

"ПОСЛАНІЕ ПУТИ ИСКУССТВА"
"ЭМОЦІОНАЛЬНАЯ ОКРАСКА СЛОВА"
"АЗЕФ-ІУДА-ХЛЕБНИКОВ"

Стихи А.Кручёных из его письма А.Шемшурину. 1916. ОР РГБ, Москва

10

<1916? г.> Культурный фонд «Центр Харджиева–Чаги», Стеделийк музей, Амстердам.

На днях получила от мамы 8 писем, из них 5 твоих[12]. Она отчаялась, что я скоро приеду, и решила переслать.

А я была в восторге, тем более что, как выяснилось, раньше 20 или 21-го мне во Владимир не приехать.

Только прочитавши эти письма, узнала о более точном предлагаемом тобой адресе. Пишу на этот раз так. Получил ли отсюда мои письма (из Меленок)?

Теперь о стихах.

Согласна с тобой, что в Ведьм<ине> много шаблонных рифм и старого, но я и предупреждала об этом, даже печатать не хотела эту вещь. Писала так, для упражнения. Да и вообще, масса пробелов в моих стихах. Во Владимире разберусь во всех поправках, которые ты предла-

[12] Н.И.Харджиев датировал это письмо 1915 г. Мы предполагаем 1916 г., поскольку образцы визуальной поэзии, о которых идет речь в письме, Кручёных переслал Шемшурину в 1916 г.

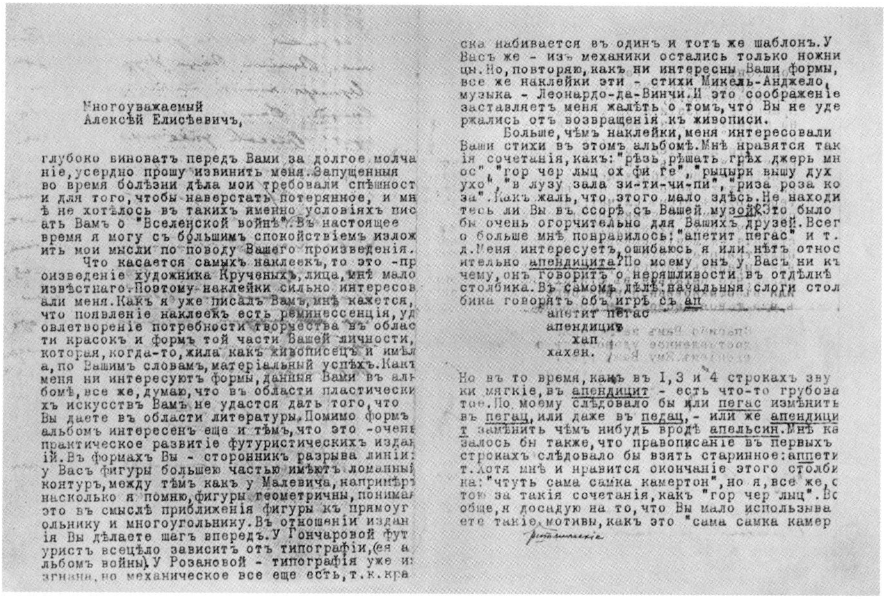

Многоуважаемый
Алексѣй Елисѣевичъ,

глубоко виноватъ передъ Вами за долгое молча
ніе,усердно прошу извинить меня.Запущенныя
во время болѣзни дѣла мои требовали спѣшност
и для того,чтобы наверстать потерянное, и мн
ѣ не хотѣлось въ такихъ именно условіяхъ пис
ать Вамъ о "Вселенской войнѣ".Въ настоящее
время я могу съ большимъ спокойствіемъ излож
ить мои мысли по поводу Вашего произведенія.
Что касается самыхъ наклеекъ,то это -пр
оизведеніе художника Крученыхъ,лица,мнѣ мало
извѣстнаго.Поэтому наклейки сильно интересов
али меня.Какъ я уже писалъ Вамъ,мнѣ кажется,
что появленіе наклеекъ есть реминиссенція,уд
овлетвореніе потребности творчества въ облас
ти красокъ и формъ той части Вашей личности,
которая,когда-то,жила какъ живописецъ и имѣл
а,по Вашимъ словамъ,матеріальный успѣхъ.Какъ
меня ни интересуютъ формы,данныя Вами въ аль
бомѣ,все же,думаю,что въ области пластически
хъ искусствъ Вамъ не удастся дать того,что
Вы даете въ области литературы.Помимо формъ
альбомъ интересенъ еще и тѣмъ,что это -очень
практическое развитіе футуристическихъ издан
ій.Въ формахъ Вы - сторонникъ разрыва линіи:
у Васъ фигуры большею частью имѣютъ ломанный
контуръ,между тѣмъ какъ у Малевича,напримѣръ
насколько я помню,фигуры геометричны,понимая
это въ смыслѣ приближенія фигуры къ прямоуг
ольнику и многоугольнику.Въ отношеніи издан
ій Вы дѣлаете шагъ впередъ.У Гончаровой фут
уристъ всецѣло зависитъ отъ типографіи,(ея а
льбомъ войны).У Розановой - типографія уже из
згнана,но механическое все еще есть,т.к.кра
ска набивается въ одинъ и тотъ же шаблонъ.У
Васъ же - изъ механики остались только ножни
цы.Но,повторяю,какъ ни интересны Ваши формы,
все же наклейки эти - стихи Микель-Анджело,
музыка - Леонардо-да-Винчи.И это соображеніе
заставляетъ меня жалѣть о томъ,что Вы не удер
жались отъ возвращенія къ живописи.
Больше,чѣмъ наклейки,меня интересовали
Ваши стихи въ этомъ альбомѣ.Мнѣ нравятся так
ія сочетанія,какъ:"рѣзь рѣшать грѣх джерь мн
ос","гор чер лыц ох фи ге","рыцырк вншу дух
ухо","в лузу зала зи-ти-чи-пи","риза роза ко
за".Какъ жаль,что этого мало здѣсь.Не находи
тесь ли Вы въ ссорѣ съ Вашей музой?Это было
бы очень огорчительно для Вашихъ друзей.Всег
о больше мнѣ понравилось:"апетит пегас" и т.
д.Меня интересуетъ,ошибаюсь я или нѣтъ относ
ительно апендицита?По моему онъ у Васъ ни къ
чему,онъ говоритъ о неряшливости въ отдѣлкѣ
столбика.Въ самомъ дѣлѣ начальныя слоги стол
бика говорятъ объ игрѣ съ ап

апетит пегас
апендицит
хап
хахен.

Но въ то время,какъ въ 1,3 и 4 строкахъ зву
ки мягкіе,въ апендицит - есть что-то грубова
тое.По моему слѣдовало бы или пегас измѣнить
въ пегац,или даже въ педац,- или же апендици
т замѣнить чѣмъ нибудь вродѣ апельсин.Мнѣ ка
залось бы также,что правописаніе въ первыхъ
строкахъ слѣдовало бы взять старинное:аппети
т.Хотя мнѣ и нравится окончаніе этого столби
ка:"чтуть сама самка камертон",но я,все же,с
тою за такія сочетанія,какъ "гор чер лыц".Во
обще,я досадую на то,что Вы мало использыва
ете такіе мотивы,какъ это "сама самка камер

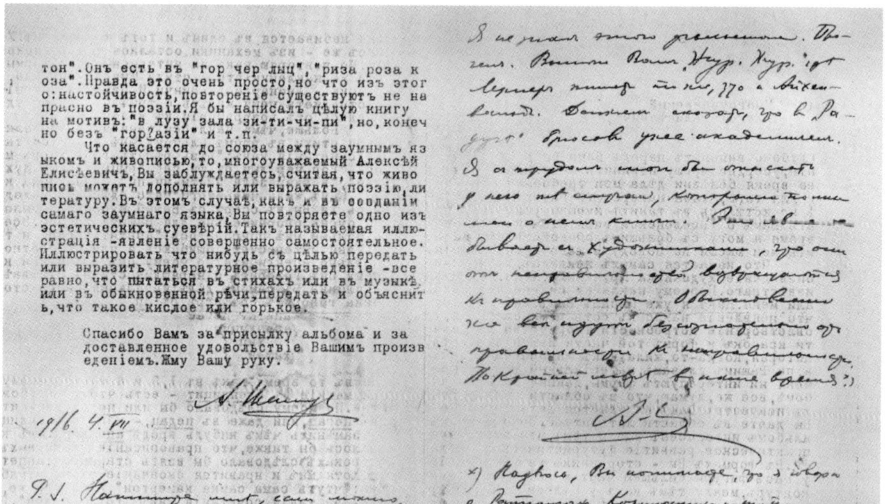

тон".Онъ есть въ "гор чер лыц","риза роза к
оза".Правда это очень просто,но что изъ этог
о:настойчивость,повтореніе существуютъ не на
прасно въ поэзіи.Я бы написалъ цѣлую книгу
на мотивъ:"в лузу зала зи-ти-чи-пи",но,конеч
но безъ "гор?азіи" и т.п.
Что касается до союза между заумнымъ яз
ыкомъ и живописью,то,многоуважаемый Алексѣй
Елисѣевичъ,Вы заблуждаетесь,считая,что живо
пись можетъ дополнять или выражать поэзію,ли
тературу.Въ этомъ случаѣ,какъ и въ созданіи
самаго заумнаго языка,Вы повторяете одно изъ
эстетическихъ суевѣрій.Такъ называемая иллю-
страція -явленіе совершенно самостоятельное.
Иллюстрировать что нибудь съ цѣлью передать
или выразить литературное произведеніе -все
равно,что пытаться въ стихахъ или въ музыкѣ,
или въ обыкновенной рѣчи,передать и объяснит
ь,что такое кислое или горькое.

Спасибо Вамъ за присылку альбома и за
доставленное удовольствіе Вашимъ произв
еденіемъ.Жму Вашу руку.

1916. 4. VII

Письмо А.Шемшурина А.Кручёных. 4 июля 1916 г. Культурный фонд «Центр Харджиева–Чаги», Стеделийк музей, Амстердам гаешь. Но хорошо ли назвать *ведьмина* — это слово не мое и было в Игре в Аду. Зачем же плагиат.

А вообще поправки для Ведьм<ины> ценные и совершенно оживили ее. Она была и растянута, и скучна. Это первая длинная более или менее вещь.

Путешествовать «вокруг света» уже буду из Владимира, так как сейчас думаю о суете житейской и о том, как домой поеду.

Твои беспредметные и с вертящимися буквами страшно интересно, а в печати будут изумительны, быть может, даже хорошо их напечатать разными красками или буквы одним цветом, а фигуры направления их движения — другим[13].

(Далее следует рисунок. — *Н.Г.*)

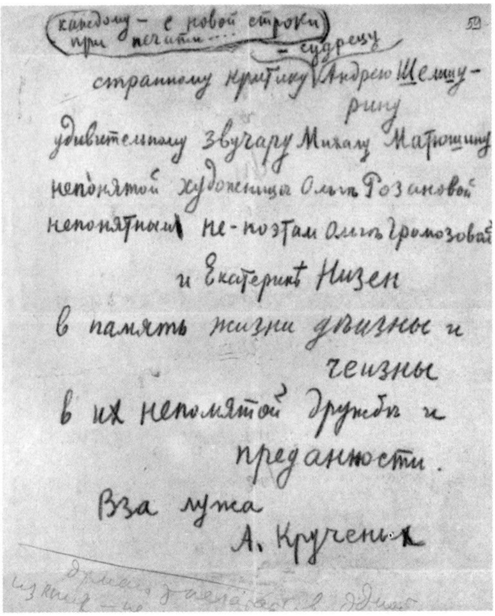

А.Кручёных. Проект посвящения к книге. 1916. ОР РГБ, Москва

Напр<имер>, буквы синим, линию ломаную красным или в соотнош<ении> дополнительных? Перерисую во Владимире.

У Хлебникова есть один большой недостаток, по-моему, он академично мертв и часто повторяется.

Бранишь меня, что я много ворчу и мало работаю? Я тоже не люблю сварливых писем и потому сочувствую тебе, с одной стороны, а с другой — опешила, когда получила дружеский совет. Знаешь ли, хорошо бы сделать миллион наклеек, недурная книжечка выйдет?!

Разве я в этом сомневаюсь. Сомневаются мои силы. И нервность при мысли, что *ни одной картины* для выставки у меня нет... Так как<?> Писать стихи, писать на продажу картины, писать серьез<ные> теорет<ические> статьи, писать картины для выставки, делать бесчисленное количество рисунков для книг и не для, шить кофты, вязать чулки и пр., — все это как будто несколько много для одного человека и не хватает времени для миллиона наклеек.

[13] Образцы визуальной поэзии Кручёных и Розановой сохранились в архиве А.Шемшурина (ОР РГБ). Композицию, о которой идет речь, Кручёных частично воспроизвел в книге «Учитесь художи!» (Тифлис, 1917).
Сохранилась копия фрагмента недатированного письма Розановой Кручёных: «Я числа 29-го послала заказное с рисунками стихов для Шемшурина, о чем ты просил. Рисунки сделала цветной тушью. Как они тебе понравились? Ты их, вероятно, уже получил? Эти стихи и идея вертящихся букв в заумных стихах, как я тебе уже писала, мне безумно нравятся. Меня распирало от удовольствия, когда я их чито-созерцала (созерцото-читала)». Цит. по копии, снятой рукой Н.И.Харджиева. <1916 г.> (Культурный фонд «Центр Харджиева–Чаги», Стеделийк музей, Амстердам).
Рисунки (эскизы визуальной поэзии), о которых упоминает Розанова, Кручёных переслал Шемшурину в начале 1916 г. Они воспроизведены в наст. изд. (кат. 154–157).

Нельзя ронять свое имя до степени мастерового, работающего за грош. Мне лично желательно заменить наклейку на книге стихов каким-нибудь другим красочным пятном. Беспредметной цветной литографией что ли? Клеить не буду. Чахну. И работать надо для выставки, и теории, и стихи. Писем от тебя ждала целую неделю, если не больше. Недоумевала, волновалась. Сама послала без марки много с стихами, наклейками, бандероль, открытку. Все ли это получено? Хочу позабавить Шем<шури>на, выслав ему все 6 видов наклеек, сделанных для книги, так как больше не знаю, что ему послать.

Проект рисунка (беспредметного вместо наклейки) для литографии для книги стихов, когда сделаю, пришлю. Цифры до сих пор не нарисовала[14]. Никак не успеваю. Клеить ничего больше не буду, не распинай меня этой пыткой.

Вскоре пришлю письмо с новыми стихами, вертятся в мозгу, а пока целую[15]. Не сердись за воркотню. 2 недели дождливой погоды приучили мрачно смотреть на действительность. Твоя О.

11

<1917 г.> Культурный фонд «Центр Харджиева–Чаги», Стеделийк музей, Амстердам.

Только что получила от тебя второе письмо. С Финкельштейном даже Котовичи знакомы. Вера мне сообщила, что он уехал к Алягрову, к жене Финкельштейна постараюсь зайти завтра утром, сейчас уже поздно, скоро Удальцова придет.

Странному критику, Непонятой художнице и пр., по-моему, лучше не печатать[16]. То есть их-то ты можешь печатать, а мое имя отсюда вычеркни, т.к. для себя не считаю честью быть в обществе этих людей, за исключением Шем<шури>на, которому удивля-

[14] Комментируя это письмо, Н.И.Харджиев сообщает, что в 1915 г. Кручёных написал «поэму цифр». Эта поэма не сохранилась (см.: *Харджиев Н.И*. Статьи об авангарде. М., 1997. Т. 1. С. 56).

[15] В этот период Розанова настолько увлечена поэзией, что постоянно возвращается к ней в своих письмах к Кручёных: «...моя поэзия завела меня так далеко, что я начинаю опасаться за свою живопись. Время идет, а картин я не пишу настоящих и статью никак не приведу к благополучному окончанию. А что если я вдруг с живописи перейду на поэзию? Последние два года, отчасти из-за выставочной абракадабры, чувствовала себя отсутствующей на празднике этого искусства. Вообще поэтом быть независимее в смысле взаимоотношения товарищеского. Если у тебя есть 100 стихов, ты счастливый» (фрагмент письма Розановой Кручёных от 21 июня 1916 г. Цит. по сохранившейся копии, снятой рукой Н.И.Харджиева. Культурный фонд «Центр Харджиева–Чаги», Стеделийк музей, Амстердам).
«Вообще за свою поэзию (не потому что она хороша, а потому что я в ней приготовишка и с меня спрашивать много нельзя) я сейчас спокойнее, чем за свою живопись, а как напишу картины для выставки и статью, буду себя совсем хорошо чувствовать» (фрагмент недатированного письма Розановой Кручёных. <1916 г.> Цит. по сохранившейся копии, снятой рукой Н.И.Харджиева).

[16] «Странному критику-судрецу Андрею Шемшурину / удивительному звучару Михаилу Матюшину / непонятой художнице Ольге Розановой / непонятым непоэтам Ольге Громозовой / и Екатерине Низен / в память жизни деизны и / чеизны в их непомятой дружбе и / преданности. / Вза мужа / А.Кручёных». Проект посвящения к книге. См. наст. изд. С. 238.

юсь и люблю как редкой доброты человека. Я сегодня от него получила письмо. Ты серьезно ставишь меня с ними на одну доску? Пожалуйста, не печатай мое имя рядом с Матюшиным и пр.

Матюшин в прошлом году напечатал на меня грязную критику в Очарованном страннике![17]

12

<Февраль–март 1917 г.> Частный архив, Москва.

<...> Оставляю за собой псевдоним Р.Васильев[18]. Он мне больше нравится, чем 2-ой, что ты предлагаешь. Сама я выдумать какой бы то ни было бездарна.

<...> Адрес Малевича следующий: Кунцево. Почтовое отделение, дача Барриш, № 7. Он был не столько злонамерен, сколько <...> в беспомощном состоянии и все перепутал. О шрифтах не мог мне ничего сказать, даже не понял, будут ли: (страница утрачена, следующий лист начинается стихотворениями Розановой «Наездница» и «Беспредметное», см. наст. изд. С. 214, 217. – *Н.Г.*)

Письмо задержалось, так как отправить хотела заказным, а тут случилось два праздника подряд.

Когда я писала тебе, что завидую в том, что элемент страшного можешь довести до напряженности, то этим хочу еще сказать, что боюсь за себя, что несвободна от «изящества», которое своего рода цепь.

[17] Реакция Розановой неадекватна. В своей заметке «О выставке *Последних футуристов*», опубликованной в «Очарованном страннике», Матюшин упомянул работы Розановой в нескольких строках: «Розанова в живописи – повторение пройденного с прекрасной техникой; в скульптуре — беззаботный подскок к пространству на удачу, с веселыми вещами для младшего возраста марсиан» (Очарованный странник: Альманах весенний. Пг., 1916. Вып. 10. С. 17).

[18] Кручёных лукаво мистифицировал в своих письмах доверчивого Шемшурина, посылая ему одно за другим стихотворения «нового поэта», не называя его имени: «Новый поэт мой крепнет, хорошо кушает, скоро оперится и полетит! ...Может быть, вы сообщите свое мнение о новом поэте отдельно. Мне очень важно, потому что он еще не печатался и я хочу его выпустить в свет, — так вот — стоит ли? Как человек — очень преданный и верный и ортодоксальный» (ОР РГБ. Ф. 339. Оп. 4. Ед. хр. 2. Л. 41, 47). Мне удалось установить, что речь идет не о ком ином, как об Ольге Розановой. В письме от 19 июля 1916 г. среди стихотворений «нового поэта» Кручёных приводит стихотворение «Вульгарк ах бульваров...» — под названием «Испания» оно было напечатано в посмертной подборке стихов Розановой в газете «Искусство» за 1919 г. (№ 4). Машинописный оригинал другого стихотворения «нового поэта» — «збршест дзебан» — обнаружился в архиве Родченко, среди подготовленных к изданию стихов Розановой в 1919 г. (осуществлено не было). Возможно, что сама Розанова вначале не хотела раскрывать свое имя, приняв псевдоним Р.Васильев, предложенный ей Кручёных. В 1917 г. Кручёных включил некоторые стихи Розановой в гектографические сборники «Балос» и «Нестрочье».
В письме, очевидно, предшествовавшем публикуемому, Розанова критиковала псевдоним, данный ей Кручёных: «Почему ты мне такой передвижнический псевдоним дал и почему мужской? В частности, есть две художницы Васильевы. Одна подруга Экстер, киевлянка, выставляла на Союзе молодежи, другая плохими вещами экспонировала на 0,10. Сначала мне нужно создать физиономию, а потом псевдоним к ней подбирать, как шляпу. Выработка индивидуального языка – вещь сложная и временем берется, а без этого все как будто без платформы. Пока что у меня только некоторая ловкость неглупого человека и живописность — недостаток профессиональный» (фрагмент письма Розановой Кручёных 1916 г. Цит. по сохранившейся копии, снятой рукой Н.И.Харджиева. Культурный фонд «Центр Харджиева–Чаги», Стеделийк музей, Амстердам).

13

<Март 1917 г.> Частный архив, Москва.

Получила письмо из Тифлиса с сообщением адреса[19]. До востребования послала одно письмо, это шлю на квартиру.

Как в Закавказье? У нас газеты и слухи говорят, что там обязательная всеобщая мобилизация. Так ли это? В Москве была обязательная мобилизация, но исключительно для рабочих.

А.Лабас. Портрет Кручёных. Бумага, акварель. Страница из альбома Кручёных. 1920-е. РГАЛИ, Москва

А в общем, политические горизонты неясны, туманны. Из Петрограда приезжает в Москву Матюшин с Ольгой Громозовой. Склад, в котором она служит, перевозят сюда, и она тоже... Малевич живет на даче, говорит, что летом у него будут свободны там наверху 2 комнаты, которые он может тебе сдать за 20 р<ублей> в <месяц>. Мое будущее неясно. Службу в Союзе <городов> за сокращением штатов я оставила. Теперь буду искать другое место. Но сначала думаю уехать к своим (маме), отдохнуть на месяц или на 2. Думаю, что на Пасху я уеду, хотя сейчас опять канительно с въездом в Москву. Он опять воспрещен, и Москву разгружают от людей. Но думаю, что мне удастся это уладить.

В Сарыкамыш я послала массу писем. Конечно, они все, вероятно, пропали.

Пиши подробней, как в Тифлисе, когда думаешь в Москву и пр. Много ли вещей везти. Дорога очень скверная, недавно приехал один знакомый инженер с Кавказа, ехал 23 дня, в дороге масса беспокойств, обыскивали всех, искали оружие, в некоторых городах, не то на ст<анции> Тихорецкой, не то в Ростове, приходилось прожить несколько дней, так как были разобраны пути. Так что все это нужно иметь в виду, когда выезжаешь.

Письма пиши мне по московскому адресу.

Если на время из Москвы уеду, мне все равно перешлют. Комнату, вероятно, оставлю за собой, так как все равно искать ме-

[19] Об истории своей поездки на Кавказ Кручёных рассказывал Ольге Сетницкой, записавшей в своем дневнике: «В 1915 г. осенью подошел его призыв. Совет друзей решил, что он должен уехать на Кавказ, где призыв был четырьмя месяцами позже. В Тифлисе он явился к воинскому начальнику, спросил, нельзя ли ему пойти добровольцем и работать по специальности чертежником <...> Через некоторое время он поступил на строительство военной дороги» (*Сетницкая О.* Встречи с А.Кручёных // Русский литературный авангард: Документы и исследования / Ред. М.Марцадури, Д.Рицци, М.Евзлина. Тренто, 1990. С. 188).

сто буду и служить. Ну, до свидания. Всего хорошего. Пиши. Будь здоров.

О.Р.

14

<Апрель 1917 (?) г.> Частный архив, Москва.

Дорогой мой, сегодня, 28-го, благополучно приехала в Москву. Адрес мой: Патриарший пруд, дом Бекмана, 5, кв. 29, но я думаю, что, может быть, лучше, если ты будешь писать на Владимир <...>

Я просила маму, чтобы она переслала мне все письма из Владимира сюда. Чувствую, что Москва меня рассеет, умиротворит, успокоит <...>

15

<Лето 1917 г.> Культурный фонд «Центр Харджиева–Чаги», Стеделийк музей, Амстердам.

В *Нестрочье*[20] больше всего понравилось (далее следует зарисовка Розановой одной из страниц книги. — *Н.Г.*) и *ко-во-бо* и т.д. с рисунком, а *кс. лф...* с рисунком в целом[21]. Это прекрасно. И как взмах хлыстика, в воздухе одновременно веселый и обидный, а больше всего спортивный. Строчки нужны чиновникам и т<ак> д<алее>. После этих слов *Нособойка*[22] кажется мне излишней. Недовольство вчерашним днем в ней выразилось в брюзжании.

А хуже всего, что это было высказано раньше и в тех же словах: от эго-блудства С<ологу>ба до свахи сплет<ника> Толст<ого> включительно. Но они уже прах. Убивать можно, но надругаться над трупом всегда излишне. В книжке, кроме того, есть какой-то двусмысленный тон.

И злоба, и этот тон ее делают старой, а потому и ненужной. Это мое мнение. Оно не лестное, но я уверена, что ты после моих слов напишешь другую в таком же роде.

Таково всегда действие на тебя моих слов.

В *зма лзан и т.д.* (*Балос*) — музыкальное «переченье»[23].

Термин разъяснить могут музыканты. В *фіир...* я пресле-

[20] *Кручёных А.* Нестрочье. Тифлис; Саракамыш, 1917. Гектограф, на правах рукописи.

[21] Розанова комментирует страницы из «Нестрочья».
В другом письме Розанова продолжает: «...в *Фо лы фа* начертательная сторона слабее, чем в *Нестрочье и Бегущем*. Обложка хороша и первая страница.
Хочется прислушаться к самой себе и дать в поэзии не недурные вещи, а абсолютно хорошие. Но сейчас, к сожалению, очень занята финансовым вопросом. Придумываю, как бы, не терпя убытков, избавиться от семичасовой конторы, но что-то трудно!» (фрагмент письма Розановой Кручёных 1917 г. Цит. по сохранившейся копии, снятой рукой Н.И.Харджиева. Культурный фонд «Центр Харджиева–Чаги», Стеделийк музей, Амстердам).

[22] *Кручёных А.* Нособойка. Тифлис; Саракамыш, 1917. Гектограф, на правах рукописи.

[23] Здесь и далее Розанова комментирует свои заумные стихи из гектографического сборника «Балос», изданного Кручёных (Тифлис; Саракамыш, 1917. Гектограф, на правах рукописи.

довала тот же принцип: аккорды, в которых части звучат не слитно. Немножко скачут.

мзы
лзы
змылзым

И в то же время подгоняют один другой сходством буквенного состава

фай
аф
та
н
каф... и т.д.
в фіир.

Я увлекаюсь сейчас только формальными стихами и эмоциональным лишь постольку, поскольку оно хитро зарыто... В сухости виновата наполовину: протоколы, заседания, ночная работа не украшают, а без них — потерянность, смятение. Порыв укрыться от одиночества.

Доволен ли моим отчетом <?>. Считаешь ли письмо интимным <?>

В каком смысле интимности ищешь <?>

Июль с осенним холодком. Лето проходит. Осенью работала больше всего. Щемит сердце и от жалости, и от радости. У меня пачка деловых писем на столе и на все нужно ответить. Это отучает улыбаться.

16

<1917 г.> Культурный фонд «Центр Харджиева–Чаги», Стеделийк музей, Амстердам.

Хорошо было бы, если бы у тебя было время теоретически изложить и собрать все принципы твоего творчества последнего времени. Это нужно сделать *тебе*, чтобы за тебя не сделали *другие* и не приписали бы твоих достижений себе. Пуни, Малевич... и др. Оксана.

Не считай слов моих пустяками, если Оксана пишет стихи, она будет пытаться хотя бы устами Ив<ана> Альб<ертовича> формулировать их техническ<ое> содержание, хотя его и нет. В прошлом году упоминали они с эстрады об алогизме поэзии новой и пр., а потом Окс<ана> читала стихи. Что твое — должно быть прежде всего твоим.

Присылай мне твои стихи.

Целую. Твоя О. Будь здоров.

Письма О.В.Розановой А.А.Шемшурину. 1915–1917*

1

<Июль 1915 г.> ОР РГБ. Ф. 339. Оп. 5. Ед. хр. 14. Л. 3–6.

Многоуважаемый Андрей Акимович!

Алексей Елисеевич Кручёных мне недавно сообщил в письме, что Вы мне предлагаете напечатать *гравюры на тему войны в характере моих игральных карт* и высказали желание оказать материальную помощь этому изданию.

Я очень была бы Вам благодарна за ваше любезное содействие — *издать таким образом печатания (гравюры на линолеуме) рисунки на военные темы я очень хотела зимой*, но, к сожалению, тогда у меня не было для этого ни средств, ни времени. Летом я всегда свободнее и с удовольствием стала бы работать в этом направлении. *В прошлогоднем издании карт было 10 карт*[1] *различных названий, и с каждой было напечатано 150 снимков. Всего, следовательно, 1500 снимков. Печатала на бумагах тетрадной, оберточной, слоновой и других. Размер каждой гравюры 4 х 5 <вершков>, и в общем издание обошлось приблизительно около 25 р<ублей>*. Если издавать военные гравюры в таком же количестве и такого же размера, на такой же бумаге в одну краску, то издание обойдется в ту же сумму, но так как

* Публикуются впервые по оригиналам. Андрей Акимович Шемшурин (23 ноября 1872–17 апреля 1937), филолог, библиограф, исследователь древнерусской миниатюры, автор книг «Смуты нашего времени» (М., 1905), «Миниатюры» (М., 1903–1907. Т. 1–2.), «Стихи В.Брюсова и русский язык» (М., 1917) и др., в 1910-е годы сблизился с кругом русских футуристов, среди которых была весьма популярна его книга «Футуризм в стихах В.Брюсова» (М., 1913). В 1918 г. им было осуществлено сравнительное исследование с парадоксальным заголовком «Футуристы в рукописях XIV, XV и XIII веков», оставшееся неопубликованным. Будучи в те годы обеспеченным человеком, он часто поддерживал молодых поэтов и художников материально: в 1915–1916 гг. он, например, финансировал издание двух альбомов Кручёных — «Война» (с линогравюрами Розановой) и «Вселенская война», одновременно являясь и первым критиком, и ценителем этих уникальных произведений. В течение ряда лет Шемшурин вел обширную переписку со многими деятелями нового русского искусства, среди его корреспондентов — Д.Бурлюк, С.Бобров, К.Зданевич, И.Игнатьев, Н.Кульбин, В.Кандинский, М.Ларионов, Вс.Мейерхольд и др. В 1920-е годы он написал «Библиографические заметки о своих корреспондентах» (ОР РГБ. Ф. 339. Оп. 6. Ед. хр. 11).
После революции Шемшурин работал в Рукописном отделе Румянцевского музея (впоследствии преобразованного в ОР Библиотеки им. Ленина, ныне ОР РГБ) вплоть до 1930-х годов, когда он был уволен со службы. Это лишило его последних средств к существованию. Архив Шемшурина был передан в ОР Библиотеки им. Ленина (см.: Краткий указатель архивных фондов Отдела рукописей ГБЛ / Под ред. П.А.Зайончковского и др. М., 1948. С. 211–212.) Человек энциклопедического образования и острого ума, он вызывал неизменное уважение даже у таких «крайних» новаторов, как Кручёных и Розанова, с которыми вел интенсивную переписку в 1915–1917 гг.

[1] См. примеч. 12 к письмам Розановой к сестре, А.В.Розановой. Это упоминание линогравюр из серии игральных карт документально подтверждает дату их создания в 1914 г., а не 1915-м, как ошибочно датировали эту серию ранее.

тема военных гравюр сложнее технически (не портреты как в картах), а линолеум не допускает мелких штрихов, то хотелось бы увеличить размер гравюры так, чтобы приблизительно он равнялся 6 х 7 верш<ков> с полями <...> Хорошо бы для разнообразия военные гравюры печатать некоторые рисунки в 3 или 2 краски. *Ручной способ печатания* обладает, к сожалению, тем недостатком, что некоторые снимки отпечатываются очень неряшливо, а достоинство способа то, что он дает *исключительную фактуру*.

Я не знаю, как сейчас вообще продаются книги, а потому не знаю, в каком количестве издавать военные гравюры. *Может быть, тоже достаточно, как в прошлом году, сделать 150 альбомов (1500 снимков).* Если Вас не затруднит, буду очень Вам благодарна, если вышлете деньги для издания мне по адресу: Владимир Губерн<ский> на Клязьме, Борисоглебская ул., дом Орловой, О.В.Р<озановой>.

Я *сейчас* во Владимире и, вероятно, буду здесь до конца лета. Требуемые для издания принадлежности, материалы, думаю, что здесь найдутся. Гравюра на линолеуме в настоящее время интересна, как редкость. Когда я была в типографии Голике и Вильборг, мне там сказали, что в России гравюры вырезываются исключительно на металле, и у них даже машин нет для линолеума (электрических). Уже одно это особенно приятно. Приятно распространить способ печатания лаконический и нетривиальный.

Ответ от Вас буду ждать по адресу Владимир <...> вообще это постоянный мой адрес.

Уважающая Вас О.Розанова

2

19 июля 1915 г. ОР РГБ. Ф. 339. Оп. 5. Ед. хр. 14. Л. 1–2.

Многоуважаемый Андрей Акимович!

<...> Рисовать и печатать начну немедленно. Думаю большое количество экземпляров сделать на белой бумаге. И даже обложку белую. Краски пока выбрала синюю, киноварь, черную и зеленую, если только они сейчас существуют в продаже. Каждая картина будет представлять комбинацию из двух или трех указанных цветов. Исключительно на белой бумаге печатать в несколько красок мне кажется удобнее, и издание будет иметь более парадный вид. Но, может быть, для разнообразия несколько экземпляров сделаю на цветной бумаге. Размер картины, вероятно, 5 х 6 или 6 х 7 <вершков>. Благодарю Вас за пожелание успеха.

Уважающая Вас О.Розанова

3

26 октября 1915 г. ОР РГБ. Ф. 339. Оп. 5. Ед. хр. 14. Л. 7–8.

Многоуважаемый Андрей Акимович!

Мне хотелось выяснить окончательно, сколько и какой бумаги купить еще нужно, но я сейчас в затруднении относительно обложки. Я уже купила немного двух сортов, образчики которых в письме прилагаю. Из них тонкая желтая в смысле цвета мне нравится безусловно, но я боюсь, не слишком ли она тонка для альбома размером 7 х 9. Другой сорт, картон, в этом отношении солиднее, но цвет его невозможный. Я искала картона цветом как прилагаемая желтая бумага, и тогда я была бы на седьмом небе, но его нет у нас, так что дальше четвертого или пятого неба мне не взлететь. Мне все-таки кажется: уж лучше тонкая желтая бумага, чем зеленоватый картон? Если бы Вы помогли мне Вашим советом.

Извиняюсь, что затрудняю. Владимир — «уголок Москвы», как говорят. Вернее, «медвежий уголок». Здесь не привыкли продавать бумагу дестями, продают листами. И что не экскурсия в магазин, то у меня дивертисмент! Бог знает, по каким причинам не любят давать помногу бумаги. Как будто не невинную слоновую бумагу покупаю, а золотую и серебряную монету. Должно быть, оборот очень небольшой. Так что я в письмах к Алексею Елисеевичу принялась подвывать. Но в последнее время привезли много слоновой бумаги и уже говорят, берите сколько хотите. Была бы очень благодарна Вам, если бы прислали рублей 30.

Спасибо за хорошие пожелания и за все.

Уважающая Вас О.Розанова

4

7 ноября 1915 г. ОР РГБ. Ф. 339. Оп. 5. Ед. хр. 14. Л. 9.

Многоуважаемый Андрей Акимович!

Большое спасибо за присланные 30 рублей. Работа моя, кажется, уже скоро придет к концу. Задержка теперь только в том, что очень медленно сохнет, а потому приходится выжидать и не каждый день печатать. Все столы, стулья и все, что только можно, занято под гравюры. И смотреть, и работать очень весело. Около 600 листов уже отпечатала, а еще больше осталось.

Желаю Вам всего хорошего. Спасибо.

Уважающая Вас О.Розанова

5

15 января 1916 г. ОР РГБ. Ф. 339. Оп. 5. Ед. хр. 14. Л. 11–14.

<...> Нужно было заказать листки с оглавлением в типо-

графии и, кроме того, все наклейки пришлось делать в Петрограде (выполнять), так как во Владимире не было цветной бумаги, да и здесь с большим трудом нашла черную, она совсем исчезла из продажи. Таким образом, до праздников издать не успела, пришлось после праздников, неделю в цензуре держали, но как мне сказали в типографии, в субботу (16-го) выйдет. Цензура 15 №№ забраковала, прежде десять только брали, а теперь еще военная предварительная. Всего, кроме цензурных, будет 115 №№. К сожалению, напечатать больше не могла, даже если бы остались средства на это. Очень трудно было печатать. Шаблонный типографский способ печатания дает и шаблонную фактуру, а при накладывании густой массы краски оттиски сохнут страшно медленно.

Бывали дни, когда я в исступлении печатала по 300 снимков в день, зато потом несколько дней бездействовала, потому что не хватало в доме места для просушки.

Очень была бы Вам благодарна, если бы Вы, не щадя меня, высказали свое мнение об издании и указали бы все дефекты.

Посылаю Вам пока один №, так как все обложки сейчас в типографии. Там на обратной стороне должны поставить цену (3 руб.) и фирму. По этой же причине и обложка посылаемого № лишь пробный экземпляр. Как только выйдет из типографии, пришлю настоящие. Здесь и листка с оглавлением нет.

Жду от Вас приговор и советов, что делать дальше с изданием. Благоразумно ли я назначила цену? В этом отношении я человек неопытный.

Желаю Вам всего хорошего.

Сейчас, когда уже узнала, что цензура пропустила и из печати, скоро альбомы выйдут, начинаю впадать в блаженное состояние.

Ольга Розанова

Не могла никак избежать некоторых помарок, так как трудно было от них уберечься.

Хотя очень остро чувствую свои недостатки в этих книжках, но без колебания могу сказать, что это самое лучшее, что я в печатном творчестве сделала до сих пор, и технически сильнее всего предыдущего, и содержательнее, и самобытнее.

Жаль только, обложка — бумага, кажется, будет непрактична: немножко дряблая, но ничего. Лучше не могла найти в провинции, а цвет ее мне нравится очень.

Оглавление

лист 1 — Война

лист 2 – Разрушение города
лист 3 – Стихотворение А.Кручёных
лист 4 – Аэропланы над городом
лист 5 – Битва
лист 6 – На смерть
лист 7 – Стихотворение А.Кручёных
лист 8 – Отрывок из газетного сообщения
лист 9 – то же
лист 10 – Стихотворение А.Кручёных
лист 11 – Битва в городе
лист 12 – Поединок
лист 13 – Стихотворение А.Кручёных
лист 14 – Война в трех сферах (на суше, на море и в воздухе)
лист 15 – Стихотворение А.Кручёных

В оглавление печатное войдет еще несколько стихотворений А.Кручёных, сейчас их здесь не пишу, так как не помню их, они сейчас в типографии.

6

10 февраля 1916 г. ОР РГБ. Ф. 339. Оп. 5. Ед. хр. 14. Л. 15–18.

<...> очень жаль, что главный недостаток и притом случайный – стихи в оглавлении, – по-видимому, не может быть исправлен. Эти стихи Кручёных пришли ко мне позже тех, что отпечатаны на отдельных листах, и отпечатать их также я не имела никакой возможности, но отказаться от них тоже было жаль, так как они мне показались не менее интересны, чем первые.

Печатать в Петрограде, к сожалению, сейчас не могу по двум причинам: во-первых, не имею совсем времени, я сейчас работаю в цинкографии Бутковской, где заниматься должна с 10–5, а со временем с 8–5 и от непривычки к подобной работе и от запаха кислот очень утомляюсь и не могу дома ничем другим заниматься[2]. Но мне очень хочется изучить практически все способы печатания: цинкографию, фотографию, трехцветный способ и пр. и поэтому, несмотря на всю тяжесть этого совершенно нехудожественного труда, очень дорожу возможностью со всем этим познакомиться. Вторая причина – маленькая комната, в которой негде разместить сохнущие гравюры, а во Владимире я жила в квартире, и там было можно работать свободно. Кроме того, часть аль-

[2] Сохранилось письмо А.Кручёных Шемшурину, в котором он сетует на бедственное положение Розановой: «...разве такую работу, как у Бутковской, должна бы выполнять О.В.? Очень больно думать об этом — и никому нельзя говорить, ибо знаешь, что люди — свиньи (по Вашему слову!) Сам я, к сожалению, заброшенный в дикий Кавказ войной, совершенно бессилен что-нибудь предпринять... Ей бы надо исполнять чисто художественные заказы, а она сидит в вонючей яме» (Из письма А.Кручёных А.Шемшурину. Март 1916 г. ОР РГБ. Ф. 339. Оп. 4. Ед. хр. 2. Опубликовано: Из литературного наследия Крученых / Ред. Н.Гурьянова. Berkeley, 1999. С. 197). Очевидно, именно под влиянием Кручёных А.Шемшурин уговорил Розанову оставить эту службу, выслав ей материальную помощь (см. след. письма О.Розановой А.Шемшурину).

бомов уже сдана в магазин, а часть приобретена некоторыми лицами, и хотя большая часть, конечно, еще не распродана, — все-таки я определенных сведений из магазина не имею. Очень мне жаль, что этот недостаток произвел на Вас такое неблагоприятное впечатление, и главное, что я совсем не знаю, как теперь это устранить, и лишена возможности, но печатать эти стихи в типографии, по-моему, еще хуже, так как у них нет простых хороших шрифтов, совершенно другая фактура, и так как в этих стихах больше строчек, то придется уменьшить размер букв, и получится какая-то борьба между прежним художественным способом (первые стихи) и вторым — ремесленным <...>

7

31 марта 1916 г. ОР РГБ. Ф. 339. Оп. 5. Ед. хр. 14. Л. 20. Оборот почтовой открытки с Бубновой дамой. См. кат. 151.

Многоуважаемый Андрей Акимович!

Ваше открытое письмо я получила и хочу послушаться Вашего совета и ехать домой во Владимир. Со службой моей вышло одно только недоразумение. Она только задержала меня здесь и в результате ничего не дала, при семичасовой работе там в цинкографе я совершенно не могла работать дома, а главное, никак не могу привыкнуть к запаху эфира и кислоты и действительно страдаю от этого ужасно.

Если удастся достать билет, то в первый день Пасхи буду дома, в крайнем случае, постараюсь уехать из Петрогр<ада> 13 апреля.

Москвичи приглашали меня участвовать на их выставке «Магазин» — но теперь очень долго идут вещи по железной дороге, и я не могла прислать картин. Были ли Вы на этой выставке и интересна ли она? В Петрограде предполагается еще одна выставка, где я хотела участвовать, но, кажется, не состоится.

Желаю Вам всего хорошего. Уважающая Вас О.Розанова.

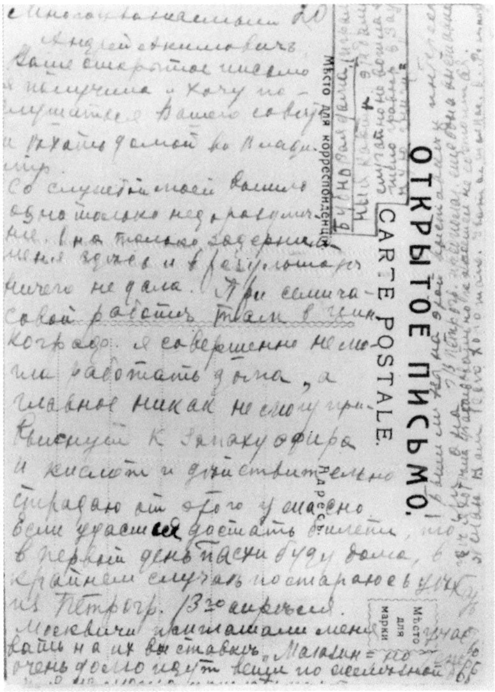

Открытое письмо О.Розановой А.Шемшурину. 31 марта 1916. ОР РГБ, Москва

8

3 апреля 1916 г. ОР РГБ. Ф. 339. Оп. 5. Ед. хр. 14. Л. 21–22.

Многоуважаемый Андрей Акимович!

Очень Вам благодарна за готовность помочь мне. Я действительно сейчас в затруднительном положении. Служба моя не оправдала надежд, которые я на нее возлагала, здесь поэтому закупить материалов для живописи пока не имею возможности, а во Владимире мне это сделать еще труднее, да их там и нет в достаточном количестве.

Выставка (в художественном бюро Добычиной)[3], о которой я упоминала в предыдущем письме, открывается сегодня, и так как я дала на нее вещи, то это на несколько дней продлит срок моего пребывания в Петрограде. Я хочу сама взять свои картины, так как с пересылкой их теперь выходят разные недоразумения.

Через три недели выставка уже закроется, и я сейчас же после ее закрытия поеду домой.

Была бы Вам очень благодарна, если бы Вы прислали в Петроград деньги 70 рублей, и я бы сама купила краски и холст.

Шлю Вам свои пожелания всего самого лучшего и большое спасибо за участие.

Уважающая Вас О.Розанова

9

9 апреля 1916 г. ОР РГБ. Ф. 339. Оп. 5. Ед. хр. 14. Л. 23–24.

Многоуважаемый Андрей Акимович.

Очень Вам благодарна, что даете возможность перейти от тяжелой во всех отношениях службы к творческой работе. 70 рублей я получила. На днях «Бубновый Валет» передал мне приглашение войти в число действительных членов общества, так что на будущий год, может быть, буду выставляться в Москве. А в Петрограде тоже, вероятно, какая-нибудь выставка организуется. Так что летом надо много работать.

В Петрограде все еще как-то сыро и холодно и мало похоже на весну. Художественный сезон, по-видимому, закрывается выставкой, на которой я сейчас участвую, и больше, кажется, никаких выставок здесь уже не будет.

Алексей Елисеевич Кручёных мне писал, что он получил место в Саракамыше и на днях туда выезжает.

А из Петрограда сейчас очень трудно, кажется, выехать. На южные поезда, например, билеты разобраны до 1 мая. Как только сумею достать билеты, поеду домой.

В цинкографии уже сообщила, что я оставляю там заня-

[3] Речь идет о Выставке современной русской живописи (Петроград, 1916), состоявшейся в апреле в художественном бюро Добычиной (Марсово поле, 7). Розанова дала на выставку две работы: «Натюрморт» и «Парфюмерный магазин» (№ 288, 289).

тия. Если Бутковская на будущий год расширит помещение и устроит нам возможность работать в здоровой атмосфере, то на будущий год поступлю опять.

Сейчас она очень жалела, что я ухожу, но при настоящих условиях работать там — отрава, и я бесконечно благодарна, что Вы меня от нее избавляете. Желаю Вам всего хорошего.

Уважающая Вас О.Розанова

10

16 февраля 1917 г. ОР РГБ. Ф. 339. Оп. 5. Ед. хр. 14. Л. 29–30.

Многоуважаемый Андрей Акимович.

Я Ваше открытое письмо получила, но не ответила Вам сразу, так как то, чего Вы в нем касались, было для меня больным вопросом: думала, что будет нельзя совместить службу с писанием картин, да еще со сложными колористическими задачами. «Служу» — и это для меня все равно что дрова и крупа. Сознаюсь, что в первый день «отношения», «ведомости» и «исходящие» привели меня в торжественно-глупое состояние, а на второй и третий день в состояние прострации. Теперь думаю, что я все-таки привыкну, а главное, дело меняется: буду там работать нс по утрам, а по вечерам с 5–10.

Лекции 25 февраля я не читаю поэтому[4]. Будет читать Малевич, если успеет своевременно получить разрешение. А я теперь по утрам предпочту писать картины, чем к лекции готовиться.

Предполагается, что будет на Пасхе супрематическая выставка в частном доме, но пока это не выяснено, поэтому не говорим никому, и Вы тоже: как будто ничего не знаете.

Если успею, напишу для выставки картины с «преображенным колоритом». Успеха-то Вы мне, конечно, желаете? А талантам моим не доверяете?

Желаю Вам всего хорошего. Сейчас иду на службу[5].

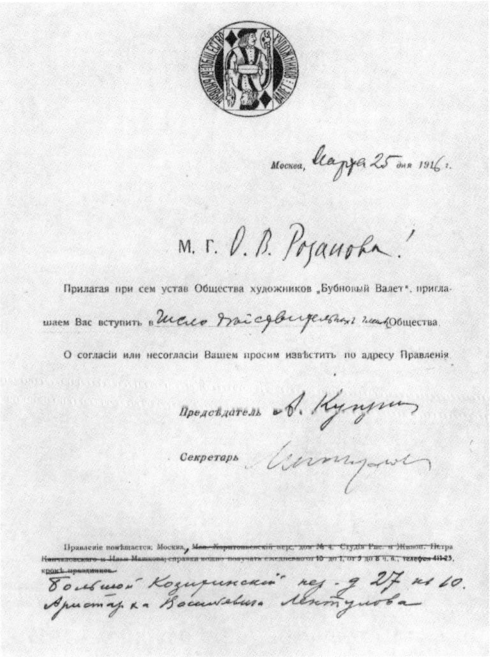
Москва, Марта 25 дня 1916 г.

М. г. О. В. Розанова!

Прилагая при сем устав Общества художников „Бубновый Валет“, приглашаем Вас вступить в число действительных членов Общества.

О согласіи или несогласіи Вашем просим извѣстить по адресу Правленія.

Предсѣдатель

Секретарь

Правленіе помѣщается: Москва,

Большой Козицкий пер. д. 27 кв. 10. Аристарха Васильевича Лентулова

Приглашение вступить в члены Общества художников «Бубновый Валет». 1916. Архив А.М.Родченко и В.Ф.Степановой, Москва

[4] Судя по всему, Розанова упоминает здесь лекцию о цветописи, прочитанную Малевичем в 1917 г. В Культурном фонде «Центр Харджиева–Чаги» (Стеделийк музей, Амстердам) находится рукопись этой лекции, начисто переписанная рукой Розановой, но за подписью Малевича.

[5] Розанова служила в этот период в «Союзе городов» — общественной организации, занимавшейся сбором и распределением снабжения для фронта. Сохранился ответ А.Шемшурина на это письмо (Архив А.Федоровского, Берлин): «18.2.1917. Каретная-Садовая, 10, кв. 38. Многоуважаемая Ольга Владимировна, спасибо Вам за сообщение о Вашем дебюте на службе. Мне хотелось бы, чтобы Вы показали мне картину с преображенной краской тотчас же, как сделаете. С уважением, А.Шемшурин».

Открытое письмо А.Шемшурина О.Розановой. 18 февраля 1917. Частный архив

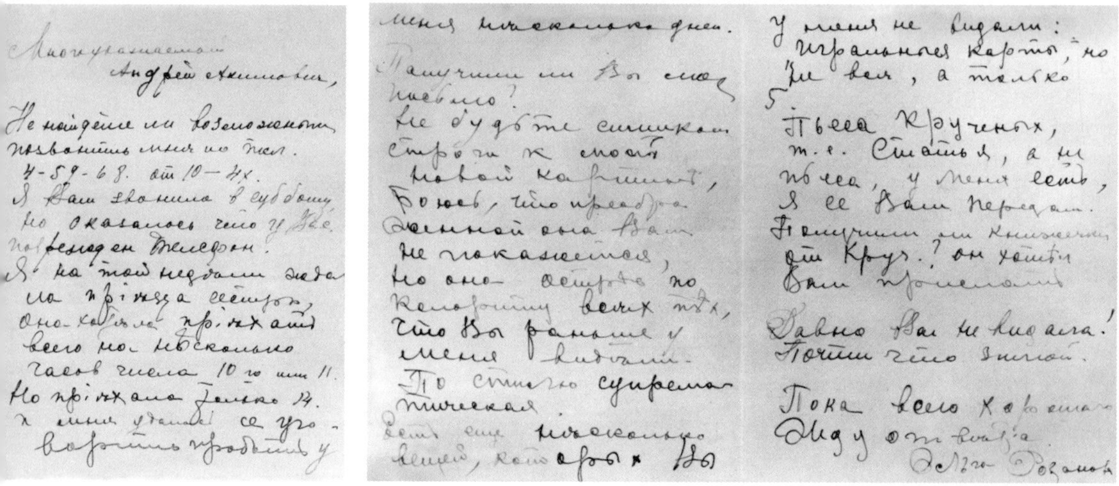

Письмо О.Розановой А.Шемшурину. <1917>. ОР РГБ, Москва

11

<1917 г.> ОР РГБ. Ф. 339. Оп. 5. Ед. хр. 14. Л. 27–28.

Многоуважаемый Андрей Акимович!

<...> Получили ли Вы мое письмо? Не будьте слишком строги к моей новой картине, боюсь, что преображенной она Вам не покажется, но она острее по колориту всех тех, что Вы раньше у меня видели. По стилю супрематическая.

Есть еще несколько вещей, которых Вы у меня не видали: «Игральные карты», но не все, а только 5 <...>

12

4 апреля 1917 г. ОР РГБ. Ф. 339. Оп. 5. Ед. хр. 14. Л. 31–34.

Многоуважаемый Андрей Акимович!

Пишу Вам из Владимира <...> До самого дня отъезда не знала наверное, когда уеду. Предполагались делегатские собрания художников в У<чилище> Ж<ивописи> В<аяния> З<одчества> в пятницу или субботу даже. С ума посходили люди! Слава Богу, обошлось без собрания. В субботу в 6.55 вечера я уехала и в Светлую заутреню была дома. С поезда — в церковь. Наслаждалась видом куличей, украшенных сахарными голубями и золотыми листьями, барашками и розами...

Письмо мое Вы, вероятно, получите, когда я уже вернусь в Москву <...>

Давно собиралась позвонить Вам, но все дни с начала революции были битком набиты какими-то сумбурными впечатлениями, сюрпризами и забавно важными делами. Конечно, если бы (кроме того, что служу) я сказала Вам по телефону, что я:

член Проф-Клуба,

член Кооператива,

делегатка от об<щества> худ<ожников> Супремус,

секретарь редакции журнала, того же названия и который, по возможности, скоро должен выйти, и т.д., Вы бы зевнули и повесили трубку. А мне каково? Ведь я, придя со службы, должна идти на собрание какое-нибудь и от 7 до 1 ночи слушать, как люди говорят глупости. За все это время умные речи слышала только от Д.Бурлюка и Маяковского. Ужасные типы все-таки среди художников бывают.

Момент интересный, но подлинного возрождения ни в ком что-то среди них не заметила. Так же шипят, как и раньше. Коли устав не утвержден Шебеко, то это не устав, а общество не общество, если в нем не 100 ч<еловек>. На эту тему Маяковский хорошо говорил, явившись делегатом от 4½ человек и без всякого устава. Устрашил слабоумных и был все-таки зарегистрирован. Вообще, конечно, время интересное, но глубоко несчастные люди свели все к канцелярии.

Я получила письмо от А.Е.Кручёных, он мне выслал заказным письмом свою новую пьесу, но я ее не получила. По поводу этой пьесы он хотел написать и Вам, и даже, кажется, копию с нее хотел выслать. Ему хотелось ее издать. Вероятно, он уже про-

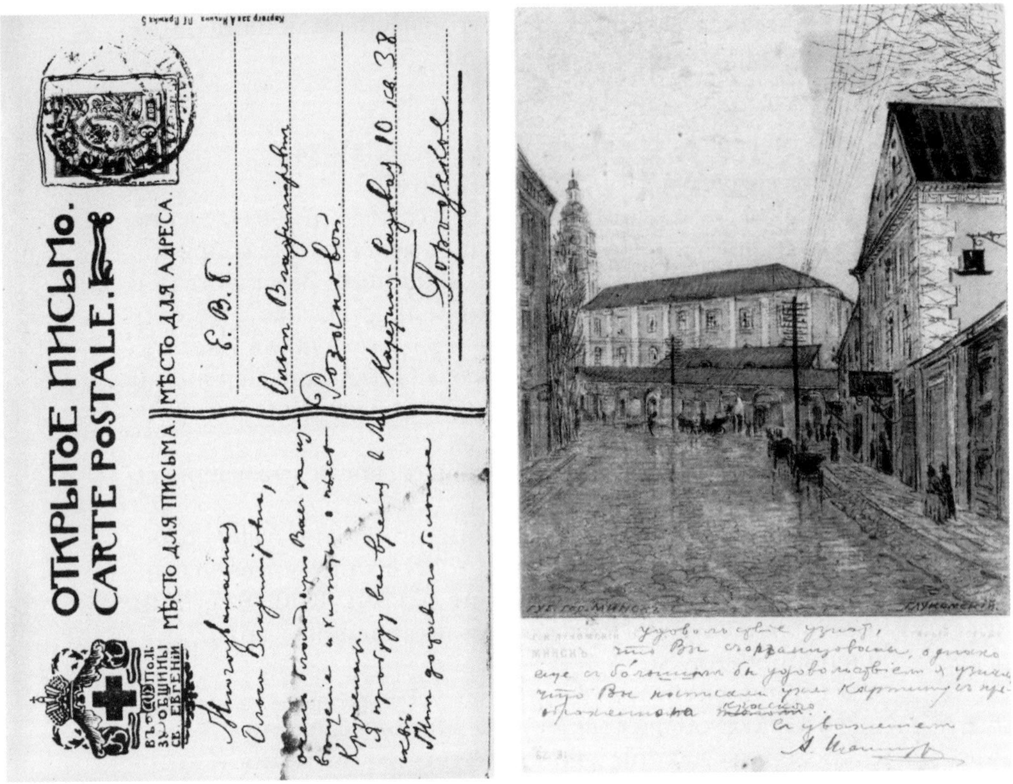

Открытое письмо А.Шемшурина О.Розановой. 1917. Частный архив

сил Вас, если у Вас будет свободное время, как-нибудь осуществить это издание[6] <...>

Я приеду в Москву в четверг на пасхальной неделе, даже в среду, так как в четверг у нас уже занятия.

В пятницу у нас будет собрание (у супрематистов), так что в этот день не смогу трезво мыслить и говорить: хронически устала и устаю. А в общем, идея этого журнала и новорожденное общество «Супремус» для меня стремительная радость!

Хочется скорее писать картины, статьи и проч., и определенно убеждена, что это нужно! Ради Бога, не скажите только: «Заблуждаетесь». Очень Вас прошу, а то у меня сделается 35° температуры.

Во Владимире больше на весну похоже, чем в Москве, и как будто даже жарче, и воздух весенний, и домов совсем почти не

[6] Речь идет о пьесе «Глы-глы» (1917), издание которой так и не было осуществлено. Позднее Кручёных опубликовал фрагменты из этой пьесы в одном из своих сборников.

замечаешь как-то, а небо замечаешь — провинциально сверкающее и наивное.

Вообще чисто сердечные пейзажи.

13

6 мая 1917 г. ОР РГБ. Ф. 339. Оп. 5. Ед. хр. 14. Л. 38, 39.

Многоуважаемый Андрей Акимович <...> Тысячи мелких и крупных обстоятельств выбивали меня все время из колеи. Два раза ездила во Владимир к маме, которая еще до сих пор не совсем поправилась. А по вечерам вакханалия собраний и заседаний. В последнее время так с ними утомилась, что наполовину физически перестала существовать, так что по Москве теперь носится только мое астральное тело <...>

В.Степанова. Танец О.Розановой. Коллаж к пьесе А.Кручёных «Глы-глы». 1918. Архив А.М.Родченко и В.Ф.Степановой, Москва

Столбы пыли и оркестр городских запахов буколического настроения не навевают, ужасно досадно, что весна бывает только один раз в год, и если просидишь одну в городе, так и не будет другой, которую можно прожить не в городе. А так я и проживу все лето здесь насквозь.

Размышляю над вопросом: будут поливать улицы или не будут? И будут ли все лето бумажки и семечки на тротуарах?

Относительно пьесы Кручёных следующее: супрематисты предложили ему поместить ее в журнале Супремус, который издается, и первый его № уже сформирован[7]. Кручёных согласен на это. Издавать же отдельной книжкой пьесу сейчас действительно и хлопотливо и несвоевременно, а главное, трудно сейчас иметь дело с типографиями <...> Кажется, скоро наступит время, когда я смогу писать картины, так как если художники на днях не соорганизуются в какой-либо союз, то, значит, не соорганизуются никогда. Как они мне надоели! Мазилки несчастные! А я уже давно соорганизовалась[8]!!!

6.5.1917

[7] Несмотря на то что материалы к первому номеру журнала «Супремус» были практически подготовлены в печать, журнал не был опубликован. Значительная часть этих материалов находится в Культурном фонде «Центр Харджиева–Чаги».

[8] Сохранился ответ А.Шемшурина на это письмо (Архив А.Федоровского, Берлин): «Каретная-Садовая, 10, кв. 38
Многоуважаемая Ольга Владимировна,
очень благодарю Вас за известие и хлопоты о пьесе Кручёных. Я пробуду все время в Москве. Мне доставило большое удовольствие узнать, что Вы сорганизованы, однако еще с большим бы удовольствием я узнал, что Вы написали уже картину с преображенною краскою.
С уважением, А.Шемшурин».

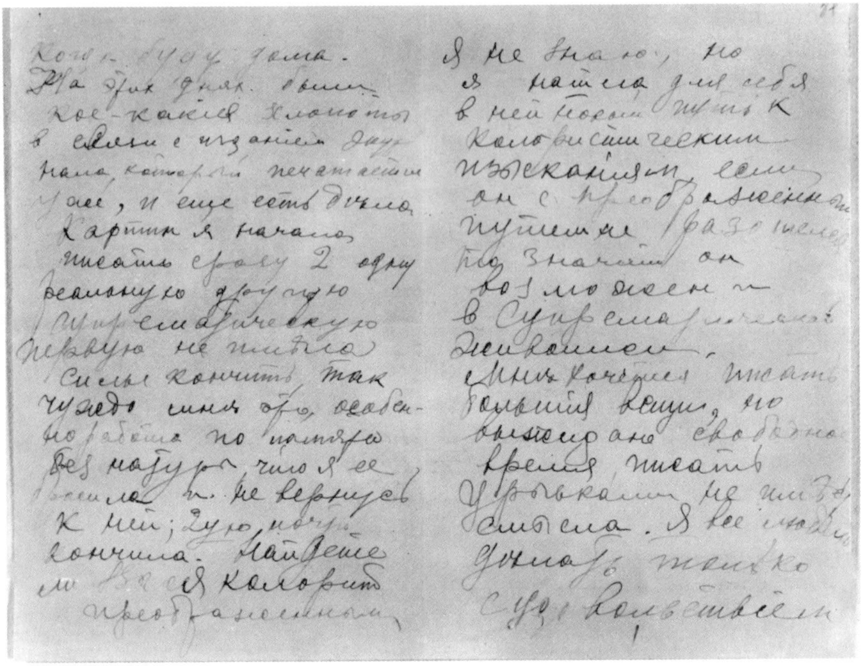

Страницы из письма О.Розановой А.Шемшурину. 9 июля 1917. ОР РГБ, Москва

14

9 июля 1917 г. ОР РГБ. Ф. 339. Оп. 5. Ед. хр. 14. Л. 36–37.

Многоуважаемый Андрей Акимович,

я еще не умерла[9], но действительно все время была в таком состоянии, что с меня можно было бы писать «nature morte». Почему-то все устаю. Думаю, что от непривычки жить в городе. Не хватает воздуху, а в комнате целый день солнце, некуда от него укрыться. У меня есть статья Кручёных <...> На этих днях были кое-какие хлопоты в связи с изданием журнала, который печатается уже, и еще есть дела.

Картины я начала писать сразу две – одну реальную, другую супрематическую. Первую не имела силы кончить, так чуждо мне это, особенно работа по памяти без натуры, что я ее бросила и не вернусь к ней; 2-ю почти кончила <...> я нашла для себя в ней новый путь к колористическим изысканиям, если он с «преображенным» путем не разошелся, то, значит, он возможен и в супрематической живописи. Мне хочется писать большие вещи, но выжидаю свободное время, писать урывками не имеет смысла. Я все люблю делать только с удовольствием! И неожиданные слу-

[9] Это письмо является ответом О.Розановой на письмо А.Шемшурина от 5 июля 1917 г. (Архив А.Федоровского, Берлин):
«Каретная-Садовая, 10, кв. 38
Многоуважаемая Ольга Владимировна,
если Вы еще живы, то как Вы поживаете? Готова ли уже картина с преображенной краской? Кручёных пишет, чтобы я прочитал его статьи о Хлебникове. Вы будто бы можете тотчас мне получить статью от Малевича. Если все это действительно так, то я очень прошу Вас сообщить мне, когда бы я мог повидать Вас и получить статью. Жму Вашу руку.
А.Шемшурин».

чайные перерывы в работе меня терзают и ломают цельность замысла.

Вообще очень хочется быть сначала художницей, а потом уже всем остальным, и думаю, что так скоро и будет.

В профессиональном союзе работа наладилась, и он мне не мешает. Журнал выйдет, может быть даже, в августе, и тогда — свобода!!!

Письма О.В.Розановой М.В.Матюшину. 1917*

1

РО ИРЛИ (Пушкинский Дом). Ф. 656. Л. 1–2.

Многоуважаемый Михаил Васильевич!

Общество художников «Супремус» издает в скором времени журнал этого же названия. Журнал периодический. По характеру строго партийный.

Программа его: Супрематизм (Живописи, Скульптуры, Архитектуры, Музыки, Нового театра и т.д.). Статьи, хроника, письма, афоризмы, стихи, репродукции супрематических картин и прикладного искусства.

Статьи научного характера, художественно-научного и т.д.

Зная о вашем сочувствии этому движению в искусстве, общество худ<ожников> «Супремус» предлагает Вам принять участие в журнале и, в случае Вашего согласия, прислать поскорее по возможности статьи по искусству критики и вообще тот литературный материал, который у Вас в настоящее время готов уже для напечатания. Вы уже раньше, кажется, слышали от Казимира Севериновича о проекте этого журнала и его характере.

К изданию журнала приступаем немедленно, и ввиду трудности издания в техническом отношении в настоящее время (устройство с линографиями, цинко- и литографиями и т.д.) мы вынуждены во избежание задержки в печатании назначить крайний срок приема литературного материала 15 мая (старого стиля) сего года. Будьте любезны, ответьте поскорее, желаете ли Вы принять участие в журнале, и если да, не задержите с присылкой статей и пр.

Всю корреспонденцию и литературный материал просим направлять по адресу секретаря редакции журн<ала> «Супремус» О.В.Розановой.

Москва, Каретная-Садовая, д. 10, кв. 38.

Я переехала в Москву и думаю в ней основаться.

В журнале принимают участие члены Общества Супремус — Удальцова, Попова, Клюн, Меньков, Пестель, Архипенко, Давыдова, Розанова и др. Редактор журнала Малевич. Поэты — Кручёных, Алягров <Р.Якобсон> и др.

* Публикуются впервые по оригиналам.

С уважением к Вам, О.Розанова

Привет от меня Екатерине Генриховне <Низен> и Ольге Константиновне <Громозовой>.

2

23 мая 1917 г. РО ИРЛИ (Пушкинский Дом). Ф. 656. Л. 5.

Многоуважаемый Михаил Васильевич!

Вашу статью получила и передала редактору[1]. На днях было у нас собрание. Собрали уже весь литературный материал. Настроены все прекрасно, надеемся, что журнал выйдет содержательным и интересным не только для тех, кто работал над его осуществлением. Твердо верим в свое искусство и будем стараться его утверждать и работать. Пишите и присылайте.

Всех благ. Привет.

О.Розанова

3

18 июня 1917 г. РО ИРЛИ (Пушкинский Дом). Ф. 656. Л. 4.

Многоуважаемый Михаил Васильевич, простите, что замедлила с ответом, Ваше письмо, в котором Вы пишете, что пропустили слово в статье, пришло ко мне тогда, когда статья была уже сдана в типографию, но всс возможное сделаем. Казимир Северинович говорит, что он внесет Вашу поправку в корректуру.

Всего хорошего! Успехов!

О.Розанова

Я секретарем в профессион<альном> Союзе живописцев. Очень много там дела.

4

<Июнь 1917 г.> РО ИРЛИ (Пушкинский Дом). Ф. 656. Л. 5–6.

Многоуважаемый Михаил Васильевич, не так давно в своем письме ко мне Вы, кажется, сочувственно отнеслись к московскому про-

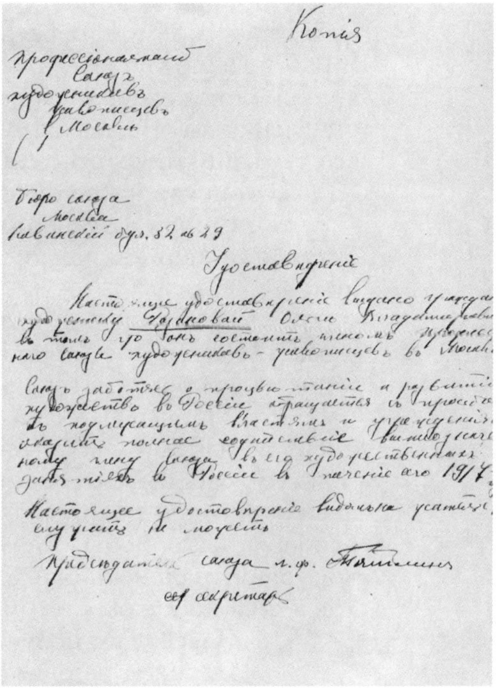
Копія

Удостовѣреніе

Удостоверение Профсоюза художников-живописцев Москвы, выданное О.Розановой. 1917. Архив А.М.Родченко и В.Ф.Степановой, Москва

[1] Для журнала «Супремус», редактором которого был К.Малевич, М.Матюшин написал статью «О Старом и Новом в музыке».

фессиональному Союзу живописцев, я как секретарь этого Союза (от молодой федерации) довожу до Вашего сведения, что в члены Московского проф<ессионального> Союза имеют право вступать и петроградские, и провинциальные художники и пользуются всеми правами наравне с московскими членами Союза, за исключением права вступать в члены Совета, так как в члены Совета выбираются лишь лица, постоянно живущие в Москве, чтобы они могли быть активными работниками и устраивать собрания, дабы вести дела Союза. Сейчас Союз, несмотря на лето, все расширяется, пополняется. И старшая федерация уже есть постоянное Бюро, где дежурные члены дают справки по телефону. Прилагаю Вам программу Союза. Если Вам удобно вступить в члены, будьте добры, сообщите мне, в какую федерацию, группу Вы желаете записаться: старшую, центральную или молодую? Ваш постоянный адрес и укажите, от какой выставки Вас записать, если желаете, чтобы Вас записали от всех выставок, на которых Вы участвовали, будьте добры их перечислить. Членский взнос 5 рублей. Прошу выслать по моему адресу: Москва, Каретная-Садовая, д. 10, кв. 38. Я Вам не замедлю выслать членский билет. Если кто из знакомых художников пожелает вступить в члены, сообщите им, пожалуйста, условия вступления. В члены Союза имеют <право> вступать все художники, которые когда-либо участвовали в качестве члена или экспонента на какой-либо выставке.

Состав федерации следующий: старшая: передвижники, академики, периодические выставки, часть Союза русских художников.

Центральная: другая половина Союза, Мир искусства, Салон, Московское Товарищество, Бубновый Валет. Молодая: футуристы, супрематисты, крайне левые.

Записывайтесь в молодую — у нас каждая федерация выносит по одному голосу, а не по числу членов. И тот, кто вступает, голосует своей федерацией. В молодую федерацию вошли Грищенко, Якулов, некоторые экспоненты Бубнового Валета, но не основные его члены, Лентулов, Мильман, Машков и др. записались в центральную, Бурлюки — в молодую, вероятно, так как Якулов в молодой, а он с ними в одной дружбе.

Известите, получили ли программу?

Переход из одной федерации в другую допускается, но, конечно, разумный — ведь не пойдут супрематисты в старшую и наоборот.

5

10 июля 1917 г. РО ИРЛИ (Пушкинский Дом). Ф. 656. Л. 9.

Многоуважаемый Михаил Васильевич!

Приветствую Ваше вступление в члены Профессионального Союза Живописцев.

Высылаю Вам членский билет, будьте добры известить меня о получении.

Союз наш расширяется. Вступают новые члены, даже Бенуа изъявил желание вступить в члены, т.к. петроградские организации его не удовлетворяют.

Союз будет Всероссийским.

Работа идет планомерно. Осенью будет общее собрание. Будут выборы в Совет (60 членов), так как сейчас только временный из 15 человек.

Как в Петрограде художественные дела? Журнал наш выйдет, может быть даже, в августе. Ваша статья уже в наборе. Издан будет журнал хорошо.

Желаю Вам успехов. Всего хорошего.

Мой привет Екатерине Генриховне <Низен> и Ольге Константиновне <Громозовой>.

Ольга Розанова

Из письма О.В.Розановой Н.А.Удальцовой. 1917 г.*

<Апрель 1917 г.> Архив А.Древина и Н.Удальцовой, Москва.

СПб., Васильевский остров, 9-я линия, д. 58, кв. 21

Милая Надежда Андреевна,

весь этот материал уже готов к печати:

1) моя статья[1]
2) пьеса Кручёных[2]
3) Декларация слова[3]
4) сборник стихов Балос и
5) Голубые яйца[4]

Из этих двух сборников Кручёных предлагал напечатать то, что найдут возможным.

Тут есть и два моих стихотворения, передайте Малевичу, что я ничего не имею против, чтобы их поместили в журнале.

Малевичу на дачу послала открытку, что материал у Вас. Ждала его до 6 часов, пропустила удобный поезд, а он не пришел. Уезжаю, в ночь по приезде позвоню.

О.Розанова

Прилагаю мотивы для вышивки в 3-х красках для журнала в декоративный отдел. Прилагаю также декоративные рисунки Юркевича и др., может быть, они понадобятся <...>

* Публикуется по оригиналу.

[1] Статья «Кубизм. Футуризм. Супрематизм» (см. наст. изд. С. 196).

[2] Пьеса Кручёных «Глы-глы».

[3] Переработанная Кручёных в 1916–1917 гг. «Декларация слова как такового».

[4] «Балос» и «Голубые яйца» — сборники, опубликованные Кручёных гектографическим способом (Тифлис; Саракамыш, 1917).

Каталог произведений
О.В.Розановой

Список выставок
О.В.Розановой

Избранная библиография

Каталог произведений О.В.Розановой

В каталог включены произведения Ольги Розановой из русских и зарубежных музеев, галерей, частных собраний и архивов. Поскольку данный каталог является первой попыткой собрать воедино и систематизировать работы Розановой, в нем также даются сведения о некоторых наиболее значительных работах художницы, упомянутых в тексте нашей книги, которые не сохранились (местонахождение неизвестно), но документальные данные о них удалось проследить в архивах. Являясь первым исследованием подобного рода, первым шагом к созданию каталога-резонне художницы, наш список еще не может считаться исчерпывающим, да и не претендует на это.

Каталог состоит из разделов: «Живопись», «Рельеф», «Графика», «Декоративно-прикладное искусство. Эскизы», «Коллажи», «Печатная графика» и «Блокноты». Внутри каждого раздела работы расположены в хронологическом порядке.

Размеры произведений даны в сантиметрах. В разделе «Печатная графика», как правило, даются два размера: размер листа и размер оттиска (в скобках). В случае их совпадения (к примеру, в ряде литографированных изданий, где текст является неразделной частью изображения) дается только размер листа (страницы книги).

Так как Розанова лишь в редких случаях подписывала свои картины, датировки, принятые в музеях и выставочных списках, по большей части случайны или вообще отсутствуют. В нашем каталоге впервые уточнены с учетом архивных материалов даты создания многих произведений. Идентификация произведений Розановой проводилась по спискам МХК и МЖК, каталогам прижизненных выставок, газетным и журнальным рецензиям того времени. При расформировании МЖК работы, предназначенные для передачи в провинциальные музеи, первоначально поступили на временное хранение в ГТГ, откуда были по акту переданы в эти музеи. Исследование оборотов холстов, наличие на них выставочных ярлыков и т.д. позволило восстановить первоначальные названия многих работ, а также атрибутировать некоторые из них. В скобках приводятся расхождения с указанным в каталоге названием произведения, где это необходимо.

В каталоге даются ссылки только на те выставки и библиографические источники, которые важны для научного каталогизирования, датировки и атрибуции произведений: в основном музейные каталоги и каталоги частных собраний, в которых эти работы в настоящее время находятся, а также каталоги прижизненных выставок.

В разделе «Печатная графика» сведения об изданиях согласованы с Каталогом литографированных и гравированных изданий, составленным Е.Ф.Ковтуном (*Ковтун Е.Ф.* Футуристическая книга. М., 1989. С. 229–234), и Книжной летописью, а также с данными, приведенными в книге Владимира Полякова «Книги русского кубофутуризма» (М.: Гилея, 1998). Размеры, тем не менее, в основном даны по оригиналам из собрания футуристических книг фонда Юдит Ротшильд (Музей современного искусства, Нью-Йорк), любезно предоставленным автору для работы. Также, в отличие от каталога Ковтуна, для идентификации страниц книги мы всегда ссылаемся на первую строку на странице (у него во многих случаях приведены последние строки на странице, непосредственно около изображения, особенно в концовках).

Основная работа по созданию настоящего каталога произведений Ольги Розановой была закончена в 1992 году, однако список был частично дополнен в 1996–1997 годах, в связи с тем что для научного исследования стали доступны важные новые материалы из двух собраний: А.Федоровского (ранее в собрании семьи А.В.Розанова – брата художницы) и Культурного фонда «Центр Харджиева–Чаги» (Стеделийк музей, Амстердам, ранее в собрании Н.И.Харджиева). В настоящем издании многие из этих материалов публикуются впервые. Список блокнотов с зарисовками из собрания А.Федоровского приведен в конце каталога. Наиболее значительные листы из этих альбомов включены в раздел «Графика» под каталожными номерами.

Список сокращений

АХП МК – Архив художественной промышленности Министерства культуры, Сергиев Посад
ГМФ – Государственный музейный фонд
ГРМ – Государственный Русский музей, Петербург
ГТГ – Государственная Третьяковская галерея, Москва
ГХФ – Государственный Художественный фонд Музейного бюро отдела ИЗО Наркомпроса

МБ ИЗО – Музейное бюро Отдела изобразительных искусств
МЖК – Музей живописной культуры, Ленинград
НКП – Народный комиссариат по просвещению (Наркомпрос)
ОР РГБ – Отдел рукописей Российской государственной библиотеки, Москва
РГАЛИ – Российский государственный архив литературы и искусства, Москва

Каталог ГРМ – Государственный Русский музей: Живопись. XVIII – начало XIX века. Каталог. Ленинград, 1980
Каталог ГТГ – Государственная Третьяковская галерея: Каталог живописи XVIII – начала XX века (до 1917 года). Москва, 1984
Костакис 1981 – Russian avant-garde art: The George Costakis Collection. New York: Abrams, 1981
Музей в музее – Музей в музее. Русский авангард из коллекции Музея художественной культуры в собрании Государственного Русского музея. Санкт-Петербург, 1998
Тиссен 1993 – Bowlt J. E., Misler N. The Thyssen Bornemisza Collection: Twentieth-century Russian and East European painting. London: Zwemmer, 1993

Живопись

1. Натурщик. 1905–1906
Классный этюд
Бумага, пастель. 61 × 23
На обороте: наклейка с № 202 и наклейка МБ отд. ИЗО НКП
Государственный Русский музей, С.-Петербург
Пост. в 1971 из АХП МК СССР, Загорск
Инв. Ж-8652
Выставки: Розанова, 1918–1919, № 202
Литература: Каталог ГРМ. № 4932

2. Натурщица. 1905–1906
Классный этюд
Холст, масло. 82 × 71
Государственная Третьяковская галерея, Москва
Пост. в 1929 из МЖК, оформлена по акту в 1931
Инв. 17324

Литература: Каталог ГТГ. С. 399

3. Стоящий натурщик. 1906
Классный этюд
Холст, масло. 88,5 × 58,5
Государственная Третьяковская галерея, Москва
Пост. в 1929 из МЖК, оформлена по акту в 1931
Инв. Ж-777
Литература: Каталог ГТГ. С. 398
Архивы: Книга учета художественных произведений и книг, принадлежащих Музею живописной культуры. РГАЛИ. Ф. 664. Оп. 1. Ед. хр. 6. № 361

4. Натурщик. 1906
Классный этюд
Холст, масло. 73 × 42
На обороте:
Цветочная лавка
Холст, масло
Собрание А.Федоровского, Берлин

5. Женский портрет. 1906–1907
Классный этюд
Холст, масло. 67 × 63
Ивановский областной художественный музей
Инв. ЖС-809

6. Кладбище. 1906–1907
Холст, масло. 51 × 35
Ивановский областной художественный музей
Пост. в 1929 из МЖК
Инв. Ж-2181

7. Угол дома и снегири на дереве. Зима. 1906–1907
Бумага, масло. 63 × 51
Государственная Третьяковская галерея, Москва
Пост. в 1929 из МЖК, оформлена по акту в 1931
Инв. Ж-522
Литература: Каталог ГТГ. С. 399

8. Женский портрет. Около 1907
Классный этюд
Холст, масло. 55 × 29,7
Государственная Третьяковская галерея, Москва
Пост. в 1936 из МЖК
Инв. Ж-776
Литература: Каталог ГТГ. С. 398

9. Женский портрет. (Монахиня) Около 1907
Классный этюд
Холст, масло. 75,5 × 53
Государственная Третьяковская галерея, Москва
Пост. в 1929 из МЖК для передачи в провинциальные музеи
Инв. Ж-779
Литература: Каталог ГТГ. С. 398
Архивы: Книга учета... РГАЛИ. Ф. 664. Оп. 1. Ед. хр. 6. № 365 (*Классный этюд. Монашенка*)

10. Портрет молодой женщины
Около 1907
Холст, масло. 97 × 105
Государственный Русский

музей, С.-Петербург
Пост. в 1972 из АХП МК СССР, Загорск
Инв. Ж-8850
Литература: Каталог ГРМ. № 4933

11. Театр. Около 1907–1908
Холст, масло. 33,5 × 29,5
Собрание А.Федоровского, Берлин

12. Пейзаж. Около 1909
Холст, масло. 21 × 33
Собрание А.Федоровского, Берлин

13. Городской пейзаж. 1910
Холст, масло. 62 × 53
На обороте холста надпись: *281 14 3/4 × 12 1/4;* там же ярлык МХК 456
На подрамнике авторская дата: *1910*
Государственный Русский музей, С.-Петербург
Пост. в 1926 из МХК, ранее в ГХФ МБ ИЗО (№ 281)
Инв. ЖБ-1637
Литература: Каталог ГРМ. № 4934; Музей в музее. № 318

14. Красный дом. 1910
Холст, масло. 85 × 98
На обороте холста надпись: *340 19 1/2 × 22 3/4 Ольга Розанова;* там же ярлык МХК 457
Государственный Русский музей, С.-Петербург
Пост. в 1926 из МХК, ранее в ГХФ МБ ИЗО (№ 340)
Инв. ЖБ-1481
Литература: Каталог ГРМ. № 4942; Музей в музее. № 319

15. Натюрморт с помидорами 1910–1911
Холст, масло. 67 × 87
На обороте холста надпись: *294 14 1/2 × 19 1/4;* там же ярлык МХК 455
Государственный Русский музей, С.-Петербург
Пост. в 1926 из МХК, ранее в ГХФ МБ ИЗО (№ 294)
Инв. ЖБ-1617
Литература: Каталог ГРМ. № 4936; Музей в музее. № 329

16. Портрет девочки. 1910–1911
Холст, масло
Частное собрание, Москва
Выставки: Выставка частных коллекций в Доме литераторов, 1987, Москва
Графический эскиз — кат. 116

17. Ресторан. (Кафе). 1911
Холст, масло. 36 × 42,8
На обороте холста наклейки: 1-й Государственной свободной художественной выставки 1919 года с № 1181; Отдела ИЗО с № 237/2; там же ярлык МХК 33
Государственный Русский музей, С.-Петербург

Пост. в 1926 из МХК; ранее собрание Л.И.Жевержеева
Инв. ЖБ-1646
Выставки: 2-я выставка. Союз молодежи, 1911, СПб., № 81 (*Ресторан*); Союз молодежи, 1912, Москва, № 74 (*Ресторан*); 1-я Государственная, 1919, СПб., № 1181 (*В кафе*)
Литература: Союз молодежи, 1912, № 2 (воспр.); *Кручёных А.* Возропщем. СПб., 1913. С. 7 (воспр. под названием «*Приют*»); Каталог ГРМ. № 4945 (*Кафе*); Музей в музее. № 320 (*Кафе*)

18. Натюрморт с кувшином и яблоками 1911–1912
Холст, масло. 54 × 73
На обороте холста надпись: *292 12× 16 1/4;* там же ярлык МХК 454
Государственный Русский музей, С.-Петербург
Пост. в 1926 из МХК. Ранее находилась в МЖК (№ 292), откуда была передана в ГМФ в 1925
Инв. ЖБ-1524
Литература: Каталог ГРМ. № 4939; Музей в музее. № 327
Архивы: Книга учета... РГАЛИ. Ф. 664. Оп. 1. Ед. хр. 6. № 292 (*Натюрморт с яблоками*)

19. На бульваре. 1911–1912
Холст, масло. 36,5 × 56,5
Самарский художественный музей
Пост. в 1919 из ГХФ МБ ИЗО
Инв. Ж-412
Выставки: Розанова, 1918–1919, № 19
Архивы: Акты и списки передачи художественных произведений из Государственного художественного фонда. 29 июля 1919 – 7 июля 1924. РГАЛИ. Ф. 665. Оп. 1. Ед. хр. 8

20. Кузница. 1911–1912
Холст, масло. 90 × 98
На обороте холста наклейки: 1-й Государственной свободной художественной выставки 1919 года с № 1180; там же ярлык отдела ИЗО (оборван); там же ярлык МХК 32
Государственный Русский музей, С.-Петербург
Пост. в 1926 из МХК, ранее в ГХФ МБ ИЗО (№ 304)
Инв. ЖБ-1322
Выставки: Союз молодежи, 1912–1913, СПб., № 78; 1-я Государственная, 1919, СПб., № 1180
Литература: Каталог ГРМ. № 4943; Музей в музее. № 321

21. Кувшин с цветами. 1911–1912
Холст, масло. 66 × 42,5
На обороте холста надпись:

290 15× 10; там же ярлык МХК 453
Государственный Русский музей, С.-Петербург
Пост. в 1926 из МХК, ранее в ГХФ МБ ИЗО (№ 290)
Инв. ЖБ-1578
Литература: Каталог ГРМ. № 4935; Музей в музее. № 326

22. Портрет Анны Владимировны Розановой. 1911–1912
Холст, масло. 113 × 139
Екатеринбургский музей изобразительных искусств
Пост. в 1920 из ГХФ МБ ИЗО
Инв. 390
Выставки: Союз молодежи, 1912, СПб., № 67 (*Портрет*); Союз молодежи, 1912, Москва, № 68 (*Портрет*); Союз молодежи, 1912–1913, СПб., № 73; Розанова, 1918–1919, № 16
Литература: Огонек. 1913. № 1 (воспр.)
Архивы: Акты и списки передачи... РГАЛИ. Ф. 665. Оп. 1. Ед. хр. 8. № 311 (*Портрет*)

23. Портрет женщины в синем платье 1911–1912
Эскиз к автопортрету
Холст, масло. 66 × 37
Государственная Третьяковская галерея, Москва
Пост. в 1929 из МЖК, оформлена по акту в 1931
Инв. 17323
Выставки: Розанова, 1918–1919, № 208 или 209 (*Эскиз к автопортрету*)
Литература: Каталог ГТГ. С. 398

24. Автопортрет. 1912
Холст, масло. 52 × 62
Слева внизу подпись: *О.Р.*
Ивановский областной художественный музей
Пост. в 1920 из МЖК
Инв. ЖС-807
Выставки: Союз молодежи, 1912, Москва, № 72; Розанова, 1918–1919, № 4

25. Натюрморт. Ваза. 1912
Холст, масло. 99 × 81
Астраханская картинная галерея им. Б.М.Кустодиева
Пост. в 1919 из ГХФ МБ ИЗО
Инв. Ж-468
Архивы: Акты и списки передачи... РГАЛИ. Ф. 665. Оп. 1. Ед. хр. 8. № 343 (*Натюрморт*)

26. Городской пейзаж. Крыши. 1912
Холст, масло. 54,5 × 70,2
На обороте холста надпись: *О.Розанова*
Культурный фонд «Центр Харджиева–Чаги», (Стеделийк музей, Амстердам)
Пост. из собрания Н.И.Харджиева

27. Городской пейзаж. 1912
Холст, масло. 103 × 80

На обороте холста надпись: *337 22 1/4 × 18*
Слободской музейно-выставочный центр Пост. в 1919 из ГХФ МБ ИЗО
Инв. СМ 995/43
Архивы: Акты и списки передачи... РГАЛИ. Ф. 665. Оп. 1. Ед. хр. 8. № 337

28. Городской пейзаж. Около 1912
Холст, масло. 71 × 89
На обороте холста надпись: *355 16 × 19 3/4;* там же ярлык МХК 446
Государственный Русский музей, С.-Петербург
Пост. в 1926 из МХК, ранее в ГХФ МБ ИЗО (№ 355)
Инв. ЖБ-1543
Литература: Каталог ГРМ. № 4940; Музей в музее. № 323

29. Городской пейзаж. Около 1912
Холст, масло. 99,5 × 94
На обороте холста надпись: *345 22 1/4 × 21;* там же штамп: *М.Б. ИЗО*; там же ярлык МХК 545
Государственный Русский музей, С.-Петербург
Пост. в 1926 из МХК, ранее в ГХФ МБ ИЗО (№ 345)
Инв. ЖБ-1716
Литература: Каталог ГРМ. № 4941; Музей в музее. № 324

30. В кафе. Около 1912
Холст, масло. 61 × 83
На обороте холста надпись: *460 14 × 18 3/4;* там же наклейка с № 52; там же ярлык МХК 376
Государственный Русский музей, С.-Петербург
Пост. в 1926 из МХК, ранее в ГХФ МБ ИЗО (№ 460).
Инв. ЖБ-1614
Выставки: Союз молодежи, 1912, Москва, № 75 (*Ресторан*); Розанова, 1918–1919, № 52 (*В кафе*)
Литература: Каталог ГРМ. № 4944; Музей в музее. № 325

31. Портрет дамы в зеленом платье
Около 1912
Холст, масло. 140 × 89
Астраханская картинная галерея им. Б.М.Кустодиева
Пост. в 1919 из ГХФ МБ ИЗО (№ 347)
Инв. Ж-471
Архивы: Акты и списки передачи... РГАЛИ. Ф. 665. Оп. 1. Ед. хр. 8. № 347 (*Портрет*)

32. Мужской портрет. Около 1912
(Портрет Анатолия Владимировича Розанова, брата художницы)
Холст, масло. 60 × 44,5
На подрамнике подпись: *№ 1/68 11 × 13 1/2 вершк. № 25*
Собрание А.Федоровского, Берлин
Выставки: Розанова, 1918–1919, № 25 (*Мужской портрет*)

33. Натюрморт. 1912–1913
Холст, масло. 58 × 44,5
На обороте холста надпись: *283 13× 10;* там же штамп: *М.Б. ИЗО;* там же наклейка МБ 283; там же ярлык МХК 535
Государственный Русский музей, С.-Петербург
Пост. в 1926 из МХК, ранее в ГХФ МБ ИЗО (№ 283)
Инв. ЖБ-1577
Выставки: Берлин, 1922–1923, № 173–176 (*Komposition*)
Архивы: Список картин № 1, предназначенных для заграничной выставки. <1922>. Работа № 283 под названием «*Композиция*». РГАЛИ. Ф. 665. Оп. 1. Ед. хр. 8.
Литература: Каталог ГРМ. № 4950 (*Беспредметная композиция*); Музей в музее. № 333 (*Натюрморт*)

34. Натюрморт. 1912–1913
Холст, масло. 71 × 61
Саратовский государственный художественный музей им. А.Н.Радищева
Пост. в 1970 от А.С.Санникова (Саратов), ранее в собрании Р.М.Михайловой (Саратов)
Инв. Ж-1564

35. Натюрморт. 1912–1913
Холст, масло. 109 × 91,5
На обороте холста надпись: *344 24× 20 $^1/_4$*. На подрамнике этикетка Кубанского художественного музея (1925)
Самарский областной художественный музей
Пост. в 1919 из ГХФ МБ ИЗО (№ 344)
Инв. Ж-414
Архивы: Акты и списки передачи... РГАЛИ. Ф. 665. Оп. 1. Ед. хр. 8. № 344

36. Голубая ваза с цветами 1912–1913
Холст, масло. 66 × 52,5
На обороте холста надпись: *304 14 $^1/_2$×12;* там же надпись: *МХК 447;* там же ярлык МХК 447
Государственный Русский музей, С.-Петербург
Пост. в 1926 из МХК, ранее в ГХФ МБ ИЗО (№ 304)
Инв. ЖБ-1613
Литература: Каталог ГРМ. № 4937; Музей в музее. № 322
Вариант — кат. 35

37. Натюрморт с зеленым кувшином 1913
Холст, масло. 70,5 × 52,3
На обороте холста надписи: *270 16× 12; 452 МХК*
Государственный Русский музей, С.-Петербург
Пост. в 1926 из МХК, ранее в ГХФ МБ ИЗО (№ 270)
Инв. ЖБ-1616
Литература: Каталог ГРМ. № 4938; Музей в музее. № 328

38. Натюрморт. Глоксинии. 1913
Холст, масло. 80 × 102
Нижегородский государственный художественный музей
Пост. в 1920 из ГХФ
Инв. Ж-351
Архивы: Акты и списки передачи... РГАЛИ. Ф. 665. Оп. 1. Ед. хр. 8. № 488 (*Натюрморт*)

39. Городской пейзаж. 1913
Холст, масло. 71 × 55
На обороте холста старая наклейка с № 65
Нижегородский государственный художественный музей
Пост. в 1920 из ГХФ (№ 470)
Инв. Ж-351
Выставки: Союз молодежи, 1913–1914, СПб., № 106 (*Город. Эскиз*); Розанова, 1918–1919, № 65
Архивы: Акты и списки передачи... РГАЛИ. Ф. 665. Оп. 1. Ед. хр. 8. № 470 (*Пейзаж*)

40. Диссонанс. 1913
Из серии «Пути-письмена душевных движений (опыт анализа собственного творчества)»
Холст, масло. 104,1 × 81,9
Художественный музей университета штата Айова
Пост. из галереи Леонарда Хаттона, Нью-Йорк; ранее собрание семьи Маринетти, Рим
Выставки: Союз молодежи, 1913–1914, СПб., № 115; 1914, Рим

41. Порт. 1913
Холст, масло. 100,4 × 79,2
Частное собрание (ранее галерея Леонарда Хаттона, Нью-Йорк; ранее собрание семьи Маринетти, Рим)
Выставки: Союз молодежи, 1913–1914, СПб., № 103; 1914, Рим, № 1; Розанова, 1918–1919, № 68

42. Портрет (А.Кручёных?). 1913
Холст, масло. 86 × 54
Частное собрание
Ранее в галерее Гмуржинска, Кёльн
Атрибуция В.Ракитина

43. Постройка дома. 1913
Холст, масло. 91,5 × 110
На обороте холста надпись: *349 20 1/2 × 24 1/2*
Самарский областной художественный музей
Пост. в 1919 из ГХФ МБ ИЗО (№ 349)
Инв. Ж-413
Выставки: Союз молодежи, 1913–1914, СПб., № 102; Розанова, 1918–1919, № 67
Архивы: Акты и списки передачи... РГАЛИ. Ф. 665. Оп. 1. Ед. хр. 8. № 349

44. Фабрика и мост. 1913
Холст, масло. 83,2 × 61,6
Музей современного искусства, Нью-Йорк. Коллек-

ция Риклис корпорации Мак-Крори; ранее собрание семьи Маринетти, Рим
Выставки: 1914, Рим, № 2

45. Цирк. 1913
Холст, масло. 93,5 × 102,4
Местонахождение неизвестно
Пост. в 1919 из МЖК в Краеведческий музей г. Слободской, Кировской области, с 1970-х годов в собрании музея числится утерянной
Выставки: Союз молодежи, 1913–1914, СПб., № 114; Розанова, 1918–1919, № 72
Архивы: Акты и списки передачи... РГАЛИ. Ф. 665. Оп. 1. Ед. хр. 8. № 342 (*Цирк*)

46. Человек на улице (Анализ объемов). 1913
Холст, масло. 83 × 61,5
Собрание Тиссен-Борнемиса, Мадрид
Пост. из галереи Леонарда Хаттона, Нью-Йорк; ранее собрание семьи Маринетти, Рим
Литература: Тиссен 1993, № 49
Выставки: Союз молодежи, 1913–1914, СПб., № 105; 1914, Рим, № 4

47. Пейзаж. Футуристическая композиция. 1913
Холст, масло. 57 × 40
Музей Людвига, Кёльн
Пост. в 1985 из галереи Гмуржинской, Кёльн
Эскиз к кат. 46

48. Набережная (Городской пейзаж) 1913–1914
Картон, масло. 66 × 51
Собрание Тиссен-Борнемиса, Мадрид
Пост. из галереи Гмуржинской, Кёльн, ранее собрание Кирилла Зданевича, Тифлис
Выставки: Союз молодежи, 1913–1914, СПб., № 105 (*Набережная*); 1914, Рим
Литература: Тиссен, 1993, № 50

49. Пожар в городе. (Городской пейзаж). 1913–1914
Жесть, масло. 71 × 71
Самарский областной художественный музей
Пост. в 1919 из ГХФ МБ ИЗО
Инв. Ж-411
Выставки: Трамвай «В», 1915, Петроград, № 63 (*Пожар в городе*); Бубновый валет, 1916, Москва, № 266 (*Пожар в городе*)

50. Пивная. (Аукцион). 1914
Холст, масло. 84 × 66
Костромской государственный объединенный художественный музей
Пост. в 1922 из МЖК Костромы; в 1920 из ГХФ МБ ИЗО
Инв. НВФ-5

Выставки: Левых течений, 1915, Петроград, № 89 (*Пивная*); Розанова, 1918–1919, № 83 (*Пивная*)
Архивы: Акты и списки передачи... РГАЛИ. Ф. 665. Оп. 1. Ед. хр. 8. № 348 (*Аукцион*)
Подготовительный рисунок к картине – кат. 141

51. Беспредметная композиция
Около 1914
Жесть, масло. 35,5 × 51
Ярославский художественный музей
Пост. в 1921 из ГХФ МБ ИЗО (№ 317)
Инв. Ж-350
Архивы: Акты и списки передачи... РГАЛИ. Ф. 665. Оп. 1. Ед. хр. 8. № 347 (*Синее на жести*)

52. Цветовая композиция
Около 1914
Холст, масло. 36 × 34
Собрание Виттории Маринетти, Милан
Атрибуция Д.В.Сарабьянова и Н.Гурьяновой

53. Цветовая композиция. Около 1914
Холст, масло. 49,6 × 49,6
Собрание Виттории Маринетти, Милан
Атрибуция Д.В.Сарабьянова и Н.Гурьяновой

54. Цветовая композиция. Около 1914
Холст, масло. 50,6 × 50,6
Собрание Виттории Маринетти, Милан
Атрибуция Д.В.Сарабьянова и Н.Гурьяновой

55. Натюрморт. (Футуристическая композиция). 1914–1915
Холст, масло. 56 × 65
На обороте холста надпись: *486 12 1/2 × 14 3/4;* там же штамп: *М.Б. ИЗО;* там же ярлык МХК 537
Государственный Русский музей, С.-Петербург
Пост. в 1926 из МХК, ранее находилась в МЖК, откуда была передана в МХК в 1922
Инв. ЖБ-1525
Выставки: «0,10», 1915, Петроград, № 127 (*Композиция цветы, фрукты и пр.*); Бубновый валет, 1916, Москва, № 256 (*Композиция: цветы, фрукты*)
Литература: Каталог ГРМ, № 4948 (*Натюрморт. Беспредметная композиция*); Музей в музее. № 332
Архивы: Акты и списки передачи...РГАЛИ. Ф. 664. Оп. 1. Ед. хр. 6. № 489

56. Метроном. 1914–1915
Холст, масло. 46 × 33
Государственная Третьяковская галерея, Москва
Пост. в 1929 из МЖК, ранее находилась в ГХФ, откуда передана в МЖК в 1920
Инв. 11943
Выставки: «0,10», 1915, Петроград, № 124; Бубновый

валет, 1916 Москва, № 262 или 263; Розанова, 1918–1919, № 89 или 92
Литература: Каталог ГТГ. С. 339
Архивы: Акты и списки передачи...РГАЛИ. Ф. 665. Оп. 1. Ед. хр. 8. № 260

57. Шкаф с посудой. (Буфет с посудой). 1915
Холст, масло. 64× 45
Государственная Третьяковская галерея, Москва
Пост. в 1929 из МЖК, ранее находилась в ГХФ, откуда передана в МЖК в 1920
Инв. 11941
Выставки: «0,10», 1915, Петроград, № 125 (*Шкаф с посудой*); Бубновый валет, 1916, Москва, № 264 (*Шкаф с посудой*); Розанова, 1918–1919, № 80 (*Шкаф с посудой*)
Литература: Каталог ГТГ. С. 339 (*Буфет с посудой*)
Архивы: Акты и списки передачи... РГАЛИ. Ф. 665. Оп. 1. Ед. хр. 8. № 352 (*Натюрморт*)

58. Примус. (Керосинка). 1915
Холст, масло. 57 × 44
Государственная Третьяковская галерея, Москва
Пост. в 1929 из МЖК, ранее находилась в ГХФ, откуда передана в МЖК в 1920
Инв. 11942
Выставки: Розанова, 1918–1919, № 78 (*Примус*)
Литература: Каталог ГТГ. С. 339 (*Керосинка*)
Архивы: Акты и списки передачи...РГАЛИ. Ф. 665. Оп. 1. Ед. хр. 8. № 289 (*Примус*)

59. Комната. (Interieur). 1915
Холст, масло. 77 × 100
Краснодарский краевой художественный музей им. Ф.А.Коваленко
Пост. в 1925, ранее находилась в МЖК, откуда была передана в Кубанский художественный музей
Инв. Ж-268
Выставки: Бубновый валет, 1916, Москва, № 253 (*Interieur*); Розанова, 1918–1919, № 84 (*Комната*)
Архивы: Акты и списки передачи...РГАЛИ. Ф. 665. Оп. 1. Ед. хр. 6. № 474 (*Комната*)

60. На улице. (Театр модерн). 1915
Холст, масло. 101 × 77
На обороте надпись: *341 22 $^{1}/_{2}$ × 17*
Слободской музейно-выставочный центр
Инв. СМК 995/48
Пост. в 1919 из ГХФ МБ ИЗО
Выставки: «0,10», 1915, Петроград, № 123 (*Улица*); Розанова, 1918–1919, № 90 или 91 (*На улице*)
Архивы: Акты и списки пе-

редачи...РГАЛИ. Ф. 665. Оп. 1. Ед. хр. 8. № 341 (*На улице*)

61. Парфюмерный магазин. (Парикмахерская). 1915
Холст, масло. 71 × 53
Государственная Третьяковская галерея, Москва
Пост. в 1977, дар Г.Д.Костаки, ранее собрание Н.И.Харджиева
Выставки: Современной русской живописи, 1916, Петроград, № 290 (*Парфюмерный магазин*)
Литература: Костакис 1981. № 1030

62. Письменный стол. 1915
Холст, масло. 66 × 49
Слева внизу монограмма
На обороте холста надпись: *460 15 × 11*; там же наклейка с № 87; там же ярлык МХК 377
Государственный Русский музей, С.-Петербург
Пост. в 1926 из МХК, ранее ГХФ МБ ИЗО (№ 460)
Инв. ЖБ-1615
Выставки: «0,10», 1915, Петроград (вне каталога); Бубновый валет, 1916, Москва, № 252; Розанова, 1918–1919, № 87
Литература: Каталог ГРМ. № 4946; Музей в музее. № 331

63. Рабочая шкатулка. 1915
Холст, масло, коллаж, кружево. 58 × 33
Государственная Третьяковская галерея, Москва
Пост. в 1929 из МЖК, ранее находилась в ГХФ, откуда передана в 1920 в МЖК
Инв. 11944
Выставки: «0,10», 1915, Петроград, № 126; Бубновый валет, 1916, Москва, № 261; Розанова, 1918–1919, № 82 (*Рабочая шкатулка*)
Литература: Каталог ГТГ. С. 339
Архивы: Акты и списки передачи... РГАЛИ. Ф. 665. Оп. 1. Ед. хр. 8. № 351 (*Рабочая шкатулка*)

64. Часы и карты. (Сон игрока). 1915
Холст, масло. 61 × 40,5
Самарский художественный музей
Пост. в 1919 из ГХФ МБ ИЗО
Инв. НВ-416 (*Сон игрока*)
Выставки: Розанова, 1918–1919, № 85
Архивы: Акты и списки передачи...РГАЛИ. Ф. 665. Оп. 1. Ед. хр. 8

65. Композиция с картами
Около 1915
Холст, масло. 62 × 38
Краснодарский краевой художественный музей им. Ф.А.Коваленко
Пост. в 1924, ранее находилась в МЖК, откуда была

передана в 1924 в Кубанский художественный музей
Инв. Ж-273
Литература: Краснодарский краевой художественный музей им. Луначарского. Л., 1976. С. 61 (*Шкаф с посудой*)
Архивы: Книга учета... РГАЛИ. Ф. 664. Оп. 1. Ед. хр. 6. № 320
Графический эскиз к картине – кат. 163

66–77. Серия из 11 картин «Игральные карты».
Около 1915

66. Бубновая дама
Холст, масло. 84 × 69
Нижегородский государственный художественный музей
Пост. в 1920 из ГХФ МБ ИЗО
Инв. Ж-345
Выставки: Левых течений, 1915, Петроград, № 86; Бубновый валет, 1917, Москва, № 180; Розанова, 1918–1919, № 36-47 (*Из серии игральных карт*)
Вариант – кат. № 67
Архивы: Акты и списки передачи...РГАЛИ. Ф. 665. Оп. 1. Ед. хр. 8. № 465

67. Бубновая дама
Холст, масло. 81 × 64
Частное собрание, С.-Петербург (первоначально подарена автором Н.Н.Пунину)
Вариант – кат. 66, графический вариант – кат. 151

68. Бубновый валет
Холст, масло. 80 × 69
Местонахождение неизвестно
В 1920 была передана из ГХФ МБ ИЗО в Художественный музей Костромы
Литература: L'altra Meta dell'avanguardia: 1910–1930. Milano, 1980. P. 90 (воспр.)
Архивы: Акты и списки передачи... РГАЛИ. Ф. 665. Оп. 1. Ед. хр. 8. № 479 (*Бубновый валет*)

69. Одновременное изображение червонного и бубнового королей
Холст, масло. 84 × 66
На обороте бумажная наклейка с надписью: *Ольга Розанова. Одновременное изображение червонного и бубнового королей*
Астраханская картинная галерея им. Б.М.Кустодиева
Пост. в 1919 из ГХФ МБ ИЗО
Инв. Ж-472
Выставки: Левых течений, 1915, Петроград, № 79; Розанова, 1918–1919, № 36–47? (*Из серии игральных карт*)
Архивы: Акты и списки передачи... РГАЛИ. Ф. 665. Оп. 1. Ед. хр. 8. № 330

70. Одновременное изображение червонной и пиковой дам
Холст, масло
Местонахождение неизвестно
В 1920 была передана из ГХФ в Художественный музей Смоленска
Выставки: Левых течений, 1915, Петроград, № 85; Розанова, 1918–1919, № 36–47?
(*Из серии игральных карт*)
Архивы: Акты и списки передачи... РГАЛИ. Ф. 665. Оп. 1. Ед. хр. 8. № 480
(*Из серии карт*)

71. Пиковая дама
Холст, масло. 77,5 × 61,5
На обороте холста до реставрации была наклейка с авторской (?) надписью: *Ольга Розанова. Пиковая дама*
Ульяновский областной художественный музей
Пост. в 1920 из ГХФ МБ ИЗО
Инв. Ж-504
Выставки: Левых течений, 1915, Петроград, № 88; Бубновый валет,1917, Москва, № 178; Розанова, 1918–1919, № 36–47?
(*Из серии игральных карт*)
Архивы: Акты и списки передачи... РГАЛИ. Ф. 665. Оп. 1. Ед. хр. 8. № 464

72. Пиковый король
Местонахождение неизвестно
Выставки: Левых течений, 1915, Петроград, № 80; Бубновый валет, 1917, Москва, № 177; Розанова, 1918–1919, № 36–47?
(*Из серии игральных карт*)

73. Трефовый валет
Холст, масло. 80 × 65
Ивановский областной художественный музей
Пост. в 1920 из ГХФ МБ ИЗО
Инв. Ж-808
Выставки: Левых течений, 1915, Петроград, № 82; Розанова, 1918–1919, № 36–47?
(*Из серии игральных карт*)
Архивы: Акты и списки передачи... РГАЛИ. Ф. 665. Оп. 1. Ед. хр. 8. № 483

74. Трефовый король
Холст, масло. 80 × 72
На обороте холста надпись: *482 15 × 19*; там же бумажная наклейка с надписью: *Ольга Розанова. Трефовый король*
Слободской музейно-выставочный центр
Пост. в 1919 из МБ отдела ИЗО НКП
Инв. СМК 995/23
Выставки: Левых течений, 1915, Петроград, № 81; Розанова, 1918–1919, № 36–47?
(*Из серии игральных карт*)

75. Червонная дама
Местонахождение неизвестно
Выставки: Левых течений,

1915, Петроград, № 87; Бубновый валет, 1917, Москва, № 179; Розанова, 1918–1919, № 36–47
(*Из серии игральных карт*)

76. Червонный валет
Холст, масло. 80 × 65
Слободской музейно-выставочный центр
Пост. в 1919 из МБ Отдела ИЗО НКП
Инв. СМК 995/14
Выставки: Левых течений, 1915, Петроград, № 84; Бубновый валет, 1917, Москва, № 181; Розанова, 1918–1919, № 36–47?
(*Из серии игральных карт*)
Архивы: Акты и списки передачи... РГАЛИ. Ф. 665. Оп. 1. Ед. хр. 8. № 482

77. Четыре туза. Одновременное изображение
Холст, масло. 85 × 67,5
На обороте холста надпись: *484 15 x 19;* там же штамп: *М.Б. отдела ИЗО;* там же ярлык МХК 539
Государственный Русский музей, С.-Петербург
Пост. в 1926 из МХК
Инв. ЖБ-1455
Выставки: Левых течений, 1915, Петроград, № 78; Розанова, 1918–1919, № 36–47?
(*Из серии игральных карт*)
Литература: Каталог ГРМ. № 4947; Музей в музее. № 330

78. Полет аэроплана. 1916
Холст, масло. 118 × 101
На обороте холста надписи: *Розанова; 34* × *23*; старая наклейка с № 113
Самарский областной художественный музей
Пост. в 1919 из ГХФ МБ ИЗО
Инв. Ж-415
Выставки: Розанова, 1918–1919, № 113
(*Супрематизм – беспредметная композиция*)
Литература: Путеводитель по Самарскому музею. Самара, 1930. С. 40

79. Супрематизм. 1916
Холст, масло. 71 × 66
Государственная Третьяковская галерея, Москва
Пост. в 1929 из МЖК, ранее находилась в ГХФ, откуда передана в 1920 в МЖК
Инв. 10964
Литература: Каталог ГТГ. С. 339 (*Беспредметная композиция*)
Архивы: Акты и списки передачи... РГАЛИ. Ф. 665. Оп. 1. Ед. хр. 8. № 353
(*Супрематизм*)

80. Супрематизм. 1916
Холст, масло. 78,5 × 53
На обороте холста надпись: *306 18* × *12;* там же ярлык МХК 450
Государственный Русский музей, С.-Петербург

Пост. в 1926 из МХК, ранее в ГХФ МБ ИЗО (№ 306)
Инв. ЖБ-1382
Литература: Каталог ГРМ. № 4951 (*Беспредметная композиция*); Музей в музее. № 337
Графический эскиз – кат. 163

81. Супрематизм. 1916
Холст, масло. 86 × 55
На обороте холста надпись: *350 16 3/4 × 20*
Государственный музей искусства Казахстана, Алма-Ата
Пост. в 1936 из ГТГ; ранее в собрании МЖК, куда поступила в 1920 из ГХФ (Инв. Д-401)
Литература: Пунин Н. Изобразительное искусство и пролетариат // Изобразительное искусство. 1919. № 1. С. 23.
Архивы: Акты и списки передачи... РГАЛИ. Ф. 665. Оп. 1. Ед. хр. 8. № 350 (*Супрематизм*)

82. Супрематизм. 1916
Холст, масло. 66 × 53
Костромской государственный объединенный художественный музей-заповедник
Пост. в 1920 из ГХФ
Инв. НВД-13
Архивы: Акты и списки передачи... РГАЛИ. Ф. 665. Оп. 1. Ед. хр. 8. № 308 (*Супрематизм*). Эта картина Розановой воспроизведена на фото 1910-х годов из альбома Кручёных с его подписью: *картина Розановой* (РГАЛИ. Ф. 1334)

83. Супрематизм. 1916
Холст, масло. 67 × 49
На обороте холста старая наклейка с № 106
Нижегородский государственный художественный музей
Пост. в 1920 из ГХФ МБ ИЗО (№ 487)
Инв. Ж-736
Выставки: Бубновый валет, 1916, Москва, № 269? (№ 269–274. *Беспредметные композиции*); Розанова, 1918–1919, № 106 (*Супрематизм. Беспредметная композиция*)
Атрибуция Н.Гурьяновой (1991)
Архивы: Акты и списки передачи... РГАЛИ. Ф. 665. Оп. 1. Ед. хр. 8. № 487 (*Супрематизм*)

84. Супрематизм. 1916
Холст, масло. 71 × 49
На обороте надпись: *459 11 × 16*
Слободской музейно-выставочный центр
Пост. в 1919 из МБ Отдела ИЗО НКП
Инв. СМК 995/47
Архивы: Акты и списки пе-

редачи... РГАЛИ. Ф. 665. Оп. 1. Ед. хр. 8. № 459 (*Беспредметное*)

85. Супрематизм. 1916
Холст, масло. 90 × 74
Екатеринбургский музей изобразительных искусств
Пост. в 1920 из ГХФ
Инв. 409

86. Супрематизм. 1916
Холст, масло. 102 × 94
Екатеринбургский музей изобразительных искусств
Пост. в 1920 из ГХФ МБ ИЗО
Инв. 411

87. Супрематизм. 1916
Холст, масло. 70 × 39
На обороте холста надпись: *13 15* $^{3}/_{4}$ *×* *8* $^{3}/_{4}$*;* там же наклейка с № 160
Национальный музей украинского искусства, Киев

88. Супрематизм. 1916–1917
Холст, масло. 85 × 60,5
На обороте холста надпись: *454 13* $^{1}/_{2}$ *× 19;* там же наклейка с № 111;
там же ярлык МХК 451
Государственный Русский музей, С.-Петербург
Пост. в 1926 из МХК
Инв. ЖБ-1360
Литература: Каталог ГРМ. № 4953 (*Беспредметная композиция*);
Музей в музее. № 336

89. Супрематизм. 1916–1917
Холст, масло. 39 × 31
Нижнетагильский государственный музей изобразительных искусств
Инв. Ж-480

90. Беспредметная композиция
1916–1917
Холст, масло. 83 × 66
Государственная Третьяковская галерея, Москва
Пост. в 1929 из МЖК, ранее находилась в ГХФ, откуда в 1920 передана в МЖК.
Инв. 11945
Литература: Каталог ГТГ. С. 399 (*Супрематизм*)

91. Беспредметная композиция. Цветопись. 1917
Холст, клеевая краска. 58 × 44
На обороте холста надпись: *315 10× 13;* там же штамп: *М.Б. ИЗО;* там же ярлык МХК 532
Государственный Русский музей, С.-Петербург
Пост. в 1926 из МХК, ранее в ГХФ МБ ИЗО (№ 315)
Инв. ЖБ-1638
Выставки: Берлин, 1922–1923, № 173–176? (*Komposition*)
Архивы: Список картин № 1, предназначенных для заграничной выставки <1922>, № 458 (*Композиция*). РГАЛИ. Ф. 665. Оп. 1. Ед. хр. 8

Литература: Каталог ГРМ, № 4949 (*Беспредметная композиция*); Музей в музее. № 335 (*Беспредметная композиция.* (*Супрематизм*)

92. Беспредметная композиция. Цветопись. 1917
Холст, масло. 62,5 × 40,5
На обороте холста надписи: *314 14 × 9; О.Розанова; № 104;* там же штамп: *М.Б. ИЗО;* там же ярлык МХК 534
Государственный Русский музей, С.-Петербург
Пост. в 1926 из МХК
Инв. ЖБ-1579
Литература: Каталог ГРМ, № 4952 (*Беспредметная композиция*); Музей в музее. № 334

93. Зеленая полоса. 1917
Холст, масло. 71,2 × 49
Ростово-Ярославский музей-заповедник
Пост. в 1922 из ГХФ МБ ИЗО
Инв. Ж-371
Выставки: Берлин, 1922–1923, № 173–176? (*Komposition*)
Архивы: Список картин № 1, предназначенных для заграничной выставки <1922>, № 468 (*Зеленая полоса*). РГАЛИ. Ф. 665. Оп. 1. Ед. хр. 8. Первона чальный размер указан как 71,2 × 71,2. Вероятно, позднее была обрезана по краям
Вариант – кат. 94

94. Зеленая полоса. 1917
Холст, масло. 71 × 53
Частное собрание, Швеция
Пост. из Art. Co. Ltd. (собрание Г.Д.Костаки), ранее (до 1970-х годов) собрание И.Качурина
Литература: Костакис 1981, № 1067
Вариант – кат. 93

95. Пурпурная полоса. (Диагональ) 1917
Холст, масло. 88 × 79
Надпись на подрамнике: *О.В.Розанова*
Ранее в собрании Ростово-Ярославского музея-заповедника
Пост. в 1922 из ГХФ МБ ИЗО
Уничтожена в 1930 г., согласно документации музея по ликвидационному акту 1121

96. Беспредметная композиция. Цветопись. 1917
Холст, масло. 71 × 64
На обороте холста старая наклейка с № 118
Ульяновский областной художественный музей
Пост. в 1920 из МБ ИЗО НКП
Инв. Ж-1180
Выставки: Розанова, 1918–1919, № 118
По данным музея, автором

ранее ошибочно числился Б.В.Шапошников. Атрибуция Н.Гурьяновой (1990)
Архивы: Акты и списки передачи... РГАЛИ. Ф. 665. Оп. 1. Ед. хр. 8. № 454 (*Беспредметная композиция*)

97. Беспредметная композиция. Цветопись. 1917
Холст, масло. 84,5 × 62
На обороте старая наклейка МБ ИЗО НКП с № 122; на подрамнике печать Первой русской художественной выставки в Берлине и печать ГМФ
Азербайджанский государственный музей искусств им. Р.Мустафаева, Баку
Пост. из ГХФ (?)
Выставки: Розанова 1918–1919, № 122; Берлин, 1922–1923, № 173–176? (*Komposition*)

Рельеф

98. Автомобиль. 1915
Дерево, стекло, кирпич, веревка, картон, резиновый мяч
Не сохранился
Выставки: «0,10», 1915, Петроград, № 121
Литература: Огонек. 1916. 3 янв. С. 11 (воспр.)
Эскиз композиции — кат. 148

99. Велосипедист. 1915
Дерево, жесть
Не сохранился
Выставки: «0,10», 1915, Петроград, № 125
Литература: Огонек. 1916. 3 янв. С. 11 (воспр.)
Эскиз композиции — кат. 148 (оборот)

100. Композиция из блестящих предметов (на жести). 1915
Не сохранилась
Выставки: Левых течений, 1915, Петроград, № 91

101. Композиция из глиняных и хрустальных предметов. 1915
Не сохранилась
Выставки: Левых течений, 1915, Петроград, № 92

Графика

102. Цветы. Начало 1900-х годов
Бумага, карандаш, акварель. 24,5 × 16,2
Лист из блокнота № 1 с зарисовками цветов и орнаментов
Собрание А.Федоровского, Берлин

103. Зарисовка орнамента церковной росписи. Начало 1900-х годов
Бумага, акварель, карандаш. 16,5 × 24,6
На обороте зарисовки цветов карандашом
Лист из блокнота № 1

с зарисовками цветов и орнаментов
Собрание А.Федоровского, Берлин

104. Зарисовка орнамента церковной росписи. Начало 1900-х годов
Бумага, акварель, карандаш. 16,5 × 24,6
Лист из блокнота № 1 с зарисовками цветов и орнаментов
Собрание А.Федоровского, Берлин

105. Зарисовка орнамента церковной росписи. Начало 1900-х годов
Бумага, акварель, карандаш. 16,5 × 24,6
Лист из блокнота № 1 с зарисовками цветов и орнаментов
Собрание А.Федоровского, Берлин

106. Зарисовка фигуры ангела с церковной фрески. Начало 1900-х годов
Бумага, карандаш. 17,5 × 13,4
Собрание А.Федоровского, Берлин

107. Натурщики. 1906
Бумага, карандаш. 14,3 × 20,5
Вверху (дважды) надпись карандашом: *Дмитрий 30-ое января*
На обороте:
Натурщицы. 1906
Бумага, карандаш.
Слева вверху надпись карандашом: *Зина.* Справа внизу надпись карандашом: *7 января*
Лист 7 из блокнота № 2 с зарисовками натурщиков
Собрание А.Федоровского, Берлин

108. В лодке. Эскиз заставки 1907–1909
Бумага, тушь, карандаш. 11,2 × 13,3
Собрание А.Федоровского, Берлин

109. Женская фигура. Эскиз заставки 1907–1909
Бумага, тушь, бронзовая краска, карандаш. 21,3 × 13,3
Собрание А.Федоровского, Берлин

110. Женская фигура. Эскиз заставки 1907–1909
Бумага, тушь. 25 × 16,7
Собрание А.Федоровского, Берлин

111. Пейзаж. 1907–1909
Бумага, акварель, карандаш. 14,5 × 17
Собрание А.Федоровского, Берлин

112. Пейзаж. 1907–1909
Бумага, тушь. 17,5 × 14,3
Собрание А.Федоровского, Берлин

113. Казанская улица. Меленки
1900-е годы
Бумага, карандаш. 13 × 25,6
Слева внизу надпись тушью: *Вид на Казанскую улицу. Дом П.В.Рощина*
Лист 3 из блокнота № 7 с видами Меленок
Собрание А.Федоровского, Берлин

114. Касимовская улица. Меленки
1900-е годы
Бумага, карандаш. 13 × 25,6
Справа внизу надпись тушью: *Касимовская улица*
Лист 6 из блокнота № 7 с видами Меленок
Собрание А.Федоровского, Берлин

115. Пейзаж с домом и свиньями
1900-е годы
Бумага, карандаш. 13 × 25,6
Лист 4 из блокнота № 7 с видами Меленок
Собрание А.Федоровского, Берлин

116. Эскиз к портрету девочки
1910–1911
Бумага, графитный карандаш. 46,7 × 33,3
На обороте № 199 и штамп ГТГ
Государственный Русский музей, С.-Петербург
Пост. в 1971 из АХП МК СССР, Загорск; ранее (до середины 1920-х годов) в собрании ГТГ, куда поступил из ГХФ МБ ИЗО
Инв. Рб-22733
Выставки: Розанова, 1918–1919, № 199
Эскиз к кат. 16

117. Композиция. Заставка к книге (?)
1912
Бумага, тушь. 14,6 × 15,1
Справа внизу подпись: *О.Р.*
Культурный фонд «Центр Харджиева–Чаги» (Стеделийк музей, Амстердам)

118. Автопортрет. 1913
Бумага, графитный карандаш. 17 × 12
Частное собрание, Москва. Ранее находился в собрании А.Е.Кручёных

119. Городской пейзаж. 1913
Бумага, химический карандаш. 16,4 × 16,6
РГАЛИ. Ф. 1334. Оп. 1. Ед. хр. 296. Л. 152
Пост. в 1969 из архива А.Е.Кручёных

120. Городской пейзаж. 1913
Бумага, химический карандаш. 18 × 13
Государственный музей В.В.Маяковского, Москва
Пост. в 1967 от Н.И.Харджиева
Инв. 11279

121. Городской пейзаж. 1913
Бумага, химический карандаш. 21 × 17
Справа внизу подпись: *О.Розанова*

РГАЛИ. Ф. 1334. Оп. 1.
Ед. хр.1309. Л. 5
Пост. в 1969 из архива
А.Е.Кручёных
Выставки: Картин и рисунков, 1918, Тифлис,
№ 116–118?
(*Рисунки химическим карандашом*)

122. Городской пейзаж. 1913
Бумага, химический карандаш. 17,6 × 19
Собрание А.Федоровского,
Берлин

123. Футуристический пейзаж. 1913
Тушь, кисть. 18,5 × 17,7
Собрание А.Федоровского,
Берлин
Вариант – кат. 124

124. Пейзаж. 1913
Бумага, тушь. 20 × 17,8
На обороте надпись:
Розанова
Государственная Третьяковская галерея, Москва
Пост. в 1929 из МЖК
(*Рисунок для вышивки*)
Инв. 13078
Вариант – кат. 123

125. Пейзаж. 1913
Бумага, тушь. 22,3 × 17,2
Справа внизу подпись:
О.Розанова
Государственная Третьяковская галерея, Москва
Пост. в 1929 из МЖК
(*Рисунок для вышивки*)
Инв. 13081

126. Композиция с солнцем. 1913
Бумага, тушь. 17,7 × 11
На обороте штамп: *М.Б. ИЗО*, с № 460, и печать ГТГ
Государственный Русский музей, С.-Петербург
Пост. в 1971 из АХП МК СССР, Загорск; ранее (до середины 1920-х годов) в собрании ГТГ, куда поступил из ГХФ
Инв. Рб-22731

127. Городской пейзаж. 1913
Бумага, химический карандаш. 25,2 × 16,9
Справа внизу подпись:
О.Розанова
РГАЛИ. Ф. 1334. Оп. 1.
Ед. хр. 296
Пост. в 1969 из архива
А.Е.Кручёных
Выставки: Картин и рисунков, 1918, Тифлис,
№ 116–118? (*Рисунки химическим карандашом*)

128. Лодка. 1913
Бумага, химический карандаш. 14,6 × 16
Внизу подпись: *О.Розанова. Лодка*
РГАЛИ. Ф. 1334. Оп. 1
Ед. хр. 288. Л. 263
Пост. в 1969 из архива
А.Е.Кручёных
Выставки: Картин и рисунков, 1918 Тифлис,
№ 116–118? (*Рисунки химическим карандашом*)

129. Лодки. Крым. 1913
Бумага, пастель, карандаш. 13,3 × 19,3
На обороте набросок акации
Бумага, карандаш
Лист 10 из блокнота № 5
Собрание А.Федоровского, Берлин

130. Крымский пейзаж. (Эскиз к утраченной картине). 1913
Бумага, цветные карандаши. 13,3 × 19,2
Вариант – кат. 147
Лист 4 из блокнота № 5
Собрание А.Федоровского, Берлин

131. Крымские турки на берегу моря 1913
Бумага, химический карандаш. 13,3 × 19,3
Внизу надпись: *Крымские турки на берегу моря О.Розанова*
Собрание А.Федоровского, Берлин

132. Пейзаж. 1913
Бумага, тушь. 24,1 × 17,7
Фонд Юдит Ротшильд, Нью-Йорк

133. Мертвый воробушек. 1913
Бумага, карандаш. 13 × 20,5
На обороте надпись: *Мой воробушек умерший в 1913 г. в январе*
Собрание А.Федоровского, Берлин

134. Набросок. 1913
Бумага, тушь. 12 × 17
РГАЛИ. Ф. 1334. Оп. 1. Ед. хр. 1309. Л. 1
Пост. в 1969 из архива А.Е.Кручёных
Выставки: Картин и рисунков, 1918, Тифлис, № 119–120? (*Рисунки тушью*)

135. Пейзаж с повозкой. 1913
Бумага, карандаш. 13,3 × 19,2
На обороте:
Переплет книги. 1917
Эскиз вышивки для «Вербовки»
Бумага, карандаш, акварель
Лист 9 из блокнота № 5 с крымскими набросками (1913) и эскизами вышивок для «Вербовки» (1917)
Собрание А.Федоровского, Берлин

136. Цветок в горшке. 1913
Бумага, цветные карандаши, тушь. 28,2 × 15,6
Государственный Русский музей, С.-Петербург
Пост. в 1971 из АХП МК СССР, Загорск; ранее (до середины 1920-х годов) в собрании ГТГ
Инв. Рб-22730
Вариант – кат. 137

137. Цветок в горшке. Сдвиг форм. 1913
Бумага, карандаш. 16,7 × 10,5
Лист 7 из блокнота № 4 с набросками (1913) и эс-

кизами вышивок для «Вербовки» (1917).
Собрание А.Федоровского, Берлин
Вариант – кат. 136

138. Деревянный енисейский идол
Около 1913
Бумага, карандаш.
10,5 × 16,7
На обороте:
Шаманы тюркские
Около 1913
Надпись карандашом: *Шаманы тюркские. Иногда нос сверху покрыт пластинкой / железа а глаза и брови из меди / контур фигуры и / брови обведены красной охрой*
Около изображения надписи: *Енисейск. Остяки делают / скульптуру из дерева, а / волосы (бороде, голове, бровях) / чернят копотью (обжигая / скульптуру) деревянный / идол /Енисейск. Остяки*
Лист 1 из блокнота № 4
Собрание А.Федоровского, Берлин

139. Шаманы тунгусские. Около 1913
Бумага, карандаш.
16,7 × 10,5
Около изображения надписи: *глаза из кругл. / голуб. / пуговиц / шаманы / тунгусские / Азия / Сибирь / в фигуре голова / занимает $^{1}/_{3}$ асть / гиляки / фигуры тигровые*
На обороте:
Северная Америка. Около 1913
Справа на полях надпись: *северная америка / из дерева / из / слоно/вой/ кости/ или / из / моржовой*
Лист 2 из блокнота № 4
Собрание А.Федоровского, Берлин

140. Городской пейзаж. 1913–1914
Бумага, тушь. 17,5 × 11
РГАЛИ. Ф. 1334. Оп. 1. Ед. хр. 1085. Л. 17
Пост. в 1969 из архива А.Е.Кручёных
Эскиз к книге А.Е.Кручёных «Стихи Маяковского» – кат. 294

141. Интерьер пивной. 1914
Бумага, графитный карандаш. 26,7 × 19,5
На обороте дата: *1913–14 гг.*
Art Co. Ltd. (Собрание Г.Д.Костаки); ранее собрание А.М.Родченко и В.Ф.Степановой, Москва
Литература: Костакис 1981, № 1032
Эскиз к картине «*Пивная*» – кат. 50

142. Автопортрет. (Обнаженная). 1914
Бумага линованная, карандаш. 26,8 × 16
Слева внизу авторская дата: *1914. 29 ноября*
Собрание А.Федоровского, Берлин
Вариант – кат. 143

143. Автопортрет. (Обнаженная с драпировкой). 1914
Бумага, графитный карандаш. 28,2 × 14,3
Внизу авторская дата: *1914 г 29 ноября*
На обороте надпись: *от А.Е.Кручёных*
Государственная Третьяковская галерея, Москва
Пост. в 1969, дар А.А.Сидорова; ранее собрание А.Е.Кручёных
Инв. арх. гр. 3416
Вариант – кат. 142

144. Эскизы композиций. Карта и ангел. Около 1913–1914
Бумага, гуашь, карандаш. 50,7 × 68,5
Часть композиции обрезана
Собрание А.Федоровского, Берлин
Возможно, является эскизом к утраченной картине «*Ангел*» (картон, масло. 73,5 × 40), показанной на выставке: Розанова, 1918–1919. Согласно Книге учета художественных произведений и книг, принадлежащих Музею живописной культуры (РГАЛИ. Ф. 664. Оп. 1. Ед. хр. 6), эта картина поступила в 1925 из МЖК в ГМФ (№ 271)

145. Дама треф (крестьянка) 1914–1915
Эскиз игральной карты. Бумага, графитный карандаш, акварель. 28,8 × 19,2
На обороте надпись рукой А.Е.Кручёных: *О.В.Розанова 1914–15* и *от А.Е.Кручёных 19. XII. 48*
Государственная Третьяковская галерея, Москва
Пост. в 1969, дар А.А.Сидорова; ранее собрание А.Е.Кручёных
Инв. Р-2816

146–147. Лист с двумя рисунками из альбома Л.И.Жевержеева
1915

146. Игральная карта
Бумага, тушь. 20,5 × 14
Справа внизу подпись: *О.Розанова*
Государственный музей театрального и музыкального искусства, С.-Петербург
Лист № 61 из альбома Л.И.Жевержеева 1915 года
Инв. КП-6641-61-13005

147. Крымский пейзаж. Около 1915, по наброску 1913
По мотивам одноименной картины 1913 г.
Бумага, акварель. 12,5 × 9
Справа внизу подпись: *О.Р.*
Государственный музей театрального и музыкального искусства, С.-Петербург
Лист № 61 из альбома Л.И.Жевержеева 1915 года
Инв. КП-6641-61-13005
Живописный вариант ком-

позиции 1913 г. не сохранился
Вариант эскиза – кат. 130

148. Эскиз к рельефу «Автомобиль» 1915
Бумага, графитный карандаш. 13,5 × 10,1
На обороте: Эскиз к рельефу «Велосипедист». 1915
Art Co Ltd. (Собрание Г.Д.Костаки)
Литература: Костакис 1981, № 1036, 1038 (воспр.)

149. Сонные свистуны. 1915
Эскиз обложки к книге А.Кручёных «Тайные пороки академиков»
Бумага, акварель. 21 × 18
РГАЛИ. Ф. 1334. Оп. 1. Ед. хр. 1309. Л. 10
Пост. в 1969 из архива А.Е.Кручёных
Выставки: Розанова, 1918–1919, № 134–136? (*Рисунок обложки*)

150. Эскиз обложки 2-го сборника «Стрелец». 1916
Бумага, акварель, карандаш. 27 × 20
Надпись карандашом по рисунку: *Стрелец/сборник второй/ под редакцией А.Э.Беленсона / при участии*
На обороте:
Эскиз супрематического орнамента.1916
Собрание А.Федоровского, Берлин

151. Бубновая дама. 1916
Почтовая открытка, акварель. 15 × 10
На обороте письмо Розановой А.А.Шемшурину
ОР РГБ. Ф. 339. Оп. 4. Ед. хр. 14/2. Л. 20
Пост. в 1935 от А.А.Шемшурина
Вариант – кат. 67

152. Абстрактная композиция. 1916
Бумага, восковые мелки. 22 × 17,5
Вверху авторская надпись тушью: *рифмы из согласных / збржест абатаган/ тп*
Галерея Гмуржинской, Кёльн

153. Беспредметная композиция <1915–1916?>
Эскиз наклейки
Бумага, восковые мелки. 13,2 × 11
На обороте надпись чернилами (из письма к А.Кручёных): *Холодная, а потому я кисну. Когда получишь мои стихи, скажи о них беспристрастно. Я все-таки мало над ними работаю, как с первого разу нипишу, так почти ничего не меняю. Хорошо ли это. Хорошо только разве пот*
<лист отрезан>
Культурный фонд «Центр Харджиева–Чаги», Стеделийк музей, Амстердам

154. Композиция на тему заумной поэзии А.Е.Кручёных. 1916
Бумага, акварель. 8,5 × 7,5
ОР РГБ. Ф. 339. Оп. 4.
Ед. хр. 2. Л. 36
Пост. в 1935 от А.А.Шемшурина

155. Композиция на тему заумной поэзии А.Е.Кручёных. 1916
Бумага, акварель. 8,5 × 7,5
ОР РГБ. Ф. 336. Оп. 4.
Ед. хр. 2. Л. 39
Пост. в 1935 от А.А.Шемшурина

156. Композиция на тему заумной поэзии А.Е.Кручёных
1916
Бумага, акварель. 18 × 6
ОР РГБ. Ф. 339. Оп. 4.
Ед. хр. 2. Л. 37
Пост. в 1935 от А.А.Шемшурина

157. Композиция на тему заумной поэзии А.Е.Кручёных
1916
Бумага, акварель. 17 × 7,5
ОР РГБ. Ф. 339. Оп. 4.
Ед. хр. 2. Л. 38
Пост. в 1935 от А.А.Шемшурина

158. Эскиз супрематической композиции. 1916
Бумага, акварель, карандаш. 21,5 × 19
Справа внизу надпись карандашом: *Низ картины*
На обороте вверху надпись рукой А.Е.Кручёных: *По-моему тут низ лучше, все необычнее и падает в неудерж на ось*
Культурный фонд «Центр Харджиева–Чаги», Стеделийк музей, Амстердам

159. Эскиз супрематической композиции. 1916
Бумага, акварель, карандаш. 30,7 × 20,5
Вверху в центре надпись (зачеркнута): *В низ картины.* Внизу справа надпись: *Низ картины*
Собрание А.Федоровского, Берлин
Эскиз — кат. 158

160. Эскиз супрематической композиции. 1916
Бумага, гуашь, тушь, карандаш. 19 × 11
На обороте надпись карандашом: *Сделать весь рисунок квадратнее, так чтобы красн. и лилов. квадр. не были срезаны*
Собрание А.Федоровского, Берлин
Эскиз к кат. 65

161. Эскиз супрематической композиции. 1916
Бумага, акварель, карандаш. 14,6 × 13,6
Надпись карандашом на полях: *веронез/ веронез/ оранж*
На обороте:
Эскиз беспредметной композиции. 1916
Надпись карандашом слева вверху: *№ 7*

Собрание А.Федоровского, Берлин

162. Эскиз супрематического рельефа (?). 1916
Бумага, гуашь, карандаш. 19,4 × 11
Вверху надпись карандашом: *фигурку выделить и поднять*, по левому полю и внизу: *сделать так чтобы черный квадрат весь вписался на белом фоне. Черное по белому*
Собрание А.Федоровского, Берлин

163. Эскиз супрематической композиции. 1916
Бумага, гуашь, тушь, карандаш, вырезано по контуру. 13 × 12,5
Собрание А.Федоровского, Берлин
Эскиз к кат. 80

164. Супрематизм. 1916
Черные чернила, акварель, карандаш. 25,1 × 16,8
Подпись карандашом: *Ольга Розанова;* внизу в центре полустертая надпись: *Декоративный мотив*
Фонд Юдит Ротшильд, Нью-Йорк

165. Цветопись. Эскиз. 1917
Бумага, акварель, карандаш. 14 × 13,3
В центре надпись карандашом: *Встреча дополнительных в сфере красочной полноты,* внизу: *сделать то же перпендикуляром*
Собрание А.Федоровского, Берлин

166. Цветопись. Эскиз. 1917
Бумага, акварель, карандаш. 13,5 × 12
Внутри рисунка надпись карандашом: *оставить только 3 верхних цвета*, справа вверху: *№ 3*
Собрание А.Федоровского, Берлин

167. Цветопись. Эскиз. 1917
Бумага, акварель, карандаш. 14,6 × 15,5
Справа вверху надпись карандашом: *№ 1*, в центре: *желт*
Собрание А.Федоровского, Берлин

168. Автопортрет. 1917
Бумага, графитный карандаш. 42 × 24
Частное собрание, Москва
Выставки: Розанова, 1918–1919, № 208
Эскиз – кат. 169

169. Эскиз к автопортрету. 1917
Бумага, сангина. 25,2 × 22
Собрание А.Федоровского, Берлин
Эскиз к кат. 168

Декоративно-прикладное искусство. Эскизы

170. Эскиз платья. 1916–1917
Бумага, графитный каран-

даш. 29 × 13,2
Государственный Русский музей, С.-Петербург
Пост. в 1971 из АХП МК СССР, Загорск; ранее (до 1950-х годов?) собрание ГТГ
Инв. Рс-8209

171. Эскиз платья. 1916–1917
Бумага, графитный карандаш. 33,4 × 9,5
Государственный Русский музей, С.-Петербург
Пост. в 1971 из АХП МК СССР, Загорск; ранее (до 1950-х годов?) собрание ГТГ
Инв. Рс-8213

172. Эскиз платья. 1916–1917
Бумага, карандаш. 28,8 × 14,3
Надпись слева внизу: *9 ар<шинов>*
На обороте наброски карандашом платьев, сумочек и шляп
Собрание А.Федоровского, Берлин

173. Эскиз платья. 1916–1917
Бумага, графитный карандаш. 44 × 16
Государственный Русский музей, С.-Петербург
Пост. в 1971 из АХП МК СССР, Загорск; ранее (до 1950-х годов?) собрание ГТГ
Инв. Рс-8210

174. Эскиз платья. 1916–1917
Бумага, акварель, графитный карандаш, тушь. 43,7 × 29,8
На обороте авторская (?) надпись: *Моды*
Государственная Третьяковская галерея, Москва
Пост. в 1929 из МЖК
Инв. 13074

175. Эскиз платья. 1916–1917
Бумага, графитный карандаш. 45 × 30,6
Справа на полях авторские надписи: *шляпка белая с белым же крылом, из белой материи, косынка и крылья из легкой материи, вышивка с оборкой из такой же легкой материи, шнурок с кистями*
Государственная Третьяковская галерея, Москва
Пост. в 1929 из МЖК
Инв. 13077

176. Эскиз платья. 1916–1917
Бумага, акварель, графитный карандаш. 45,1 × 31,4
На обороте надпись: *Моды*
Государственный Русский музей, С.-Петербург
Пост. в 1971 из АХП МК СССР, Загорск; ранее (до 1950-х годов?) собрание ГТГ
Инв. Рб-22732

177. Эскиз орнамента. Фрагмент. 1917
Бумага, акварель, карандаш. 8,6 × 5,9

Собрание А.Федоровского, Берлин

178. Эскиз супрематического орнамента. 1917
Бумага, акварель, тушь, карандаш. 23 × 13
Собрание А.Федоровского, Берлин

179. Эскиз супрематического орнамента. 1917
Бумага линованная, восковые мелки, карандаш. 26,1 × 21
На обороте эскиз супрематического орнамента
Бумага линованная, карандаш
Собрание А.Федоровского, Берлин

180. Подушка. Эскиз вышивки для артели «Вербовка». 1917
Картон, гуашь. 13,3 × 19,2
Слева внизу надпись карандашом: *40 р. Подушка*
На обороте:
Эскиз витрины с надписью: *Булочная.* 1913
Бумага, карандаш
Лист 2 из блокнота № 5
Собрание А.Федоровского, Берлин

181. Веер. Декоративный эскиз для артели «Вербовка». 1917
Бумага, акварель, карандаш. 13,3 × 19,2
Слева внизу надпись карандашом: *Веер – лицевая сторона, обратная сторона черная. 40 р.*
Лист 5 из блокнота № 5
Собрание А.Федоровского, Берлин

182. Геометрический орнамент. Эскиз вышивки для артели «Вербовка». 1917
Бумага, графитный карандаш. 27,2 × 29,1
Государственная Третьяковская галерея, Москва
Пост. в 1929 из МЖК
Инв. 22776

183. Лента. Эскиз вышивки для артели «Вербовка». 1917
Бумага, карандаш. 10,5 × 16,7
Лист 15 из блокнота № 4
Собрание А.Федоровского, Берлин

184. Лента. Эскиз вышивки для артели «Вербовка». 1917
Бумага, акварель, тушь, серебряная краска, карандаш. 10,5 × 16,7
Слева в центре надпись карандашом: *лента*
Лист 14 из блокнота № 4
Собрание А.Федоровского, Берлин

185. Лента. Эскиз вышивки для артели «Вербовка». 1917
Бумага, акварель, серебряная и бронзовая краски, карандаш. 10,5 × 16,7
Лист 8 из блокнота № 4
Собрание А.Федоровского, Берлин

186. Лента. Эскиз вышивки для артели «Вербовка». 1917
Бумага, акварель, тушь, карандаш. 10,5 × 16,7
Лист 11 из блокнота № 4
Собрание А.Федоровского, Берлин

187. Ленты. Эскизы вышивок для артели «Вербовка». 1917
Бумага, акварель, карандаш. 13,3 × 19,2
В центре надпись карандашом: *ленты*
На обороте:
Подушка. Эскиз вышивки для артели «Вербовка» 1917
Бумага, карандаш, восковые мелки. 13,3 × 19,2
Слева внизу надпись карандашом: *40 р.*
Лист 7 из блокнота № 5
Собрание А.Федоровского, Берлин

188. Переплет. Эскиз вышивки для артели «Вербовка». 1917
Бумага, акварель, гуашь, карандаш. 13,3 × 19,2
Справа вверху надпись карандашом: *30 р.*, в центре внизу: *Переплет. Обратная сторона ровная темно-зеленая. Подкладка внутри коричневая*
На обороте:
Эскиз сумочки. 1917
Бумага, акварель, тушь, карандаш. 19,2 × 13,3
Справа на полях надпись карандашом: *Сумка подкладка внутри алая кисти одна черная другая белая шелковая или из стекляруса в последнем случае ручки из черных бус*
Лист 15 из блокнота № 5
Собрание А.Федоровского, Берлин

189. Переплет. Эскиз вышивки для артели «Вербовка». 1917
Бумага, акварель, карандаш. 13,3 × 19,2
Вверху надпись карандашом: *30 р. Переплет (внутри подкладка оранжевая) лицевая и обратная стороны одинаковы*
На обороте:
Подушка. Эскиз вышивки для артели «Вербовка». 1917
Бумага, карандаш, восковые мелки. 13,3 × 19,2
Надпись вверху: *подушка. Набита туго/ на борту. Борт белым/ фон и обратная сторона белые*
Лист 8 из блокнота № 5
Собрание А.Федоровского, Берлин

190. Сумочка. Эскиз вышивки для артели «Вербовка». 1917
Бумага, карандаш. 21,3 × 21,8
Государственный Русский музей, С.-Петербург
Пост. в 1971 из АХП МК СССР, Загорск; ранее (до 1950-х годов?) в собрании ГТГ
Инв. Рс-8211

191. Эскиз вышивки для артели «Вербовка». 1917
Бумага, графитный карандаш. 18,2 × 41,2
На обороте набросок карандашом
Государственная Третьяковская галерея, Москва
Пост. в 1929 из МЖК
Инв. Р-3778

192. Цветы. Эскиз вышивки. 1917
Бумага, карандаш, тушь. 16 × 16,5
Государственная Третьяковская галерея, Москва
Пост. в 1929 из МЖК
Инв. 13080

193. Эскиз вышивки мешочка для артели «Вербовка». 1917
Бумага, карандаш. 28,5 × 25,5
Государственный Русский музей, С.-Петербург
Пост. в 1971 из АХП МК СССР, Загорск; ранее (до 1950-х годов?) в собрании ГТГ
Инв. Рс-8214

194. Эскиз сумочки. 1917
Бумага, тушь, акварель. 35 × 23,2
Государственный Русский музей, С.-Петербург
Пост. в 1971 из АХП МК СССР, Загорск; ранее (до 1950-х годов?) в собрании ГТГ
Инв. Рс-8212

195. Эскиз сумочки. 1917
Бумага, акварель, бронзовая краска. 35 × 27,5
Ивановский областной художественный музей
Инв. Р-448

196. Эскиз сумочки. 1917
Бумага, акварель. 45 × 33
Астраханская картинная галерея им. Б.М.Кустодиева
Пост. в 1920-е из ГМФ
Инв. Ж-405

197. Эскиз сумочки. 1917
Бумага, акварель. 45 × 33
Астраханская картинная галерея им. Б.М.Кустодиева
Пост. в 1920-е из ГМФ
Инв. Ж-406

198. Эскиз вышивки для артели «Вербовка». 1917
Бумага, гуашь. 34,6 × 34,1
На обороте дарственная надпись художницы Л.Родченко
Art Co. Ltd. (Собрание Г.Д.Костаки), ранее собрание А.М.Родченко и В.Ф.Степановой, Москва
Литература: Костакис 1981. № 1041

199. Эскизы вышивки для артели «Вербовка». 1917
Бумага, гуашь, тушь, карандаш. 10,5 × 16,7
В центре вверху надпись карандашом: *кружевной медальон*

Лист 13 из блокнота № 4
Собрание А.Федоровского, Берлин

200. Эскиз платка. 1917
Бумага, акварель. 32,5 × 32,5
Частное собрание, Москва

201. Эскиз платка. 1917
Бумага, гуашь. 50,5 × 45,2
Ивановский областной художественный музей
Инв. № Р-55

202. Эскиз ткани. 1917–1918
Бумага, гуашь, карандаш. 20 × 27
На обороте эскиз ткани с мотивом цветка
Собрание А.Федоровского, Берлин

203. Эскиз ткани. 1917–1918
Бумага, гуашь, карандаш. 21 × 13,2
На обороте набросок супрематического орнамента карандашом
Собрание А.Федоровского, Берлин
Вариант — кат. 205

204. Эскиз ткани. 1917–1918
Бумага, гуашь, тушь, карандаш. 29 × 20,3
Собрание А.Федоровского, Берлин

205. Эскиз ткани. 1917–1918
Бумага, гуашь, тушь, карандаш. 19,2 × 23,7
Собрание А.Федоровского, Берлин
Вариант — кат. 203

Коллажи

206. Беспредметная композиция. 1915
Бумага, цветная глянцевая и папиросная бумага, акварель. 12,8 × 9,1
На обороте надпись карандашом: *Цель этих картин – освобождение от шаблонного типа рамы в виде четыр<ех-угольника> и квадрата*
Культурный фонд «Центр Харджиева–Чаги», Стеделийк музей, Амстердам

207. Беспредметная композиция. 1915
Бумага, цветная глянцевая и папиросная бумага. 12,2 × 9,7
Государственный музей В.В.Маяковского, Москва
Пост. в 1970 от Н.И.Харджиева
Инв. 11632

208. Беспредметная композиция. 1915
Бумага, цветная папиросная бумага, карандаш. 9,8 × 13,2
На обороте надпись карандашом (письмо к А.Кручёных): *№ 1 Можно для одного и того же рисунка брать бумаги разной плотности. Разнообразнее фактура будет. Кроме того иначе трудно найти большое количество тонов. При аккуратном*

наклеивании можно прибегать и к папиросной бумаге, если наклейка будет внутри книги
Культурный фонд «Центр Харджиева–Чаги», Стеделийк музей, Амстердам

209. Беспредметная композиция. 1915
Бумага, цветная папиросная и глянцевая бумага, карандаш. 13,9 × 9,9
На обороте надпись карандашом (письмо к А.Кручёных): *№ 1 Думаю, что в альбоме будет картин 15 минимум. Хотя сейчас нет и 10. Не знаешь ли чего-нибудь интересного нового. Я ходила в лес за грибами, но хороших не набрала, а так вроде поганок; зато погуляла за все лето*
Культурный фонд «Центр Харджиева–Чаги», Стеделийк музей, Амстердам

210. Беспредметная композиция. 1915
Бумага, цветная папиросная бумага, карандаш. 16,6 × 10,5
На обороте надпись карандашом (письмо к А.Кручёных): *3 Из посылаемых сейчас наклеек лучше всего № 1? 7 и 2? Извести о получении. Напиши, как ты живешь. У нас осень, сырость, холод и прочее. Скука и однообразие. Скорее пришли письмо. Целую. Жду ответа. Желаю всяческих успехов. Устроился ли с квартирой и как? Доволен ли?* и монограмма *ЛР* <Лёля Розанова>
Культурный фонд «Центр Харджиева–Чаги», Стеделийк музей, Амстердам

211. Беспредметная композиция. 1915
Бумага, цветная папиросная и глянцевая бумага. 19,5 × 12,7
На обороте надпись карандашом справа внизу: *Эта наклейка пойдет в книгу*
Культурный фонд «Центр Харджиева–Чаги», Стеделийк музей, Амстердам

212. Беспредметная композиция. 1915
Бумага, цветная бумага, ткань. 19,1 × 14,4
Культурный фонд «Центр Харджиева–Чаги», Стеделийк музей, Амстердам

213. Беспредметная композиция. 1915
Бумага, цветная папиросная бумага, карандаш. 22,5 × 15
Внизу надпись рукой А.Кручёных: *Наклейка О.Розановой (1914–15 гг.)*
РГАЛИ. Ф. 1334. Оп. 1. Ед. хр. 1081. Л. 184
Пост. в 1969 из архива А.Е.Кручёных

214. Беспредметная композиция. 1915
Бумага, цветная папиросная и глянцевая бумага. 16,7 × 10,4
Слева вверху надпись карандашом: *№ 1*
Галерея Гмуржинской,

Кёльн; ранее находилась в архиве Н.И.Кульбина

215. Беспредметная композиция. 1915
Бумага, цветная папиросная и глянцевая бумага. 14,2 × 13,5
Справа внизу надпись карандашом: *№ 2*
Галерея Гмуржинской, Кёльн

216. Беспредметная композиция. 1915
Бумага, цветная папиросная бумага. 16,7 × 10,4
Галерея Гмуржинской, Кёльн

217. Композиция на тему игральных карт. 1915
Бумага, цветная бумага. 30,7 × 39,6
На обороте надпись: *О.Розанова*
Государственный Русский музей, С.-Петербург
Пост. в 1971 из АХП МК СССР, Загорск; ранее (до 1950-х годов?) в собрании ГТГ
Инв. Рб-22729

218. Композиция на тему игральных карт. 1915
Бумага, цветная глянцевая бумага. 16,6 × 13,4
Культурный фонд «Центр Харджиева–Чаги», Стеделийк музей, Амстердам

219. Эскиз обложки «Заумной гниги» А.Кручёных и Алягрова. 1915
Бумага, цветная бумага, графитный карандаш. 14 × 19
Вверху надпись карандашом рукой Розановой: *А.Кручёных. Заумная гнига* и внизу: *Цветная резьба О.Розановой*
Государственный музей В.В.Маяковского, Москва
Инв. 11406
Пост. в 1969 из букинистического магазина

220. Беспредметная композиция 1915–1916
Бумага, цветная папиросная и глянцевая бумага. 12,5 × 8
РГАЛИ. Ф. 1334. Оп. 1. Ед. хр. 290. Л. 158
Пост. в 1969 из архива А.Е.Кручёных

221. Беспредметная композиция 1915–1916
Бумага, цветная папиросная бумага, карандаш. 13 × 9,5
Справа внизу надпись карандашом: *№ 6*. Внизу надпись рукой А.Е.Кручёных: *О.Розанова 1914–5 гг.*
РГАЛИ. Ф. 1334. Оп. 1. Ед. хр. 290. Л. 131
Пост. в 1969 из архива А.Е.Кручёных

222. Беспредметная композиция 1915–1916
Бумага, цветная папиросная бумага, карандаш. 14 × 10
Справа внизу надпись

карандашом: *№ 11*
ОР РГБ. Ф. 339. Оп. 4.
Ед. хр. 2. Л. 4
Пост. в 1935 от А.А.Шемшурина

223. Беспредметная композиция
1915–1916
Бумага, цветная папиросная и глянцевая бумага.
14,2 × 13,5
Справа вверху надпись карандашом: *№ 6*
Галерея Гмуржинской, Кёльн; ранее находилась в архиве Н.И.Кульбина

224. Беспредметная композиция
1915–1916
Бумага, цветная папиросная бумага. 17 × 9,5
ОР РГБ. Ф. 339. Оп. 4.
Ед. хр. 2. Л. 5
Пост. в 1935 от А.А.Шемшурина

225. Беспредметная композиция
1915–1916
Бумага, цветная папиросная бумага, ткань. 17 × 10,5
Справа внизу надпись карандашом: *№ 12* – и чернилами рукой Харджиева: *Работа О.Розановой*
РГАЛИ. Ф. 1334. Оп. 1.
Ед. хр. 1290. Л. 158
Пост. в 1969 из архива А.Е.Кручёных

226. Беспредметная композиция. 1916
Бумага, цветная бумага.
21,2 × 16,9
Art Co. Ltd. (Собрание Г.Д.Костаки), ранее в собрании А.Е.Кручёных
Литература: Костакис 1981 № 1051

227. Беспредметная композиция. 1916
Бумага, черная глянцевая бумага. 24 x 22
Галерея Гмуржинской, Кёльн

228. Беспредметная композиция. 1916
Бумага, черная глянцевая бумага. 25 × 22
Галерея Гмуржинской, Кёльн

229. Беспредметная композиция. 1916
Бумага, цветная бумага.
16,5 × 12,5
РГАЛИ. Ф. 1334. Оп. 1.
Ед. хр. 1085. Л. 77
Пост. в 1969 из архива А.Е.Кручёных

230. Беспредметная композиция. 1916
Картон, цветная папирос ная и глянцевая бумага.
9,4 × 10
РГАЛИ. Ф. 1334. Оп. 1.
Ед. хр. 1309. Л. 9
Пост. в 1969 из архива А.Е. Кручёных

231. Беспредметная композиция
1916–1917
Бумага, цветная бумага.
29,2 × 25
Надпись карандашом: *эту наклейку поместить как пример в статье о беспредметной живописи* <для журнала «Супремус»>

На обороте наброски карандашом
Справа штамп архива А.М.Родченко и В.Ф.Степановой. Внизу авторская надпись карандашом: *черные тумбы оцепенения / и удивлению раскосых глаз повара / бланманже мертвого тела / в чаду* <зачеркнуто>

Печатная графика

232. Афиша к спектаклям первого театра футуристов. 1913
Цветная литография. 100 × 68
Слева внизу подпись: *О.Розанова*
Государственный литературный музей, Москва
КП-36843/140

233–238. «Союз молодежи» при участии поэтов «Гилея». № 3
Рис. И.Школьника, О.Розановой
СПб., 1913
82 с., 11 ил., 24 × 23,5
Кн. лет. № 8787, 25 марта – 1 апр. 1913. 1000 экз.

233. Беспредметная композиция. 1913
Литография. (15,4 × 13,5)
Справа внизу подпись: *О.Розанова* (между с. 10 и 11)

234. Беспредметная композиция. 1913
Литография. (15,5 × 14,3)
Слева внизу подпись: *О.Розанова* (между с. 22 и 23)

235. Городской пейзаж. 1913
Литография. (18 × 21,3)
Слева внизу подпись: *О.Розанова* (между с. 34 и 35)

236. Городской пейзаж. 1913
Литография. (14,3 × 21)
Справа внизу подпись: *О.Розанова* (между с. 58 и 59)

237. Портрет дамы. 1913
Литография. (14,7 × 18)
Слева внизу подпись: *О.Розанова* (между с. 72 и 73)

238. Пейзаж с домом. 1913
Литография. (19,4 × 16,5)
Слева внизу подпись: *О.Розанова* (после с. 82)

239–243. А.Кручёных, В.Хлебников. Бух лесинный
Обложки и 3 рис. О.Розановой. Портрет А.Кручёных, рис. Н.Кульбина. Заставки и концовки А.Кручёных
<СПб.>: изд. ЕУЫ, <1913>
22 л., обл. 14,5 × 9,5
Кн. лет. № 14412, 3–10 июня 1913. 400 экз.
Литографированный текст исполнен О.В.Розановой

239. Обложка (пейзаж со зверями)
Литография. (12,7 × 8,5)
Под изобр.: *Бух лесинный А.Кручёных / В.Хлебников*

240. Спинка обложки (беспредметная композиция)
Литография (9 × 6,5)
Внизу слева: *О.Розанова*;
под изобр.: *Бух лесинный. Ц. 30 к./ Обложки и 2 рис. О.Розановой/ Портрет А.Кручёных – рис. Н.Кульбина/ Заставка и концовки – /А.Кручёных/ Издательство «ЕУЫ»/ Склад: Максимилиан. п. 16, кв. 6*

241. Беспредметная композиция
Литография. (6,6 × 7)
Слева внизу подпись: *О.Р.*

242. Композиция с двумя фигурами
Литография. (13,7 × 9,1)
Справа внизу подпись: *О.Розанова*

243. Беспредметная композиция
Литография. (7 × 5,8)
Внизу подпись: *О.Р.*

244–245. А.Кручёных. Взорваль
Рис. Кульбина, Гончаровой, Розановой, Малевича
30 л., обл. 17,5 × 11,5
<1-е изд. СПб.: изд. ЕУЫ, 1913>
Кн. лет. № 14411,
3–10 июня 1913. 350 экз.
Литографированный текст исполнили Кульбин, Гончарова, Кручёных

244. Взрыв
Литография. (13 × 11,5)
Справа внизу подпись: *О.Розанова*

245. Конь
Литография. (14,4 × 9,5)
Справа внизу подпись: *О.Розанова*

А.Е.Кручёных. Возропщем
Рис. К.Малевича и О.Розановой
СПб., 1913
12 с., 3 л. ил., 19 × 13,5
Кн. лет. 10–17 июня 1913.
1000 экз.

246. Композиция. (Лицо)
Литография. 17,5 × 11,5 (9,7 × 10,8)
Оттиск на отдельном листе вклеен между обл. и с. 1

А.Е.Кручёных, В.Хлебников. Слово как таковое
Рис. К.Малевича и О.Розановой
М., 1913
15 с., 2 ил. 22,5 × 18,6
Кн. лет. 15–22 окт. 1913
500 экз.

247. Беспредметная композиция
Литография. 14,5 × 9,8 (11 × 9)
Внизу слева подпись: *О.Р.*
Оттиск на отдельном листе зеленой бумаги вклеен перед с. 1

А.Е.Кручёных. Чорт и речетворцы
СПб., 1913
16 с., обл. 22,6 × 16,6
Кн. лет. № 31792,
2 нояб. – 3 дек. 1913
1000 экз.

248. Обложка (портрет А.Кручёных)
Литография. (13,2 × 10)
Внизу слева подпись: *О.Р.;* над изобр. типогр. набор: *А.Кручёных/ Чорт и речетворцы*

249–256. А.Кручёных. Взорваль
Рис. Кульбина, Гончаровой, Розановой, Малевича <2-е изд. СПб.: изд. «ЕУЫ», 1913>
29 л., обл., 17,5 × 11,5
Кн. лет. № 192, 20 дек. 1913 – 1 янв. 1914. 450 экз.
Несколько экземпляров раскрашено Розановой и Кручёных от руки акварелью. Во 2-е изд. вошли также две литографии Розановой из первого издания

249. Беспредметная композиция с буквами. «ОЕУ...»
Литография, раскраска акварелью. 17,5 × 11,5
РГАЛИ. Ф. 1334. Оп. 1. Ед. хр. 290. Л. 60

250. «Тянут кони...»
Литография, раскраска акварелью. 17,5 × 11,5
РГАЛИ. Ф. 1334. Оп. 1. Ед. хр. 290. Л. 201

251. Концовка. «Тянут коней...»
Литография, раскраска акварелью. 17,5 × 11,5

252. «Взорваль огня...»
Литография. 17,5 × 11,5

253. «Пугаль к устам...»
Литография, раскраска акварелью. 17,5 × 11,5
РГАЛИ. Ф. 1334. Оп. 1. Ед. хр. 290. Л. 195

254. Обложка (городской пейзаж)
Литография. 18 × 12,8 (17,6 × 11,5)
Внизу слева подпись: *О.Розанова.* Вверху: *А.Кручёных/ Взорваль*

255. Взрыв
Литография, раскраска акварелью и золотой краской. (13 × 11,5)
Внизу слева подпись: *О.Розанова*
Государственный музей В.В.Маяковского, Москва
Инв. 11442

256. Конь
Литография, раскраска акварелью. (14,5 × 9,5)
Внизу справа подпись: *О.Розанова*
Культурный фонд «Центр Харджиева–Чаги», Стеделийк музей, Амстердам

257–270. А.Кручёных. Утиное гнездышко... дурных слов
Рис. и раскраска О.Розановой СПб., <изд. «ЕУЫ», 1913> 22 л., обл. 18 × 12
Кн. лет. № 194, 20 дек. 1913 – 1 янв. 1914. 500 экз.
Литографированный текст исполнен Розановой
Несколько экземпляров

раскрашено Розановой и Кручёных от руки акварелью
Существует несколько экземпляров варианта обложки на синей бумаге с наклейками из белой бумаги, на которых типографским способом отпечатано название книги

257. Титульный лист
Литография. 17,5 × 11,5
Внизу текст: *А.Кручёных / Рис. О.Розановой*

258. Концовка (беспредметная композиция)
Литография. 17,5 × 11,5
Вверху текст: *Жижа сквернословий / мои крики/ самозваные/ не надо к ним/ предисловъя /– я весь хорош / даже бранный!*

259. Портрет поэта в цилиндре
Литография. 17,5 × 11,5
Вверху текст: *Если б тошнило вас / как меня вечерами / в книгах прочли б вы желочь/ голову увенчавши горшками*

260. Город
Литография. 17,5 × 11,5
Слева внизу подпись: *О.Розанова*

261. Две фигуры
Литография. (16,5 × 8,5)
Справа внизу подпись: *О.Розанова*

262. Беспредметная композиция. (Человек в противогазе)
Литография. (14,5 × 5,7)

263. Концовка (беспредметная композиция)
Литография. (12,5 × 8,5)
Вверху текст: *Кидая стозубость плевка/Кровь собирая в сосуд/ Все доставала худая рука/ На ладонь укладая минут*

264. Пейзаж с забором
Литография. (12 × 16,3)

265. Городской пейзаж
Литография. (15,5 × 11)

266. Канкан
Литография. (10,5 × 16,5)

267. В кафе
Литография. (16 × 11,6)

268. Беспредметная композиция
Литография. (15,5 × 10,9)

269. Концовка. «И вот не знавшего болезней...»
Литография. (17,5 × 11,5)

270. Автопортрет с Кручёных
Литография. (17,2 × 10,5)
Справа внизу текст: *лит. Т-ва Свет / Невский, 136*

271–293. А.Кручёных, В.Хлебников. Игра в аду
Обложка и три рис. К.Малевича. Остальные рис. О.Розановой
2-е изд. СПб.:

<изд. «ЕУЫ», 1914>
40 л., обл. 18 × 13,6
Литографированный текст исполнен О.В.Розановой
Кн. лет. № 4452, 12–19 февр. 1914. 800 экз.

271. Заставка с карточной символикой. «Свою любовницу лаская...»
Литография. 18 × 13,6
Справа внизу подпись: *О.Розанова*

272. Концовка. «Разятся черные средь плена...»
Литография. 18 × 13,6
Справа внизу подпись: *О.Розанова*

273. Композиция с ангелом и бесом
Литография. (16,5 × 11,8)
Справа внизу подпись: *О.Розанова*

274. «Они иной удел избрали...»
Литография. 18 × 13,6
Слева внизу подпись: *О.Р.*

275. «Перебивают как умело...»
Литография. 18 × 13,6
Слева внизу подпись: *О.Р.*

276. Голова беса. «Сластолюбивый грешниц сейм...»
Литография. 18 × 13,6
Слева внизу подпись: *О.Р.*

277. Обнаженная. «И вот усмешки визги давка...»
Литография. 18 × 13,6
Слева внизу подпись: *О.Р.*

278. Ведьма. «И взвился вверх...»
Литография. 18 × 13,6
Внизу подпись: *О.Розанова*

279. Ведьма. «С алчбой во взоре...»
Литография. 18 × 13,6
Слева внизу подпись: *О.Р.*

280. Ведьма с помелом
Литография. (15,3 × 12,8)
Справа внизу подпись: *О.Р.*

281. Концовка. «Со скрежетом водят пилу...»
Литография. 18 × 13,6
Справа внизу подпись: *О.Р.*

282. Концовка. «И в самый страшный мир...»
Литография. 18 × 13,6
Справа внизу подпись: *О.Р.*

283. Концовка. «И ягуары в беге злобном...»
Литография. 18 × 13,6

284. Грешница и бес
Литография. (16,8 × 11)
Справа внизу подпись: *О.Розанова*

285. Беспредметная композиция
Литография. (16,5 × 11)
Слева внизу подпись: *О.Розанова*

286. Концовка. «И если небо упадет...»
Литография. (4,2 × 10,5)
Внизу подпись: *О.Р.*

287. Чудовище. «Служанки грязною работой...»
Литография. 18 × 13,6

288. Заставка. «И путь уж ему недалек...»
Литография. 18 × 13,6

289. Заставка. «Брови и роги стерты от носки...»
Литография. 18 × 13,6
Слева внизу подпись: *ОР.*

290. Змея. «Порок летит в сердцах на сына...»
Литография. 18 × 13,6
Справа внизу подпись: *О.Р.*

291. Заставка. «Печаль игры как смерть сильна...»
Литография. 18 × 13,6
Внизу подпись: *О.Розанова*

292. Ангел и бесы
Литография. (16,5 × 11,2)
Справа внизу подпись: *Розанова*

293. Концовка. «Вот треск и грома глас...»
Литография. (3,5 × 3,5)
Внизу текст: *Литогр. Свет / Невский 136*

А.Кручёных. Стихи В.Маяковского. Выпыт
Подобень Маяковского (на обложке) рис. Д.Бурлюка. Рисунок О.Розановой
СПб., изд. ЕУЫ, 1914
32 с., 19,5 × 14

294. Городской пейзаж
Литография. 17,6 × 11,7
Справа внизу подпись: *ОР*
Оттиск на отдельном листе зеленой бумаги вклеен перед с. 1.
Эскиз – кат. 142

295–304. А.Кручёных, В.Хлебников. Тэ ли лэ
Рис. О.Розановой, Н.Кульбина
<СПб., 1914>
15 л., обл. 24 × 17
Текст исполнен Розановой и Кульбиным в технике цветного гектографирования
Кн. лет. № 4453, 12–19 февр. 1914. 50 экз.

295. Обложка. Городской пейзаж
Цветная гектография в три краски. 24 × 17
Справа внизу подпись: *ОР*
Вверху: *А.Кручёных / В.Хлебников / Тэ ли лэ*

296. Титульный лист
Цветная гектография в две краски.
21,3 × 14,4

297. «Копи богатства, беги отца...»
Цветная гектография в четыре краски.
21,5 × 15,5

298. Беспредметная композиция. «3 стихотворения»
Цветная гектография в четыре краски.
21,4 × 12,3

299. Беспредметная композиция. «№ 2».
Цветная гектография в семь красок. 20 × 14

300. Беспредметная композиция. «Небо душно и пахнет...»
Цветная гектография в три краски. 22 × 13,5

301. Внутренний титульный лист
Цветная гектография в три краски. 20 × 14
Вверху текст: *В.Хлебников / рис. О.Розановой / и / Н.Кульбина*

302. Городской пейзаж. Дома
Цветная гектография в одну краску. 21 × 14
Слева внизу подпись: *ОР*

303. Натюрморт с кувшином
Цветная гектография в две краски. 16 × 14

304. Обнаженная
Цветная гектография в одну краску. 13,5 × 12,5

305. Листовка. Памяти И.В.И<гнатьев>а на стихотворение В.Хлебникова. 1914
Цветная гектография в две краски. 24 × 18

306–307. Футуристы. Рыкающий Парнас
СПб.: Журавль, 1914
22,5 × 16,5
Кн. лет. № 4065, 2–15 февр. 1914. 1000 экз.

306. Беспредметная композиция
Литография. (10 × 8,2)
Справа внизу подпись: *О.Розанова*
(с. 54)

307. Городской пейзаж
Литография. (7,5 × 11,5)
Слева сбоку подпись: *Ольга Розанова*
(с. 77)

308–310. Стрелец. Сборник первый
Под ред. А.Э.Беленсона
Обложка работы Н.Кульбина. В сб. включены рис. Д. и В.Бурлюков, О.Розановой, Н.Кульбина, А.Лентулова, М.Синяковой
Пг.: Стрелец, 1915
216 с., 12 л. ил., 24,5 × 19
Кн. лет. № 7091, 4–11 марта 1915. 5000 экз.

308. Танцовщица
Литография. (21 × 14,5)
Справа подпись: *О.Розанова*
(между с. 58 и 59)

309. Пристань
Литография. (19 × 14,5)
Справа внизу подпись: *О.Розанова* (между с. 110 и 111)

310. Композиция к стихотворению А.Беленсона «Голубые панталоны»
Литография. (12,5 × 17)
Справа внизу подпись: *О.Розанова* (между с. 194 и 195)

311–322. Кручёных, Алягров. Заумная гнига
Цветные гравюры О.Розановой
<М.>, 1915
(на обложке – 1916)
21 л., обл. 22 × 19,5
Кн. лет. № 19058, 11–18 авг. 1915. 140 экз.
Тексты напечатаны Кручёных наборными штампами

311. Обложка
Глянцевая бумага на бумаге, пуговица, коллаж.
21,9 × 14,9
Над коллажем текст типографским набором: *Кручёных/Алягров/Заумная/гнига/цветные гравюры / О.Розановой/ 1916 г.*

312. Одновременное изображение четырех тузов
Цветная линогравюра.
18 × 14,5
Вверху и справа текст: *одновременное изображ/ение четырех тузов*

313. Одновременное изображение червонного и бубнового королей
Цветная линогравюра.
18 × 14,3
Вверху и справа текст: *одновременное изображ/ ение королей*

314. Пиковая и червонная дамы. Одновременное изображение
Цветная линогравюра.
18 × 14,5
Вверху и справа текст: *пиковая и червонная дамы / одновременное изображение*

315. Пиковый король
Цветная линогравюра.
18 × 14
Внизу текст: *пиковый король*

316. Пиковая дама
Цветная линогравюра.
18 × 14
Слева текст: *пиковая дама*

317. Пиковый валет
Цветная линогравюра.
18 × 14
Вверху текст: *пиковый валет*

318. Бубновый валет
Цветная линогравюра.
18 × 14
Вверху текст: *бубновый валет*

319. Трефовый король
Цветная линогравюра.
18 × 14
Внизу текст: *трефовый король*

320. Червонная дама
Цветная линогравюра.
17,6 × 13,6
Справа вверху текст: *червонная дама*

321. Трефовый валет
Цветная линогравюра.
17,5 × 14
Слева текст: *трефовый валет*

322. Беспредметная композиция «К/Ружиться/круч/еных...»
Коллаж из цветной бумаги. 21,5 × 20

323–338. А.Кручёных. Война
Слова А.Кручёных, резьба О.Розановой. <СПб.>, 1916. 15 л. в папке (размер папки 40 × 31,5; размер листа 39 × 31), 116 экз.

323. Обложка
Линогравюра, наклейки из цветной бумаги. 40 × 31,5
Вверху текст: *война*
Внизу текст: *Резьба О.Розановой/ Слова А.Кручёных*

324. Лист 1. Война
Цветная линогравюра. 32,5 × 16,5
Вверху: *война*

325. Лист 2. Разрушение города
Линогравюра. 36 × 27,5

326. Лист 3. Стихотворение А.Кручёных
Линогравюра. 4,5 × 26,5

327. Лист 4. Аэропланы над городом
Линогравюра, наклейки из цветной бумаги. 23 × 16

328. Лист 5. Битва
Линогравюра. 27 × 36,5

329. Лист 6. На смерть
Цветная линогравюра. 36,5 × 22,5

330. Лист 7. Стихотворение А.Кручёных
Линогравюра. 5 × 27

331. Лист 8. Отрывок из газетного сообщения
Цветная линогравюра. 37 × 25,7
Справа текст: *с ужасом вс/поминает/ лично/ им/ ви/ден/ных/ расп/ятых/ гер/ман/цами/ вниз/ го-ло/вой*
Внизу текст: *отры/вок из/ газет/ного/ сооб/щения*

332. Лист 9. Отрывок из газетного сообщения
Линогравюра. 37,4 × 27,3
Слева текст: *во время рас/стрела мир/ных граж/дан заставля/ли приго-воре/нных к казни/ рыть себе мо/гилы.../ (отры/вок из/ газет/ного со/обще/ния)*

333. Лист 10. Стихотворение А.Кручёных
Линогравюра. 11 × 27

334. Лист 11. Битва в городе
Цветная линогравюра в три краски. 27,5 × 22,8

335. Лист 12. Поединок
Цветная линогравюра. 36,8 × 28

336. Лист 13. Стихотворение А.Кручёных
Линогравюра. 20 × 27

337. Лист 14. Битва в трех сферах (на суше, на море и в воздухе)
Цветная линогравюра.
27,8 × 36,5

338. Лист 15. Стихотворение А.Кручёных
Линогравюра. 8,5 × 27

Блокноты

Блокнот № 1 с зарисовками цветов и орнаментов. Начало 1900-х годов
39 л., обл.
Бумага, карандаш, акварель, тушь. 16,5 × 24,5
Водяные знаки отсутствуют
Собрание А.Федоровского, Берлин

Блокнот № 2 с зарисовками натурщиков. 1906
12 л., обл., размер обл. 15 × 21
Бумага, карандаш, размер листа 14,3 × 20,5
Водяные знаки отсутствуют
Собрание А.Федоровского, Берлин

Блокнот № 3 с набросками. 1906–1907
8 л., обл., размер обл. 12,2 × 21,2
Бумага, карандаш, размер листа 11,7 х 21
Водяные знаки отсутствуют
Собрание А.Федоровского, Берлин

Блокнот № 4 с набросками (1913) и эскизами вышивок для артели «Вербовка» (1917)
15 л. 10,5 × 16,7
Водяные знаки отсутствуют
Собрание А.Федоровского, Берлин

Блокнот № 5 с набросками (1913) и эскизами вышивок для артели «Вербовка» (1917)
17 л. 13,3 × 19,2
Водяные знаки отсутствуют
Собрание А.Федоровского, Берлин

Блокнот № 6 с видами Меленок. Б.д.
Обложка отсутствует
8 л. 25,5 × 22
Водяные знаки отсутствуют
Собрание А.Федоровского, Берлин

Блокнот № 7 с видами Меленок. Б.д.
Обложка из голубой бумаги с надписью карандашом: *Меленки*
7 л. 13 × 25,6
Водяные знаки отсутствуют
Собрание А.Федоровского, Берлин

Список выставок О.В.Розановой

Персональные выставки

1918 (декабрь) – 1919 (март), Москва, Первая Государственная выставка. Посмертная выставка картин, этюдов, эскизов и рисунков О.В.Розановой (см.: Первая Государственная выставка: Каталог посмертной выставки картин, этюдов, эскизов и рисунков О.В.Розановой / Предисл. к каталогу И.Клюна. М., 1919)

1992, Москва, Ленинград, Хельсинки, Ольга Розанова 1886–1918 (см.: Ольга Розанова. 1886–1918 / Вступ. ст. Н.Гурьяновой, В.Терёхиной. Хельсинки, 1992)

Групповые прижизненные выставки, в которых принимала участие О.В.Розанова

1911 (апрель), С.-Петербург, «Союз молодежи» (см.: Каталог 2-ой выставки картин Общества художников «Союз молодежи». СПб., 1911. № 80–81)

1912 (январь), С.-Петербург, «Союз молодежи» (см.: Каталог выставки картин Общества художников «Союз молодежи». СПб., 1912. № 67–68)

1912 (март), Москва, Училище Живописи, Ваяния и Зодчества, совместная выставка художников «Ослиного хвоста» и «Союза молодежи»

1912 (декабрь) – 1913 (январь), С.-Петербург, «Союз молодежи» (см.: Каталог выставки картин Общества художников «Союз молодежи». СПб., 1912. № 68–78)

1913 (октябрь), С.-Петербург, Художественное Бюро Н.Е.Добычиной, Постоянная выставка Современной живописи (см.: Выставка картин. Современная живопись. СПб., 1913. № 225–226)

1913 (ноябрь) – 1914 (январь), С.-Петербург, «Союз молодежи» (см. Каталог Выставки картин «Союз молодежи». СПб., 1913. № 102–118)

1914 (апрель–май), Рим, галерея Спровьери, Международная свободная футуристическая выставка. Русская секция (см.: Esposizione Libera Futurista Internazionale. Roma, 1914. Russi: № 1 (Порт), № 2 (Фабрика и мост), № 3 (Диссонанс), № 4 (Человек на улице), № 5 (илл. к «Утиному гнездышку... дурных слов»), № 6 (илл. к «Тэ ли лэ»)

1915 (март), Петроград, малый зал Императорского Общества Поощрения художеств, Первая Футуристическая выставка картин «Трамвай В» (см.: Первая Футуристическая выставка картин «Трамвай В». Пг., 1915. № 60–63)

1915 (апрель), Петроград, Художественное Бюро Н.Е.Добычиной, выставка картин Левых Течений (см.: Каталог выставки картин Левых Течений. Пг., 1915. № 78–94)

1915 (декабрь), Петроград, Последняя футуристическая выставка 0,10 (см.: Последняя футуристическая выставка картин 0,10 (Ноль–Десять). Каталог. Пг., 1915. № 121–131, а также 2 картины вне каталога – «Натюрморт», «Письменный стол»)

1916 (апрель), Петроград, Художественное Бюро Н.Е.Добычиной, Современная Русская Живопись (см.: Каталог выставки Современной Русской Живописи. Пг., 1916. № 288–289)

1916 (ноябрь), Москва, Бубновый валет (см.: Каталог выставки картин и скульптуры общества художников «Бубновый валет». М., 1916. № 251–274)

1917 (ноябрь–декабрь), Москва, Бубновый валет (см.: Каталог выставки картин общества художников «Бубновый валет». М., 1917)

1917 (декабрь), Москва, Вторая выставка Современного декоративного искусства «Вербовка» (представлено более 60 работ Розановой, напечатан пригласительный билет)

1918 (апрель), Тифлис, Выставка картин и рисунков московских футуристов (см.: Каталог выставки картин и рисунков московских футуристов. Тифлис, 1918. № 99–129)

1918 (май–июль), Москва, Первая выставка картин профессионального союза художников в Москве (см.: 1-я выставка картин профессионального союза художников-живописцев в Москве. М., 1918)

Наиболее значительные ранние выставки русского авангарда (1919–1927), на которых экспонировались произведения Розановой

1919 (апрель–июнь), Петроград, Первая Государственная Свободная выставка произведений искусств (см.: Каталог Первой Государственной Свободной выставки произведений искусств. Пг., 1919)

1919, Москва, X Государственная выставка. Беспредметное творчество и супрематизм (см.: Каталог X Государственной выставки: Беспредметное творчество и супрематизм. М., 1919)

1919, Витебск, Первая государственная выставка картин местных и московских художников (см.: 1-я Государственная выставка картин местных и московских художников. Витебск, 1919)

1920, Казань, Первая Государственная выставка искусства и науки в Казани (см.: Первая Государственная выставка искусства и науки в Казани. Казань, 1920)

1922, Берлин, Первая русская художественная выставка (см.: Erste Russische Kunstausstellung. Galerie Van Dimen. Berlin, 1922)

1927, Ленинград, Выставка новейших течений в искусстве

Избранная библиография

Архивные материалы

Переписка отдела ИЗО Наркомпроса с Управлением делами Наркомпроса по личному составу. <1918–1921>. Центральный государственный архив Российской Федерации (ЦГА РФ). Ф. 2306. Оп. 23. Ед. хр. 28

Переписные листы по г. Меленки. 1896–1904. Государственный архив Владимирской обл. Ф. 433. Оп. 1. Ед хр. 169

Протоколы общих собраний Союза молодежи за 1910–1913. ОР ГРМ. Ф. 121. Оп. 1. Ед. хр. 1

Розанова О.В. Воскресший Рокамболь. 1913. Рукопись. ОР ГРМ. Ф. 121. Оп. 1. Ед. хр. 82

Розанова О.В. Доклады о деятельности Художественно-промышленного подотдела ИЗО о поездках в Сергиев Посад и Богородское. 1918. ЦГА РФ. Ф. 2306. Оп. 23. Ед. хр. 23

Розанова О.В. Кубизм. Футуризм. Супрематизм. 1917. Авторизованная машинопись. Частное собрание, Москва

Розанова О.В. Личное дело. 24 мая – ноябрь 1918. ЦГА РФ. Ф. 2306. Оп. 55. Ед. хр. 204

Розанова О.В. Личное дело о помещении в число учениц Строгановского Центрального Художественно-промышленного училища. 1907. РГАЛИ. Ф. 677. Оп. 1. Ед. хр. 7490

Розанова О.В. Письма А.Е.Кручёных. <1913>. РГАЛИ. Ф. 1334. Оп. 1. Ед. хр. 190

Розанова О.В. Письма А.Е.Кручёных 1914–1917. Культурный фонд «Центр Харджиева–Чаги», Стеделийк музей, Амстердам

Розанова О.В. Письма А.Е.Кручёных. 1915–1917. Частное собрание, Москва

Розанова О.В. Письма М.В.Матюшину. 1917. ОР Пушкинского Дома. Ф. 656

Розанова О.В. Письма А.В.Розановой. 1912–1916. Культурный фонд «Центр Харджиева–Чаги», Стеделийк музей, Амстердам

Розанова О.В. Письма А.Шемшурину. 1915–1917. ОР РГБ. Ф. 339. Оп. 5. Ед. хр. 14

Розанова О.В. Письмо Э.Спандикову. 1913. ОР ГРМ. Ф. 121. Оп. 1. Ед. хр. 62

Розанова О.В. Письмо Н.Удальцовой. 1917. Частное собрание, Москва

Шемшурин А.А. Биографические заметки о моих корреспондентах. ОР РГБ. Ф. 339. Оп. 6. Ед. хр. 11

Шемшурин А.А. К биографии О.В.Розановой. <Б.д.>. Рукопись. Частное собрание, Москва

Прижизненные публикации Розановой

Розанова О.В. Манифест «Союза молодежи»: Листовка. СПб., 1913

Розанова О.В. Основы Нового Творчества и причины его непонимания // Союз молодежи. №3. СПб., 1913. С. 14–22

Розанова О.В. Супрематизм и критика // Анархия. 1918. № 86

Розанова О.В. Искусство – только в независимости и безграничной свободе! // Анархия. 1918. № 91

Розанова О.В. Уничтожение 3-х федеративной конструкции союза как причина выхода из него левой федерации // Анархия. 1918. № 99

Основные публикации о Розановой

Монографии:

Gurianova N. Exploring Color: Olga Rozanova and the Early Russian Avant-garde, 1910–1918. Amsterdam: G + B Arts International, 2000

Статьи и эссе в книгах, каталогах и периодических изданиях:

Гурьянова Н. Военные графические циклы Н.Гончаровой и О.Розановой // Панорама искусств. М., 1989. Вып. 12. С. 63–88

Гурьянова Н. На пути к новому искусству // Искусство. 1989. № 1. С. 24–30

Гурьянова Н. Ольга Розанова и Алексей Кручёных: К вопросу о взаимосвязи поэзии и живописи в русском футуризме // Europa Orientalis. Salerno, 1992. P. 49–108

Памяти О.В.Розановой // Искусство. 1919. № 1

Ракитин В. Апофеоз Ольги Розановой // Война / Резьба О.Розановой. Слова А.Крученых. 1916. Факсим. изд. М., 1995.

Родченко А. Ольга Розанова – живописец // Родченко А. Эксперименты для будущего. М., 1996. С. 65

Степанова В. <под псевд. *Варст*>. О выставке Розановой // Искусство. Вест. Отдела ИЗО Наркомпроса. М., 1919. №4

Терёхина Вера. «Начало жизни цветочно-алой...» О.В.Розанова (1886–1918) // Панорама искусств. М., 1989. Вып. 12. С. 38–62

Эфрос А. Во след уходящим // Москва. Журнал литературы и искусства. 1919. № 3. С. 4–6

Эфрос А. О.В.Розанова // *Эфрос А.* Профили. М., 1930. С. 225–235

Gassner H. Olga Rozanova. // Russian Women-Artists of the Avantgarde. 1910–1930. Galerie Gmurzynska, Cologne, 1979. P. 230–245

Gurianova N. Olga Rozanova: Colore Libero // Art e Dossier. 1993. № 85. P. 37–43

Gurianova N. Olga Rozanova // Amazons of the Avant-garde. New York, 1999. P. 213–239

Gurianova N. Suprematism and Transrational Poetry // Elementa. 1994. № 1. P. 369–383

Rakitin V. Illusionism is the Apotheosis of Vulgarity // Russian Women-Artists of the Avantgarde: 1910–1930. Galerie Gmurzynska, Cologne, 1979. P. 254–255

Terekhina V. Majakowski und Rosanowa // Bildende Kunst. 1988. № 11. S. 499–501

Yablonskaia M. Olga Rozanova. // Woman-Artists of Russia's New Age: 1900–1935. London: Abrams, 1990. C. 81–98

Нина Гурьянова
Ольга Розанова и ранний русский авангард

Редактор
А.Н.Торопцева

Корректор
М.П.Береснева

Художник
С.А.Стулов

Книгоиздательство «Гилея»
e-mail: svku@rol.ru

Отпечатано в ОАО «Типография “Новости”»
107005 Москва, ул. Фр. Энгельса, 46
Заказ № 4630. Тираж 1000 экз.

Книгоиздательство «Гилея» 1999–2002

32. *Д.Хармс.* Дней катыбр: Избранные стихотворения. Поэмы. Драматические произведения / Сост. вступ. ст. и примеч. М.Мейлаха. (1999)

33. *Б.Поплавский.* Дадафония: Неизвестные стихотворения 1924–1927 / Сост., подг. текста и комм. И.Желваковой и С.Кудрявцева; общ. ред. С.Кудрявцева; предисл. Д.Пименова. (1999)

34. *А.Бренер, Б.Шурц.* 54 технологии культурного сопротивления отношениям власти в эпоху позднего капитализма. (1999)

35. *Д.Пименов.* Мутьреволюция: Романы. (1999)

36. Вестник Общества Велимира Хлебникова. Вып. 2 / Сост. Е.Р.Арензон, Г.Г.Глинин. (1999)

37. *А.Цветков.* Сидиромов и другая проза. (1999)

38. *О.Гастелло.* Последний антисемит: Роман. (1999)

39. *С.Кудрявцев.* Вариант Горгулова: Роман из газет. (1999)

40. Альманах дада. Под редакцией Р.Хюльзенбека. Берлин, 1920 / Общ. ред. С.Кудрявцева: науч. подг. издания М.Изюмской; пер. с нем., франц. и др. языков. (2000)

41. *К.Малевич.* Собрание сочинений в пяти томах. Т. 3. Супрематизм. Мир как беспредметность, или Вечный покой. С прилож. писем К.Малевича к М.О.Гершензону (1918–1924) / Сост., публ., вступ. ст., подг. текста, комм. и примеч. А.С.Шатских. (2000)

42. *И.Терентьев:* Вот трагедия «Jордано Бруно» в наборе и в авторской рукописи – письме Илье Зданевичу / Общ. ред., публ. и комм. С.Кудрявцева. (2000, совместно с изд-вом «А и Б»)

43. *В.Кандинский.* Избранные труды по теории искусства / Ред. коллегия и сост. Н.Б.Автономова, Д.В.Сарабьянов, В.С.Турчин. Т. 1. 1901–1914. (2001)

44. *В.Кандинский.* Избранные труды по теории искусства / Ред. коллегия и сост. Н.Б.Автономова, Д.В.Сарабьянов, В.С.Турчин. Т. 2. 1918–1938. (2001)

45. *Субкомандante Маркос.* Другая революция: Сапатисты против нового мирового порядка / Пер. с исп. и вступ. ст. О.Ясинского; сост. А.Цветкова, О.Ясинского. (2002)

46. *Хаким-Бей.* Хаос и анархия: Революционная сотериология / Пер. с англ. О.Бараш и др.; вступ. ст. А.Цветкова. (2002)

47. *Н.Гурьянова.* Ольга Розанова и ранний русский авангард. (2002)